嘉兴学院学术专著出版基金资助出版

自然语境下的寒地建筑

创作方法与实例分析

苑雪飞 著

ARCHITECTURE IN COLD REGIONS BASED ON THE CONTEXT OF NATURAL ENVIRONMENT

CREATION METHOD AND CASE ANALYSIS

化学工业出版社
·北 京·

图书在版编目（CIP）数据

自然语境下的寒地建筑：创作方法与实例分析 / 苑雪飞著. —北京：化学工业出版社，2022.8
ISBN 978-7-122-41375-8

Ⅰ. ①自… Ⅱ. ①苑… Ⅲ. ①寒冷地区-建筑设计 Ⅳ. ①TU2

中国版本图书馆 CIP 数据核字（2022）第 077064 号

责任编辑：林 俐 刘晓婷
责任校对：赵懿桐 装帧设计：卡古鸟设计

出版发行：化学工业出版社（北京市东城区青年湖南街 13 号 邮政编码 100011）
印 装：北京宝隆世纪印刷有限公司
787mm×1092mm 1/16 印张 12½ 字数 289 千字 2022 年 7 月北京第 1 版第 1 次印刷

购书咨询：010-64518888 售后服务：010-64518899
网 址：http://www.cip.com.cn
凡购买本书，如有缺损质量问题，本社销售中心负责调换。

定 价：98.00 元

前言

21世纪以来，随着城市化进程的加速，生态环境遭到严重破坏，人们的生存环境愈发恶化，建筑与自然环境的关系引发人们的广泛关注。我国北方寒地地区的寒地建筑同样面临严峻的考验，再加上偏远的地缘限制、落后的体制环境、滞后的大众审美等制约因素，诸多寒地建筑呈现出大规模的简单复制，对自然环境的适应反馈非常局限。大多数寒地建筑都是通过强硬的地貌环境置入、被动的气候环境抵御和消极的场景语境打造，形成了大量布局封闭单一、形态盲目复制西方、空间缺乏人性关注的建筑形式。本书的主旨是倡导寒地建筑应对自然语境形成多重回应，适应自然并由自然而生，并力图建构适于我国当下的寒地建筑的创作理念和方法。

本书通过追溯古典哲学思想、有机建筑理论、共生建筑理论来阐述影响建筑与自然关系的理论基础，并通过引介进化论、系统论及复杂性科学发展来阐述建筑与自然关系的发展动力，为本书主体提供言之有据的理论支撑；并以时间为轴线总结建筑实践层面的历史演进，包括顺从自然、征服自然、回归自然三个历史时期，引发人们对寒地建筑现状的反思。此外，本书归纳分析了影响寒地建筑的重要自然语境要素，即地貌语境、气候语境、场景语境，提出了由强度干预走向整合共构，由环境排斥走向系统生成，由彼此分立走向多维互动的关系发展机制，并在此基础上提出相应的创作导向，开启下文实践指向的方法体系研究。

其一，从起伏地貌坡度层级整合、平坦地貌的生境多维策动、滨水地貌的筑景开放共构三个层面展开，建构基于地貌语境的寒地建筑创作方法（第3章）。寒地地貌具有广袤质朴、浑厚豪迈的性格特征，寒地建筑应该对所处的地貌环境做出积极的回应。寒地建筑对地貌环境的适应方式应该由主观置入转向整合共构，适应地貌的高程、坡度、肌理、走势等环境特征，利用光照、气流等气候环境与地貌的共同作用随势驱寒。

其二，从温度影响的主动适应、光照影响的动态适变、风雪影响的趋利避害三个层面展开，建构基于适应气候语境的寒地建筑创作方法（第4章）。寒地自然气候环境有其独特性，温度、光照及风雪侵袭都对寒地建筑特征产生重要影响。这一章论述了随着技术的进步建筑应该逐渐具有自我调节能力，寒地建筑对气候语境的适应方式应该由被动抵御到系统生成，建筑形体、界面和腔体的生成应该源自建筑所处的热环境、光环境及风雪环境。

其三，着重从场景要素的多元转译、场景肌理的原真表达、场景意境的诗化营造三个层面展开，建构基于场景语境的寒地建筑创作方法（第5章）。寒地建筑所面对的自然语境不仅存在于物质层面，还存在于真实环境带来的场景语境。这一章论述寒地建筑与场景语境的关系不应该是彼此分立的，而应该是多维互动的，建筑应该从真实的场景语境中生成，提升整个环境的内在气质，营造宜人的环境氛围，与人们的内心形成共鸣。

本书将自然语境这一多元要素引入到当代寒地建筑的创作设计中，建立了基于地貌语境、气候语境、场景语境的宏观创作理念框架，并提出系统化的创作方法体系，应对寒地建筑创作中的典型问题，具有理论和实践的双重意义。寒地建筑创作的未来需要人们更多的探索和创新，期望本书能够为我国迷失的寒地建筑创作指引方向，推动寒地建筑人居环境的高质量发展。

全书结构框架如下图所示。

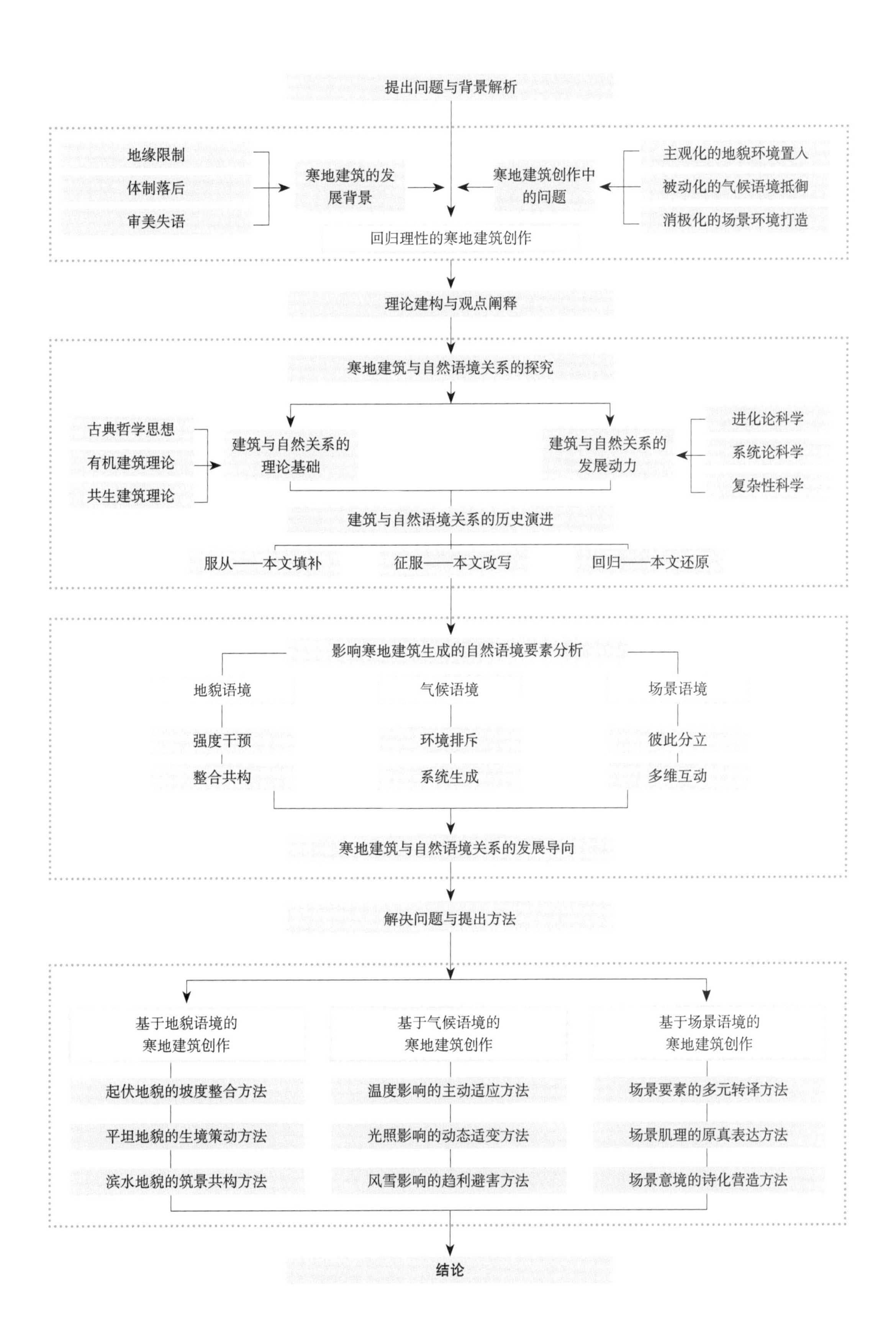

提出问题与背景解析
地缘限制
体制落后
审美失语
寒地建筑的发展背景
寒地建筑创作中的问题
主观化的地貌环境置入
被动化的气候语境抵御
消极化的场景环境打造
回归理性的寒地建筑创作
理论建构与观点阐释
寒地建筑与自然语境关系的探究
古典哲学思想
有机建筑理论
共生建筑理论
建筑与自然关系的理论基础
建筑与自然关系的发展动力
进化论科学
系统论科学
复杂性科学
建筑与自然语境关系的历史演进
服从——本文填补
征服——本文改写
回归——本文还原
影响寒地建筑生成的自然语境要素分析
地貌语境
气候语境
场景语境
强度干预
整合共构
环境排斥
系统生成
彼此分立
多维互动
寒地建筑与自然语境关系的发展导向
解决问题与提出方法
基于地貌语境的寒地建筑创作
基于气候语境的寒地建筑创作
基于场景语境的寒地建筑创作
起伏地貌的坡度整合方法
平坦地貌的生境策动方法
滨水地貌的筑景共构方法
温度影响的主动适应方法
光照影响的动态适变方法
风雪影响的趋利避害方法
场景要素的多元转译方法
场景肌理的原真表达方法
场景意境的诗化营造方法
结论

目录

CONTENTS

第1章 背景及意义

1.1 寒地建筑的相关概念 …… 2
1.1.1 寒地建筑 …… 2
1.1.2 自然 …… 2
1.1.3 语境 …… 3
1.2 我国寒地建筑的发展背景 …… 4
1.3 我国寒地建筑创作中的问题 …… 5
1.4 我国建筑业界关于寒地建筑创作方向的反思 …… 6
1.5 本书的目的与意义 …… 7
1.5.1 研究目的 …… 7
1.5.2 研究意义 …… 8

第2章 寒地建筑与自然语境的关系

2.1 建筑与自然关系的理论基础 …… 10
2.1.1 天人合一——古典哲学思想 …… 10
2.1.2 本土自然——有机建筑理论 …… 12
2.1.3 异质共生——共生建筑理论 …… 14
2.2 建筑与自然关系的发展动力 …… 15
2.2.1 生物类比——进化论科学的推动 …… 16
2.2.2 协同整体——系统论科学的推动 …… 17
2.2.3 涌现演进——复杂性科学的推动 …… 18

2.3 建筑与自然语境关系的历史演进 …………………………… 20
2.3.1 服从——自然语境的文本填补 …………………………… 20
2.3.2 征服——自然语境的文本改写 …………………………… 21
2.3.3 回归——自然语境的文本还原 …………………………… 23
2.4 影响寒地建筑创作的自然语境要素 ………………………… 25
2.4.1 地貌语境 …………………………………………………… 26
2.4.2 气候语境 …………………………………………………… 28
2.4.3 场景语境 …………………………………………………… 30
2.5 寒地建筑与自然语境关系的发展机制 ……………………… 32
2.5.1 由强度干预走向整合共构 ………………………………… 33
2.5.2 由环境排斥走向系统生成 ………………………………… 34
2.5.3 由彼此分立走向多维互动 ………………………………… 37
2.6 本章小结 ……………………………………………………… 39

第3章
基于地貌语境的寒地建筑创作

3.1 起伏地貌的坡度整合方法…………………………………… 42
3.1.1 随势成形整合缓坡地貌 …………………………………… 45
3.1.2 高差跌落整合中坡地貌 …………………………………… 48
3.1.3 山屋共融整合陡坡地貌 …………………………………… 52
3.2 平坦地貌的生境策动方法…………………………………… 54
3.2.1 地表掩土还原地上自然 …………………………………… 55
3.2.2 地形因借调节外部生境 …………………………………… 61
3.2.3 地貌聚构互动多维要素 …………………………………… 67
3.3 滨水地貌的筑景共构方法…………………………………… 73
3.3.1 岸形衍生结合滨水地貌 …………………………………… 74
3.3.2 动势演化延续滨水地貌 …………………………………… 78
3.3.3 环境叠构激活滨水地貌 …………………………………… 83
3.4 本章小结 ……………………………………………………… 87

第4章 基于气候语境的寒地建筑创作

4.1 温度影响的主动适应方法…… 90
4.1.1 注重内空合围的形体构成…… 91
4.1.2 强化耐寒通透的界面优化…… 94
4.1.3 回应温度需求的空间组织…… 97
4.1.4 提升环境舒适度的腔体置入…… 100
4.2 光照影响的动态适变方法…… 104
4.2.1 利用光照规律的形体推演…… 105
4.2.2 改善光照环境的屋面理光…… 108
4.2.3 反馈光照变化的界面调控…… 112
4.2.4 引导光照入射的空间演绎…… 118
4.3 风雪影响的趋利避害方法…… 121
4.3.1 疏导风雪流向的形体生成…… 122
4.3.2 借助外力导雪的屋面优化…… 128
4.3.3 利用风环境规律的界面衍生…… 133
4.3.4 缓冲风雪侵袭的局部构建…… 136
4.4 本章小结 …… 140

第5章 基于场景语境的寒地建筑创作

5.1 场景要素的多元转译方法…… 142
5.1.1 山川原野的态势摹写…… 143
5.1.2 冰雪景观的物化再现…… 144
5.1.3 植被草木的提取模拟…… 148
5.2 场景肌理的原真表达方法…… 155
5.2.1 自然绿植的多层次延伸…… 156
5.2.2 原生材料的本土呈现…… 158
5.2.3 环境质感的人工还原…… 166

5.3 场景意境的诗化营造方法…………………………………… 171
5.3.1 场域特质的形体凝练…………………………………… 171
5.3.2 环境气韵的空间渗透…………………………………… 175
5.3.3 情景感知的局部意匠…………………………………… 178
5.4 本章小结 ……………………………………………… 183

后 记 ……………………………………………………… 184
参考文献 …………………………………………………… 185

第1章

背景及意义

随着我国经济的发展，建筑创作也经历了前所未有的巨变，从意识形态的改变到审美体系的革新，从建造手段的更新到材料运用的变化，诸多方面都显示出我国建筑行业的蓬勃兴起。然而随之而来的全球气候问题、环境问题、资源问题使人们逐渐发现建筑创作已经走到了一个重要的节点——建筑大规模扩张虽然带来了巨大的经济效益，但肆意建设对大自然的破坏却是难以弥补的，这时候建筑与自然的关系是否应该有所转变？

位于我国北方大部分区域的寒地建筑也面临着同样的问题。大规模建设带动经济发展的同时，建筑创作逐渐在商品化包装的道路上迷失自身，忽视自然生态环境，对自然环境肆意侵占，陷入失语的建筑创作迷境。布正伟曾在《从建筑语言学论走向新世纪的现代中国建筑艺术》中对中国建筑师创作的失语现象做了梳理，寒地建筑的创作也存在其中的大部分问题：在文本层面上生搬硬套，忽视建筑场所环境；在语义上牵强附会，盲从高大上的含义；在修辞上陈旧不堪，审美低俗；在语段上变化多端，形式拼凑；在语素上不注重空间感受，苍白空旷，没有给人舒适感[1]。这些亟待解决的问题普遍存在于当前我国寒地建筑创作中，建筑师们找不到创作的基本方向，不知道该何去何从，形成当前时代的问题与挑战，也引发了很多的反思和思考。

1.1 寒地建筑的相关概念

1.1.1 寒地建筑

“寒地”是“寒冷地区”的简称，常指冬季漫长、气候寒冷、降雪较多的地区[2]。国内外不同的专家对寒地进行了定义。2004年11届世界寒地城市市长会议上修订了《寒地城市宪章》并定义寒地为每年积雪厚度至少为20cm的地区，或每年至少有一个月平均气温低于0℃的地区。哈尔滨工业大学教授冷红在《寒地城市环境的宜居性研究》中将寒地定义为一年中日平均气温在0℃以下的时间连续为三个月以上的地区[3]。《民用建筑热工设计规范》（GB 50176—2016）规定严寒地区是指累年最冷月平均温度低于或等于−10℃的地区，辅助指标为日平均温度≤5℃的天数大于等于145天；寒冷地区是指累年最冷月平均温度低于或等于−10℃~0℃的地区，辅助指标为日平均温度≤5℃的天数每年在90~145天。寒地地区覆盖我国北方大部分领土，约占我国总领土面积的三分之二，主要对应我国建筑热工分区中的严寒和寒冷两个区，以及我国建筑气候分区中的Ⅰ、Ⅱ、Ⅵ、Ⅶ四个气候区，从东到西横跨多个省。在世界范围内，寒冷地区和严寒地区的范围更广泛，包括至少30个国家，如加拿大、美国中北部、斯堪的纳维亚半岛、冰岛、格陵兰岛、瑞士、挪威、俄罗斯、日本、中国北方、伊朗、阿富汗等。

寒地建筑是指处在严寒和寒冷地域的建筑类型，因其处于独特的气候环境而要具有适寒、保温的基本功能，并结合当地文化、经济、景观等要素形成独特的建筑形式。我国的寒地建筑往往形式厚重且具有明显的西方符号，并且由于地处经济较为落后的北方地区，与同样位于寒地的国际先进国家的建筑还具有不小的差距。

1.1.2 自然

《中国大百科全书·哲学卷》中将“自然”定义为：自然或自然界，广义上指一切不依人的意识为转移的客观存在，即处在多种形式中包括社会在内的整个世界，在这个意义上与物质、宇宙、世界是同一系列的概念；狭义上指社会之外非人工造成的整个无机界和有机界的一切事物，是各门科学以及一般自然观所研究、把握的客体[4]。本文中所指的自然是指狭义的自然，寒地建筑与自然环境中无机和有机的物质形成联系，包括地貌、气候、景观等，这些都对建筑创作产生重要的影响。

根据叠加人类活动的程度不同，自然被分成四个不同的层面：第一层面的自然是原始自然，是没有经过人类干预的，经过数万亿年地质运行和气候作用而形成的天然环境；第二层面的自然是改造的自然，人类通过生产生活对自然进行改造，这类自然常表现为农业田地和景观等；第三层面的自然是美学的自然，是人们通过设计改造形成的具有审美度的景观，比如园林等；第四层面的自然是自我修复的自然，即被人们改造后已经破坏的自然在破坏因素消失后，逐渐恢复原始状态的过程[5]。本文所探讨的自然包括这四种自然环境在内，并更加侧重第一类原始自然环境。

1.1.3 语境

（1）语境的概念

语境（context），源自语言学、叙事学，一般指语言环境，即语言片段上下文或话语前后段的关系[6]，体现所处的状况和状态，对语言的表达有限制作用和补充作用。

在西方，亚里士多德（Aristotle）首先在《工具论》中对语境有了较为初步的阐述，在不同的语境中同一词汇可能有不同的意义。19世纪初，西方国家开始真正使用“语境”一词，波兰人类语言学家马林诺夫斯基（B. Malinowski）认为“语境”和环境是紧密结合的，是理解语言必不可少的，并将语境分为表层语境（Context of utterance）、扩大语境（Context of situation）和深层语境（Context of culture）。后来多个西方学者都对语境进行了研究，如英国语言学家弗斯（Firth）、美国社会语言学家海姆斯（Hymes）、英国当代语言学家韩礼德（M.A.K.Halliday）等。

我国古代比西方更加重视语境的作用，语言的意义与说话者所处的语言环境有着密切的关系，语境往往蕴含着比西方语言更多的“言外之意”“话外之音”。古代的很多文献中都体现出语境对话语表达的重要作用，如《史记》用笔洗练，理解文字经常需要与文章背景结合，才能明白司马迁真正要阐述的含义。我国近现代的语言学家也进一步探寻语境的本质和分类。语言学家王德春认为语境是时间、地点、场合等客观因素和使用语言的人的身份、性格、职业、处境等主观因素共同构成的环境。

（2）语境引入到建筑领域

18世纪，“语境”一词由语言学领域进入建筑领域，可以指建筑的文脉[7]，并由英国最早运用到城市与乡村的规划设计中。后来美国景观规划学者麦克哈格（I. Mc. Harg）提出建设的新发展必须考虑既有的自然语境条件。美国建筑理论家肯尼斯 • 弗兰普敦（Kenneth Frampton）提出设计应关注地方的地理、自然、物质技术的语境，而不是复制性和颠覆性的回应。在后现代建筑阶段，美国的伯纳德 • 屈米（B. Tschumi）也强调了语境对于建筑的重要性，并且建筑与其语境的关系存在多种可能，包括建筑用冷漠的方式忽略语境、建筑与语境相互融合、建筑独立于语境之外等。

（3）寒地建筑面对的自然语境

本书试图找到更加契合本书研究方向的关于“语境”的分类方式。语言学家钟焜茂对语境的分类对本书有借鉴作用，他将语境分为“言内语境”和“言外语境”两类。言内语境分为音调语境、语义语境、语法语境、文体语境四类；言外语境分为情境语境、自然语境、文化语境、认知语境四类。其中的自然语境主要包括：①由气候时令构成的自然语境；②由地域风貌构成的自然语境；③由景物构成的自然语境。相对于建筑语境而言，本文也可以将语境解读成两层意义：①言内语境（internal context）——建筑内部功能需求、空间排布及内部环境要素等；②言外语境（external context）——建筑所处的情景语境、自然语境、文化语境、认知语境等，这些要素涉及建筑所处的地形地貌、气候环境，以及周边的植被景观等[8]。

本书中寒地建筑所面对的自然语境属于建筑的言外语境部分，并主要是指外在语境中的涉及自然环境的部分。相比较而言，“寒地建筑面对的自然语境”与“寒地建筑面对的自然环境”是有一定的差别，“环境”强调事物的客观性，而“语境”则加入了主体与客体的互动关系，寒地建筑的自然语境指寒地建筑所处的特定时空内的自然环境，不仅包含环境的物质和能量等具体“实物”，还涉及地域的风貌特征、能够引起双方共鸣的特质、具有创作者对使用者的人文关怀、对建筑与环境客体的感情赋予（图1-1）。

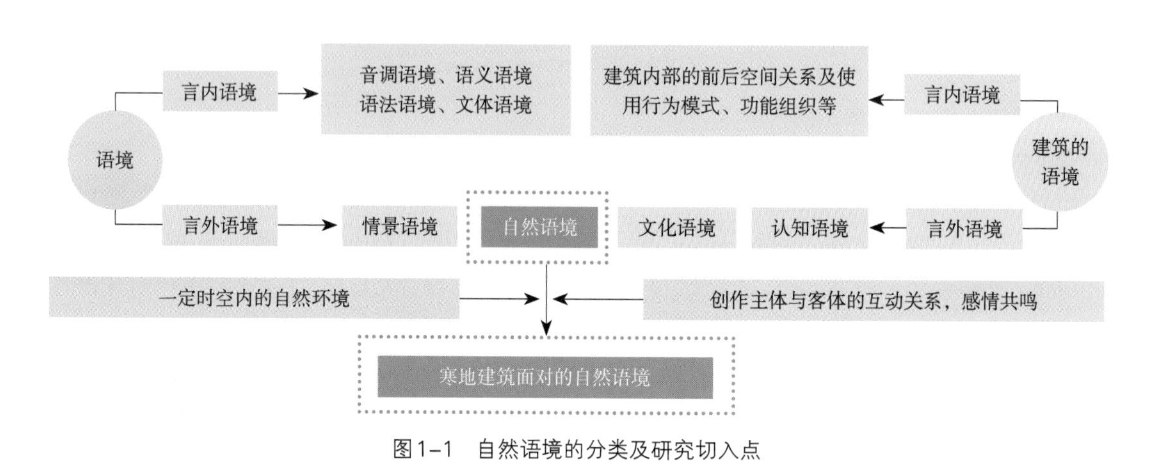

图1-1　自然语境的分类及研究切入点

1.2 我国寒地建筑的发展背景

在宏观的层面，一个区域的建筑形式的形成与其地域环境、经济政治体制以及文化层面有着密切的联系。与其他国家相比较，由于地域特征、社会体制、经济文化因素的独特性，我国的寒地建筑形式形成的现实条件更加复杂，这些都给寒地创作的发展带来很多制约和局限。

（1）地缘限制

我国的寒地处于北部内陆地区，横向跨越十几个省份，区域广泛，交通不发达，经济形态相对粗放，大多地区以农业、畜牧业为主，经济增长缓慢，经济状况落后于国内发达地区，人才流失严重，周边邻国也相对落后。这样的环境造成了这些区域的相对闭塞，先进的技术和理念难以获得实施，存在建筑设计简单粗放、施工精细化程度低、建筑设备能效低等问题，寒地建筑创作前进的步伐步履维艰。这与同样处于寒冷地区的北欧、北美等地区的建筑状况有很大差距，例如维勒·费恩、阿尔瓦·阿尔托等很多大师早就开创性地将现代建筑设计方法与北欧地域文化结合并融入空间秩序中，建筑朴实无华却能在当地自然环境中形成独有的特色。

（2）体制落后

我国北方地区经济体制相对落后，长期的计划经济使长官意识的问题尤为突出，这对该地区人们的思维方式、生活方式产生了深刻影响。这样的官本位思想制约了建筑师的创新性，不能够充分吸收和融合其他地区的文化；同时也限制了建筑师的话语权、决策权，建筑设计只能迎合长官意识，导致建筑只注重外观的宏伟庄重，而忽视内部功能空间的合理舒适，成为行政目标的附属品，造成很多资源浪费。同时，在大规模的建设需求下，业主的思想层次也是良莠不齐，创作的壁垒一再降低，创作和施工过程混乱不堪，造成整个创作环境陷入龃龉彷徨的境地。

（3）审美失语

我国在经历了传统文化的断裂之后，中国的建筑文化多年来受到西方文化的强势侵袭，中国大众的审美也一直被西方文明所裹挟。在过去的几十年，我国的建筑师们虽然也努力提倡塑造具有时代特色的新中式建筑，但由于缺乏足够的文化和技术沉淀，建筑形式常常只停留在表象层面，不能形成根植于时代的风格的延续。我国东北地区曾是远东地区重要的交通枢纽，建筑在多重异域文化的影响下，保留多种外来风格；而现今的北方地区是较为闭塞封闭的区域，因此寒地建筑审美风格总是左右飘摇，找不到落脚点。民众自身沉淀不足，文化底蕴不够，对于寒地建筑的本能认识也停留在粗犷、实用的层面上，缺乏开放意识和消费意识。这些因素造成了我国寒地建筑的审美失语，虽然已经有一些国际大师在我国的寒地建筑领域留下作品，但往往也都流于形式，没有从根源上找到属于我国寒地建筑应独有的审美方向。

1.3 我国寒地建筑创作中的问题

全世界有6亿以上的人口生活在寒地区域，我国北部和西部大部分地区都处于寒地区域，寒地建筑所处的地域有其独特的属性，包括地理空间、气候环境、经济环境等多方面，与其他地区有着很大的不同。在这样的环境中的建筑创作也不可避免地存在很多亟待优化的设计问题。在这些问题中，大规模的建筑建设与自然环境关系的恶化显得尤为突出，寒地建筑一直采用粗放式的建设，用机械的方式侵蚀自然，被动的方式抵御寒冷，对环境进行强制干预，不仅造成很大的能源浪费，也造成人们生存环境的恶化，形成多重连续的负面效应。

（1）主观化地置入地貌环境

人类在远古时期就开始利用自然地貌环境来营造生存空间，如“坑屋”“窑洞住宅”等，并利用高山、高原等地形来避免自然灾害和外敌入侵，这是古代人类对自然地理环境的最初适应。然而，如今大规模建筑常常简单复制，寒地建筑也经常采用同质化的模式设计建造，已经完全抛弃了传统时代人们对自然地貌的顺应和重视。过于注重规模的寒地建筑往往没有跟自然语境形成良好的衔接，建筑只

是用单一的体量侵入地形，或者采用简单的排列方式获得南向采光，处于不同的自然环境中而欠缺对地貌的地势以及景观环境的深入反馈，导致人与建筑、环境欠缺相互联系，缺乏开放性的与自然融入的空间，缺乏对微气候环境的塑造，同时往往造成土方的大量迁移和浪费，严重破坏生态环境。

（2）被动化地抵御气候环境

虽然当今的建筑技术水平在不断进步，但我国北方的大多数寒地建筑对寒地热环境的适应却还处在简单的被动抵御阶段。面对寒冷地区的冬季低温环境，寒地建筑往往只是通过布局向阳、采用厚重的外围护体系、加强采暖、加保温材料等被动措施来实现室内环境的保温；没有结合冷空气的方向及温差变化规律形成布局、体量和空间；同时建筑外围护体系的外墙、屋顶、门窗的热工性能与发达国家相比还相差很远，节能潜力有很大的提升空间；双层幕墙、太阳能系统、地热系统等多种生态技术还没有得到广泛应用。面对寒地短日照气候特征，寒地建筑布局往往采用简单的控制间距、避免遮挡，机械化的保证规范条文中要求的日照时数；建筑界面往往牺牲光环境来保证外墙的封闭性保温性能，缺少智能化的表皮界面应用；建筑空间呆板，缺少利用空间的变化来引入光照。面对寒地气候特有的风雪侵袭，我国寒地建筑往往忽略了规划布局和建筑形体的合理导风作用，只机械化地设置挡风屏障和挡风建筑体系；对于排雪方式，寒地建筑大多数只注重利用坡屋顶或平屋顶的重力排除冰雪，而忽视了风环境对于减少冬季雪堆积的作用，造成室外局部空间由于形体空间的缺陷造成降雪堆积，影响人的出行环境并降低建筑的使用性能。因此，我国寒地建筑在应对寒地最基本的气候要素时，还处于基本的被动抵御层面，导致建筑能量消耗巨大，室内外空间的舒适度无法保证。

（3）消极化地打造场景环境

在大规模建设的推动下，很多建筑规模庞大、尺度超人，建筑创作没有考虑如何更好地与自然物质环境相互适宜，而是桎梏在机械化的生产中，使得建筑与自然衔接生硬，导致我国很多寒地建筑创作是彼时彼景的建造，而不是此时此景的语境生成。在这种情况下，我国寒地建筑的布局、形态、功能空间往往存在着语境的缺失。出现了盲目追逐虚浮的欧陆风情的寒地建筑创作现状，缺乏创作理念的更新，一些建筑创作追求前卫的建筑形态，对自然环境造成了不可逆转的破坏。建筑空间环境呆板消极，空间与自然草木植被没有联系，大而空，缺乏人性的关注，没有空间场景的关照。建筑材质的选择也缺少人性化，或冰冷呆板或过于追求新奇视觉效果，忽视自然材料的质感和肌理，降低人们对在地环境的共鸣。因此，我国大多数寒地建筑缺少对场景环境的人性关怀，对场所环境的塑造还处于消极的层面，缺乏情感的共鸣。

1.4 我国建筑业界关于寒地建筑创作方向的反思

代表着西方潮流的大师们的作品已经充斥于每个一线城市，这往往表达的是决策人士的自我意识，而不是从城市环境和生活空间品质提升的角度出发。在国内建筑业界，近年来人们开始探讨我国建筑创作状态的困窘，建筑师们都已经不再满足于外来文化的移植，期待沉寂千年的建筑能够产生新的活力。

同时，在社会层面，在追求高效建设的背景下，快速的创作过程让建筑忽视了本身的对环境含义的解答，生态环境日益恶化，各方面问题变得日益明显。特别是近些年人们逐渐意识到气候变化已经成为人类面临的全球性重大问题，我国力争在2030年前实现碳排放达标，2060年前实现碳中和，这不仅是我国实现可持续发展的内在要求，也是我国履行国际责任、推动构建人类命运共同体的责任担当[9]。随着“双碳目标”成为全社会的关注焦点，作为我国能源消费的三大领域（工业、交通、建筑）之一的建筑行业开始越发需要注重资源的节约和生态环境的保护[10]。

寒地建筑从古代的“冬则入山，居土穴中”的纯朴模式走到今天，越来越“独善其身”，缺乏与自然语境的互动，功能层面、技术层面、审美层面都存在巨大的完善空间。我国寒地建筑创作的方向，不能一味地以外部环境作为参照，更不能故步自封、墨守成规，我们必须使寒地建筑根植于本身环境的固有价值，形成建筑与环境的良性互动，并面向时代，创造整体、统一的建筑体系，并提升人们的生存空间的品质。吴良镛院士曾在《最尖锐的矛盾与最优越的机遇——中国建筑发展寄语》中呼吁：“回归基本原理，发展基本原理”；梅洪元院士曾提出以“适应与适度”为基点的寒地建筑设计理念。适应原则是指寒地建筑通过调节自身适应建筑所处的环境特质，通过合理的布局、形体及空间充分协调建筑与多种外部环境的关系。适度原则是指寒地建筑设计应注重“形式与功能、建筑与城市、传承与发展”的和谐统一，建筑设计应由粗放式向高质量精细式转变。

近年来建筑师们关于我国建筑创作方向的思考层出不穷，但大多思想和理论浮于表面，没有扎根于本土，建筑创作的本质还是没有走出迷境。所以无论是国内建筑还是寒地建筑都需要从根本上完善自我，从内在激发具有本土精神和时代意义的建筑创作方向。寒地建筑将以怎样的态度走向何方，希望本书能够给人们以启发（图1-2）。

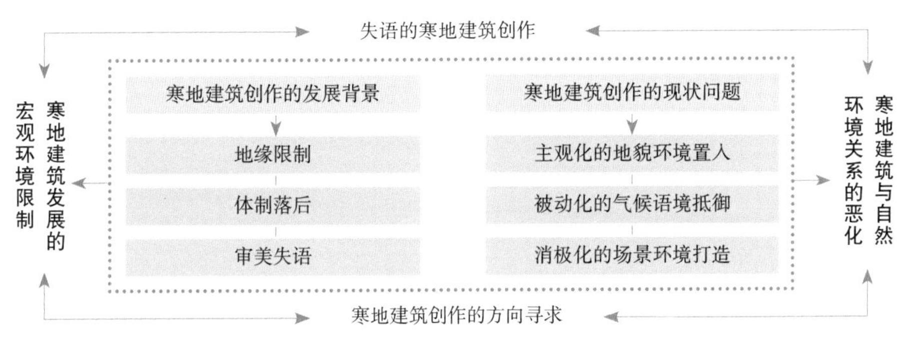

图1-2 中国寒地建筑发展与创作背景

1.5 本书的目的与意义

1.5.1 研究目的

本书通过追溯影响建筑与自然关系的理论基础、发展动力，阐述自然与建筑语境关系的历史演进，分析影响寒地建筑生成的自然语境要素，提出寒地建筑与自然语境关系的发展导向，并结合本人多年的寒地建筑创作工程实践总结，吸取国外相关寒地建筑创作的思想理论和技术手段，力求促

进寒地建筑在适寒的同时与自然语境关联互动，形成基于自然语境的寒地建筑创作方法体系。本书期望实现以下目标。

（1）拓宽寒地建筑创作的思想观念

通过分析我国寒地建筑的现实困境和显著问题，指出应摆脱狭隘的局地观念，拓宽思路，提出寒地建筑创作应从强度干预走向顺势演化、从环境排斥走向系统生成、从彼此分立走向多维互动，为寒地建筑创作找到立足于时代的发展方向。

（2）提出基于自然语境的寒地建筑创作的基本导向

通过分析影响寒地建筑创作的自然语境要素特质，提出寒地建筑创作的基本导向，使处于恶劣环境中的寒地建筑找到生于自然环境的创作方式和途径。

（3）建构基于自然语境的寒地建筑创作的方法体系

结合创作基本导向，通过对寒地建筑创作工程实践总结和国内外寒地建筑创作实例的研究，建构全面而系统的面对地貌、气候、场景等自然语境要素时寒地建筑应采取的创作方法体系。

1.5.2 研究意义

本书的研究意义在于对我国大规模建设对自然环境的影响做出新的评判，引发人们对未来建筑学发展的反思和探索。如王澍提到的，这个时代的建筑问题是对建筑最本源的生态问题的忽视。同样身处寒地地域，北欧的建筑师们比我国更早地意识到自然的重要性，而我国的寒地建筑创作还一直停留在模仿与移植止步不前，没有真正摆脱思想上的束缚。未来的寒地建筑创作应该由自然环境生成，应该与环境要素和人的感受互动，应该更有生命力，这对我国的寒地建筑创作有着重要的现实意义，具体主要归纳为以下三个方面。

（1）理论层面：为我国寒地建筑创作提供明晰的理论方向

本书希望引发人们对近些年经济效益引导下的寒地建筑创作的思考。我国创作失语的寒地建筑需要找到具有时代性和地域性的创作基点。本书基于国内外先进的创作思想，以创新的视角找到寒地建筑创作理论的提升方向，打破建筑创作意识上的僵化局面，激活寒地建筑与自然环境的关系，使处于恶劣环境中的寒地建筑也具有创作理论的系统立足点。

（2）实践层面：使我国寒地建筑创作走向与自然共生的实践道路

面对“过度营建、美学滥用”的窘境，寒地建筑在诸多条件的限制下，还处于粗放的实践阶段。本书在理论层面阐述的基础上结合大量实践案例分析，提炼系统的寒地建筑创作策略，促使寒地建筑与自然的整体关联，注重由环境而生成的建筑创作，促进寒地建筑独特地域风格的健康发展。

（3）方法层面：为我国寒地建筑创作提供创新性的方法体系

我国寒地建筑创作方法与科技较为发达的西方世界相比还差距较大，往往建筑只注重抗风御寒和外部形式化。本书通过引入国外创新性的技术和手段，结合本土情况建构了系统的创作方法体系，促进我国建筑创作的方法和技术大幅度提升，并促进寒地建筑生活空间品质的多层面改善。

第2章

寒地建筑与自然语境的关系

2.1 建筑与自然关系的理论基础

在历史长河中，不同时期的哲学思想和理论对建筑与自然的关系有着不同的影响，本节通过挖掘历史上对建筑与自然关系产生重要影响的思想理论，梳理促进建筑与自然语境相互关系的内在动因，有助于我们从更高的视角来审视当前的建筑创作与自然语境的关系，为寒地建筑创作的自然语境回应提供理论根源。

2.1.1 天人合一 ——古典哲学思想

2.1.1.1 古典自然观的内涵追溯

（1）中国古典自然观

在哲学范畴，自然观是指人对自然界总的认识，自然观是在不断发展演化的，不同时代孕育出不同的自然观，并直接地影响建筑与自然的关系。研究建筑与自然语境的关系，不能不追溯影响中国以及全世界的中国传统自然哲学观。中国疆域辽阔，自古以来自然资源丰富，形成了以农耕文化为基础的古代文明，经过漫长的积累和孕育，逐渐形成了顺应自然、尊重自然、天人合一的自然观和宇宙观。在中国儒道禅的发展中都体现出对自然的崇尚。

《周易》对中国哲学思想的影响源远流长，其自然观阐述了阴阳、刚柔、太极、五行、理气等天地万物的内在规律，认为天地间的生态系统都是从一个平衡状态进入另一个平衡状态，人只有顺应天地法则，才能对自然的能量进行最佳的运用。深入剖析易学以及《周易》中所主张的自然观，可以发现其独特之处表现在以下四个方面：第一,《周易》中的“自然”指的是“天地万物”；第二，提出了“有机整体观”，天地间的万物都是有机的整体，万物可以相互转化；第三，不仅将自然万物作为物质来看待，而且是将物质和精神统一起来看待，万物有物象也有心象；第四，提出“顺天应人”的行事法则。

“人法地，地法天，天法道，道法自然”是老子自然观的核心。他认为天地万物都遵循着抽象的“道”，也即万物的规律，而这个规律则由“自然”来运作，即“道法自然”，这个“自然”超越可言之物。人要遵循自然事物给我们制定的法则，要以谦虚的姿态面对自然事物[11]。

除了老庄哲学以外，中国的多部古籍中都蕴含了中国传统哲学对自然观的理解，包括后来的“山水思想”“风水”思想等等，不一而足。佛教的禅宗把自然与佛的境界结合起来，佛教中自然山水往往隐喻了禅宗的精神，在心的感悟中体会自然之美。这些思想都强调万物的和谐，将万物与自然作为相互影响、共生相融的有机整体。

（2）西方古典自然观

西方传统哲学思想中自然观的形成，与西方文明的发源地古希腊、古罗马的自然地理特点有莫大关系，并同样直接影响建筑与自然的关系发展。古希腊地形变化显著，多为丘陵、河谷、盆地和丰富的海岸线，因此没有形成大规模的农耕生产方式，没有形成“天人合一”的和谐自然观，而是更多地从挑战自然的角度对自然进行思辨，逐渐发现自然的法则。关于宇宙和自然的探索，欧洲哲学家经历了漫长的历程，柯林伍德创造性地将这段历程总结为由“希腊自然观”到“文艺复兴的自然观”再到“现代自然观”三个阶段[10]。本节主要指古希腊时期的自然观。

古希腊的自然观是将自然界万物视为有机的生命体，并具有灵性，后来的人类学家称之为“物活论”。这种自然观认为万物是由单一的自然物质组成的，并且这种物质是有灵魂的，在不断的运动中产生万物，赋予万物以秩序。当时的哲学家泰勒斯认为自然万物的本源是“水”，阿纳克西曼德认为是“无定”，阿纳克西美尼认为是“精气”，赫拉克利特认为是“火”。后来，人们对自然界万物有了更加深入的认识，深化了原有的自然观。毕达哥拉斯认为“数是万物之源”，开创了演绎逻辑思想，通过数学来诠释自然万物的奥秘；柏拉图从唯心主义的角度阐释了宇宙万物是由“理念世界”和“现象世界”组成，超自然的力量支配着世界万物的形成；亚里士多德则强调世界的组成分子为各类本身的形式以及质料和谐的事物，他相信一切形式因都蕴藏在自然物体和作用之内。

2.1.1.2 古典自然观对建筑与自然关系的影响

中国的古人对自然规律的认识已经达到了一定的高度，并将这种观念应用到古代传统建筑和园林设计上。古代建筑选址讲究因地制宜，对地形地貌、水土质量、天文气象进行全面考量；传统园林注重自然的主体性，建筑为自然的附属，自然与建筑共同造景；建筑形成内部空间与外部空间的联系，强调围空纳虚；在色彩和图案的装饰上遵循阴阳五行之道，展现出趋吉避凶的思想；在材料的选择上，主张就地取材，根据不同地域环境合理应用土、木、砖、石等材料；在景观布局上，师法自然，建筑可以退让自身，以意入境，成为自然意境的补白（图2-1）。在我国的现代建筑理论中，也不乏对东方传统自然哲学内涵的追溯，倡导建筑与自然和谐共存。如梁思成、林徽因在《平郊建筑杂论》中将建筑与传统自然美学联系起来，提出了“建筑意”[12]；宗白华认为自然有一切生命之源泉的活力，是一切“美”的源泉，建筑的形成应表现自然的生命活力；侯幼彬在《中国建筑美学》中则阐释了建筑意境的含义，自然山水意象在中国建筑意境构成中起到强因子作用，意境在构成中存在“实景”和“虚景”等。

古希腊的哲学家们认为人、建筑是自然宏大之力的一部分，人不是超越自然而存在的，这与中国传统自然观相似，只是在表现形式上有所不同。古希腊、古罗马建筑多因地制宜，展现对自然的崇敬之意，如雅典卫城建筑群与地形紧密结合，建筑与自然形成空间上的渗透，并在柱式、山花、浮雕等

（a）苏州园林狮子林

（b）苏州园林狮子林

（c）明代宁云鹏《秋景山水图》

图2-1 中国古典园林和绘画

细部表达对自然之美的崇尚之情（图2-2）。这与东方哲学强调的建筑融于自然、消隐于自然的形式有所不同，西方建筑在崇敬自然的同时表达自身的统领感，塑造出阳光之下丰富的实体感和空间感。

东西方古典自然观都强调对自然万物的崇敬，表达整体的观念，极大地影响了建筑与自然的关系，并对后来的有机建筑理论、共生建筑理论等很多重要建筑思想产生了深远的影响。

（a）古希腊建筑

（b）古罗马建筑

图2-2　西方古典建筑

2.1.2　本土自然——有机建筑理论

2.1.2.1　有机建筑理论的内涵追溯

17世纪，笛卡尔的二元论认为物质和心灵是自然界的两部分，包括自然界属于物质，其一切运动都是机械运动，物质和心灵都要依赖上帝而存在。牛顿在《自然哲学的数学原理》一书中阐述自然万物的运行都是理性的机械运动，于是当时的人们开始认为自然是一部机器，而不再是有机生命，自然界万物都是按照一定的方式组装运转。机械论自然观对未来的影响十分深远，它切断了人与自然界的联系。加上推动西方世界的工业革命，间接导致物质主义和功利主义的盛行，使人们征服自然、统治自然的思想至今根深蒂固。这与古希腊时期的自然观乃至中国传统自然观有着本质的差异。现代主义时期和今天的很多建筑创作观念仍然深受机械论自然观的影响，认为建筑和城市能够改造自然、征服自然，特别是在现代建筑主义倡导者勒·柯布西耶“建筑是居住的机器”的思想推动下，建筑成为机械化生产的钢筋混凝土空间，缺少了对自然和人性的关注。

19世纪20年代现代建筑理论逐渐兴起，在美国地区有着极为广泛的影响，与此同时，有机建筑（Organic Architecture）理论应运而生，强调建筑是具有生命的，自然是有机建筑的灵感之源。有机建筑真正以一种观点的形式呈现在人们面前始于1900年，由沙里文（Louis Henry Sullivan）提出，并经过美国著名建筑师弗兰克·L. 赖特的研究与实践被世人所接受，掀起一轮现代建筑创作的思潮。综合来看，可以从以下五点来对有机建筑特点加以阐述：①有机建筑是“活”的有生命的建筑，建筑与一切生命体类似，处在不断的发展进程中；②注重建筑的整体性与统一性，建筑的各个组成部分是相互联系的；③注重形式与功能的统一，建筑不仅是功能上的，还是精神上的围护，提倡由内而外的设计手法；④注重空间的自由性、连贯性和一体性，主张“开放布局”；

⑤注重表现自然材料的内在性能、真实性和形式美。同时代的西班牙建筑大师安东尼奥·高迪（Antoni Gaudi）受到恩斯特·海克尔（Ernst Haeckel）的宇宙生物论的影响，运用自然流动的结构形态、当地的火山材料，形成具有装饰性的建筑空间，也代表了有机建筑的开端。美国的布鲁斯高夫通过连续有机的建筑形态，将建筑与地形环境结合起来，继承了赖特的有机建筑思想。德国的门德尔松、雨果·哈林、夏隆等对有机建筑理论有着重要的贡献，反对勒·柯布西耶过分简化的形式，提出建筑形式应从地域和时间中发展出来，而建筑功能应该从自然和生活中获得。这影响了阿尔瓦·阿尔托、路易斯·康、汉斯·夏隆等人的建筑思想和设计理念。

2.1.2.2　有机建筑理论对建筑与自然关系的影响

有机建筑理论的思想内涵延续到今天，一直促进着建筑创作与自然环境的结合，有机建筑理论注重建筑与周围环境的协调性和整体性，并表达了对生命的隐喻。弗兰克·L. 赖特的很多创作都强调建筑要有机地与大自然结合，他运用木材、粗石等天然材料建造与大自然和谐，并且室内空间和室外空间融为一体的建筑[13]。之后的很多建筑师的理论和创作风格都受到赖特的影响，有机建筑思想已经渗透到当代的很多建筑创作理念之中（图2-3）。

有机建筑理论促使人们重新认识乡土建筑的意义，影响着建筑与自然的关系。“乡土建筑”（Vernacular Architecture）一词源自1999年10月在墨西哥通过的《关于乡土建筑遗产的宪章》。按照其表述，从本质上来讲，在自然方式或是传统方式下，社区自行展开的房屋建造活动被称为乡土建筑，集中体现了文化的地域特征以及多元化特征。乡土建筑是民间自发的传统风土建筑，生来就是有机的。建筑通过利用本土的造型与结构，采用当地的材料，反映人的生存、繁衍以及生命延续的过程，将大地与人的精神统一起来。在当代的很多建筑创作中，从原始的乡土建筑演化出新乡土建筑，将现代性与传统性统一起来，反对全球化的建筑语境，通过吸收和重释地域的建筑思想，形成一种根植于当地技术和地形条件的、整合当地文脉而又现代的建筑。

有机建筑理论促进建筑新地域主义（Neo-regionalism）思想的形成，反对千篇一律的现代主义国际风格，摒弃没有场所感的环境营造方式。地域主义起源于18世纪下半叶的英国风景造园运动，

（a）流水别墅

（b）卡雷住宅

（c）加利福尼亚州约书亚树国家公园的住宅

图2-3　本土自然的有机建筑

新地域主义起源于传统的地方主义或乡土主义，立足于本地区，借助当地的环境、地理、气候特点，吸收本地民族、民俗文化，追求具有地域特征与乡土文化特色的风格。其主要特征有：①注重建筑的自然回归，促进建筑的可持续发展；②强调自然条件与建筑之间的内在联系，包括气候、地形、地貌等；③与地域建筑文化的内在因素相互交融；④充分发挥地方基础技术以及能源材料的作用；⑤以其突出的经济性特征以及独特形式形成与其他地区有所差异的在地风格[14]。

综合上述影响，当代很多建筑理论和建筑师们在注重建筑对当地地域、文脉延续的同时，也注重建筑对本地自然环境的回应，致力于原生自然环境条件与现代技术的有机交融，以可持续发展为目标导向，推动建筑设计理念及方法向着更加生态有机的方向发展。

2.1.3 异质共生——共生建筑理论

2.1.3.1 共生理论的内涵追溯

“共生”（symbiosis）一词源于希腊语，字面意义就是“共同生活”。德国真菌学家德贝里率先在生物学领域提出了“共生”概念，从物质层面上对不同种属的生物体之间的营养性联系进行了阐述[15]。共生强调生物之间相互联系、互相依赖的关系，是长期进化过程中生物有目的地进行选择与联合的结果，能够提升生物抵抗外界环境变化的能力。后来共生理论渗透到各个学科领域，包括经济学、社会学、哲学以及建筑学领域。

共生哲学对人们研究建筑与人类、自然的关系有着重要影响。基于哲学层面来看，共生思想强调自然规律与人的主观能动性呈现互为补充、相互交叉的状态，这是与人类中心论截然不同的思想，充分支撑了生态平衡论，并集中体现了人与自然和谐统一的观念。在建筑学领域，共生思想是黑川纪章在20世纪80年代提出来的，也是黑川纪章建筑设计的理论核心。从宏观角度来看，建筑共生思想共经历了如下三个时期：①20世纪60年代，主张开放结构概念以及新陈代谢概念，将代谢与成长的因素融入未来高技术的建筑创作思想内；②20世纪70年代，逐渐演化形成了模糊理论，并以此为基点衍生出建筑的“灰空间”概念；③20世纪80年代后，建筑共生思想进入发展与完善时期。《从机械原理的时代走向生命原理的时代》是黑川纪章关于生命原理的独特理解的核心体现，不久后“新陈代谢运动”开始在建筑实践中展开，以新陈代谢小组（Metabolism Group）的成立为标志，通过研究生命的生长、更新和消亡，将生命进化的新陈代谢过程引入曾经固态的建筑之中，用开放性和动态过程的结构来实现建筑的生长和更新，这为后来诞生于日本的“空隙新陈代谢”理念（认为城市环境与自然环境之间应该建立彼此关联的网络）奠定了基础。

2.1.3.2 共生理论对建筑与自然关系的影响

共生理论是一套多层次、全方位、开放型、网络式的现代建筑理论体系，使人们在信息社会异质并存的现象下重新思考建筑与生命、自然的关系，反对西方中心主义和二元论。作为一种崭新的世界观，共生理论面向当前的知识经济时代，从动态发展的角度影响传统建筑与自然关系的发展，超越了以往相互分立的建筑与自然的关系，强调自然界万物包括人和建筑在内的共同发展和演化，体现了具有时代特征的思维方法（图2-4）。同时共生理论也是对东方古典自然哲学的追溯和延续，寻求传统文化和现代文明的结合点，促进建筑与自然关系的系统整合。共生理论思想中，部分与整体、内部与外部、历史与现状三组范畴是其核心内容，对建筑与自然的关系的影响总结起来有如下几点。

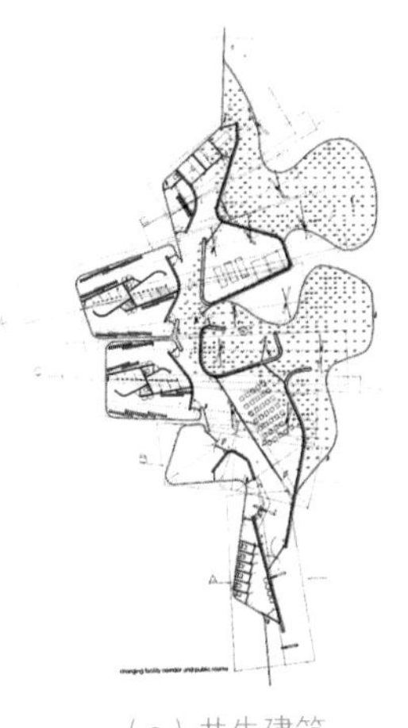

（a）共生建筑

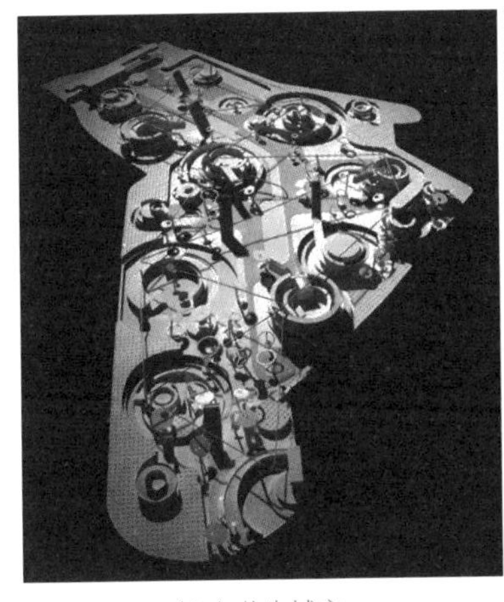

（b）共生城市

（c）共生城市的演化

图2-4　共生建筑

（1）对局部和整体都给予同等价值

黑川纪章从匈牙利哲学家阿瑟·凯斯特勒（Arthur Koestler）的子整体思想中得到启发，强调系统的整体和局部的价值，并提出在后现代社会中，整体与个人、工业与个人、社会与个人都具有同等的价值。这让人们意识到建筑与自然环境也是统一的整体，以非固定的关系联系在一起，建筑的生成其实就是环境中的子整体。

（2）灰空间思想

共生建筑思想强调建筑创作应打破内外部空间的传统壁垒，模糊建筑与自然的本质界限，实现二者有机交融。建筑应通过形式和空间语言，促使建筑与自然环境的模糊渗透。建筑用非隔离自然的方式创造亦室内亦室外的半封闭空间，表达简朴又具有东方特点的美学理念，削弱建筑与自然的隔离性。

（3）异类混合

共生思想通过混合异类物质赋予其多重性含义，使传统的建筑形式与空间在混合中衍生出新的内涵，进而实现现代与传统的有机交融。这种思想促使建筑与自然如同生物体一样相互共生，促进建筑与自然的多维互动。

（4）细部强调

共生建筑思想中主张的“细部强调”旨在通过合理的材料选用和细节营造呈现人类精神层面的情感状态，最大限度地发掘人们深层次的内心诉求，促进现代主义建筑从极端机械化走向关注人性，在自然环境中营造空间场所的小环境属性，以及具有人类情感和精神归属感的空间细部。

2.2　建筑与自然关系的发展动力

生物学、系统论及复杂性科学的发展使人们深刻认识到建筑属于整个自然系统的一部分，其物质和能耗都来自自然又作用于自然。这些科学发展成为推动建筑与自然关系发展的外界因素，推动建筑模仿自然、象征自然，与自然互动连续，并向整体性、开放性、动态性方向发展，与自然形成物质流、能量流、信息流的相互关联、相互作用的有机整体。

2.2.1 生物类比——进化论科学的推动

2.2.1.1 进化论的发展

查尔斯·罗伯特·达尔文（Charles Darwin）在1859年出版了具有划时代意义的《物种起源》，系统阐释了以自然选择为核心的生物进化学说。达尔文经过大量资料的研究及动植物和地质结构的调研得出，自然界的所有生命物体都存在自然变化，并非人们认为的都是上帝创造出来的，并一直处于不断适应自然的进化中。他将生物在自然界中的状态、外形、习性等方面的变化概况为如下四种理论：一是共同祖先学说，在人类社会逐渐形成的初期，所有生物在进化开始之前有类似或相近的始祖；二是一般进化论，生物在自然界的变化中会产生非常明显、直接的物种进化，甚至变成新的物种而适应新的自然环境；三是自然选择学说，自然环境被改变之后，对生物的生存方式、生存习性会产生直接影响；四是渐变论，任何一种自然界的自然生物都不存在飞跃式的变化，只有经过自然环境的长期选择之后，才能够看到与之前的生物状态完全不同的变化结果。

在生物学的影响下，人们越来越多地发现机械论自然观对很多自然界的生命现象都不能给予合理的解释，机械论所引导的现代主义建筑与自然关系受到越来越多的质疑。现代生物学也以进化论为基础进一步发展，学科更加广泛，包括细胞学、遗传学、解剖学、生物技术等领域，促进了建筑演进与生物进化论的结合，生物学的规律也越来越多地应用到建筑设计。

2.2.1.2 进化论对建筑与自然关系发展的推动

在现代建筑学的发展过程中，经常涉及生物学方面的基础知识，生物的内在规律不断地被模拟和应用于建筑实践。从此很多建筑师对建筑与自然的关系由机械论转化为进化的思想。英国建筑学家斯特德曼写作了《设计进化论：建筑与实用艺术中的生物学类比》，对生物有机体与建筑形态学等概念进行了比对研究，阐述了物种演化与建筑演进的共通关系。现在的很多建筑创作也引入进化论，形成建筑与环境的共同演进，如丹麦BIG（Bjarke Ingels Group）事务所延续了库哈斯的著作《少即是多》中的“建筑进化论”思想，将相同类型的空间构思、形体塑造模式运用到不同的建筑创作中，并随着具体环境和要求进行演变，进化出更为复杂的建筑形式。建筑是在富有逻辑的秩序中形成的，就如生命体一般经历自然选择和进化。生物进化对建筑与自然关系的影响主要有以下几点。

（1）进化论的影响

将生物进化论作为非生命体的建筑演化理论基础，给建筑学带来更好的发展方向，减少了建筑机械化地侵入环境，使其具有一定的地域连贯性。建筑从主观控制自然逐渐转化为根据地形、气候以及资源等因素发生演化。

（2）解剖学的影响

器官相关法则揭示了生物体各部分器官发育的相关性和联动性，并遵循主次性法则和相似性原理。主次性法则指生物的内部组织或器官根据机体运作的重要性规律有机排列，这与建筑功能空间的构成具有相似性，并能够给建筑创作带来更具有科学性的空间排列原则；相似性原理则阐述了生物结构的相似性特征，建筑结构生成能够从生物骨架中获得灵感，或从生物的微观结构中学习生成方式，形成更加适应环境的空间结构形式。

（3）生态学的影响

不同地域的建筑由于气候、地形的不同，呈现出不同的演变特征。建筑适应环境的原理与生物界的多种原理类似，这促使建筑从生物的形体、结构以及适应环境的方式获得适应自然原生环境的创作方法。

进化论对建筑与自然的关系发展有着深远影响。建筑与自然的关系不仅可以产生物质和表象上的互动，建筑与自然界动植物也能够产生深层联系，并从进化的角度推动建筑顺应自然的演进过程，促使建筑逐渐向类似生命体的方向发展（图2-5）。

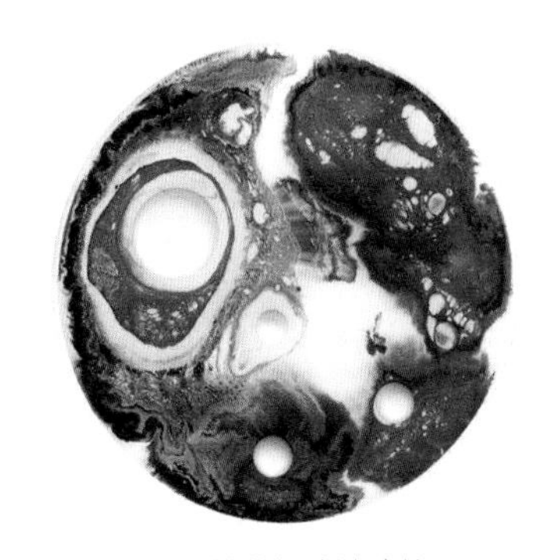

（a）模仿细胞的建筑

（b）模仿生命体生长的建筑

图2-5　模仿生命体的建筑

2.2.2　协同整体——系统论科学的推动

2.2.2.1　系统论的发展

系统论和后来发展起来的现代系统论加强了社会中不同学科之间的内在关系，为科学研究带来了新的视角，也为人们认识自然提供了崭新的方法。

（1）系统论

系统学是美国理论生物学家L.V.贝塔朗菲（L.Von.Bertalanffy）创立的。系统是处在一定环境中由若干要素以某种固定的模式实现的结构关系，是具有确定功能的相互联系的整体。系统的三大基本组成为物质、能量和信息，任何系统都是物质、能量和信息相互作用和有序运动的产物。总结来说，这种理论认为将研究对象进行整体化的有机研究，能够科学分析出不同功能部分与整体之间的关系。主要思想由三部分组成：①系统观念，任何系统都是有机的整体，系统整体功能大于部分功能之和；②动态观念，任何一个系统都存在一定的动态性，而平衡就是在这种不断变化中体现出来的，当外界环境发生了变化，所有的信息、能量、物质都有可能产生变化，只有具备随环境演化的能力才能保持原有的特性；③层次观念，有机体的结构之间存在明显的层次感，是依照一定规律的等级关系呈现出的结构状态，层次越高，复杂性越高。

（2）现代系统论的发展

在一般系统论的基础上，通过更深入的研究，形成了现代系统论，主要包括以下几个方面。①耗散结构理论。1969年比利时物理学家普利高津提出耗散结构理论，对系统的无序性进行了分析，认为开放系统与外界有物质和能量的交换过程会产生正负熵的变化。当系统输出熵大于输入熵时，系统总熵下降，系统就会呈现有序状态。系统正是由于能量的耗散，才能保持结构的有序性。②协同学理论。协同理论在20世纪70年代由德国物理学家哈肯提出，主要研究系统有序化过程的机理，以及系统变化条件的形成方式。协同理论认为整体系统由于多个子系统的协同会在演化过程中形成一定的自组织结构，在一定的时间空间内由无序趋于有序，并达到新的稳定状态。这种过程是用数学的语言揭示事物发展的演化和关系，以及世界万物的复杂整体性，对当今建筑领域应用的分形、涌现理论有着重要的推动作用。③突变论。1972年法国数学家托姆创立了突变论，他用数学理论对自然界进行不连续质变现象进行分析。托姆指出自然界突变现象的变化条件是稳定状态的跃迁，

这解释了自然界的物种、社会现象突发变化的原因。④超循环理论。超循环理论是生物学家艾根于1971年提出，该理论可以应用于生物有机体非平衡现象的系统自组织分析。

2.2.2.2 系统论对建筑与自然关系发展的推动

这些年国内外许多学者致力在系统科学基础上的多学科交叉研究，并与控制论、信息论相互渗透，使人们对自然与建筑关系的认识到达了新的高度。

（1）系统整体观念的影响

自然界是具有多种变量的相互联系、相互作用的有机整体，人类、城市、建筑也是自然系统中的一部分。美国建筑理论家克里斯托弗·亚历山大（Christopher Alexander）的很多著作对今天建筑形式与自然物质相结合的生成方式起到引领作用。他在1964年出版的《形式综合论》中阐述了形式产生于传统非自我意识的文化，由传统格局的缓慢变化成型，强调好的形式标准为良好适合——形式要良好适合它的环境；他在后来的研究中结合系统论、信息论、协同学、耗散结构理论和行为学完成《城市并非树形》《模式语言》《秩序的本性》《建筑的永恒之道》等著作，提出建筑应生成于环境，并由简单的渗透互动转变成与自然复杂性的自组织特性相互关联。其中《建筑的永恒之道》则描述建筑内外环境的自组织特性，对其动态性、开放性、自生成方法进行研究。

（2）环境保护观念的深入

系统论的发展促使人们认识到改造自然的大规模建设带来能源危机、环境失调等多种问题，认识到人类进步与自然发展的失衡。可持续、绿色生态建筑逐渐被世人关注，建筑更加注重物质材料的再生利用，能量的节能高效利用。总之，系统论促使人们反思自我，开始注重建筑与自然环境的共生，绿色材料和能源的研发，以及生态环境的修复。

2.2.3 涌现演进——复杂性科学的推动

2.2.3.1 复杂性科学的发展

20世纪的前25年中，物理学发生了重大的变革，相对论和量子力学揭示了在极端条件下自然存在着不可预料的极限现象，从此人类对自然有了全新的认识。人们对自然物质世界的认识在宏观和微观层面都有更大的拓展，人们发现自然界线性的、有序的系统其实是极少存在的，动态的、混沌的、非线性的系统才是自然万物的常态。梅拉妮·米歇尔的《复杂》一书将复杂系统定义为：由大量分组形成的网络，不存在中央控制，通过简单运作规则产生复杂的集体行为和复杂的信息处理，并通过学习和进化产生适应性[16]。也可以将复杂形态定义为：具有涌现和自组织行为的系统[17]。《大英百科全书》中将复杂系统的特点定义为：①不稳定性、②多连通性、③不可分解性、④进化能力、⑤有限预测性、⑥非集中控制性。

（1）混沌

量子力学使人们认识到自然界万物并不是由经典物理学的确定性来支配的，而是不确定性的，由更深层面的概率来支配。量子力学的不确定性、非决定论、非连续论、主体性和整体论的科学观念让千百年来人们对自然世界的确定性哲学观有了全新的思考。混沌学作为动力系统理论的一个分支，主要就是研究复杂系统的有序和无序的演化关系，这使人们对自然界的结构和秩序有了新的认识，并意识到自然界的很多形态处于从无序到有序的不断演化过程中。

（2）分形

曼德勃罗1977年出版的《分形：形态、偶然性和维数》中最先提出了分形概念：放大与平移意义下部分与整体具有某种自相似性——数学语言表示为线性变换下保持并不变。到1986年，分形被定义为：组成部分以某种方式与整体相似的形，称为分形。其主要特征表现为：①具有精细的结构，在任意小的尺度下都有着更小的细节；②不能用微积分或者传统的几何语言来描述其不规则性；③结构在大尺度和小尺度上都有着自相似的特性；④分形维度大于拓扑维度；⑤通常由迭代的方式产生；⑥通常具有“自然”的外貌。分形图形不是像传统的欧几里得几何学的整维数空间，而是采用分维数，无论放大多少倍，呈现出来的图像没有任何一部分与其他部分完全相同。非线性的复杂分形一直到1980年才被计算机绘出，被称作曼德勃罗集，这是数学中最为复杂的对象，从此人们将自然界的美学与精确的数学联系起来，这种新几何学经过越长时间的迭代越能产生多层次的复杂形态，是时间与空间的深度集合体。

（3）自组织

在自然界中经常看到自组织现象，如蚂蚁的整体行动、萤火虫的闪动、经济系统的市场状况、身体器官的发育等，这些自组织现象都是从无序中生成有序。自组织（self-organizing）指的是通过无外界干扰和影响的有组织的演化，并充分发挥内外部要素的协同作用，来实现某种目标的过程。自组织过程包含三个阶段：首先是从混乱无序的非组织演化为有序状态组织的过程；其次是以层次突变为特征的组织程度跃变演化的过程；最后是发生于相同层次的组织功能以及结构的演变，演化方向为从简单到复杂的稳定的水平增长。

（4）涌现

简单规则以难以预测的方式产生出复杂行为，这种系统的宏观行为有时也称为涌现（emergent）。遗传算法的创始人霍兰在《涌现：从混沌到有序》中首先提出了涌现理论。涌现理论是从进化生物学、复杂理论和人工智能发展起来的。从本质上讲，自然界万物的所有形态上的变化都是由系统涌现激发的，涌现的形态性反应为现实世界的“复杂系统永不停歇地把自己组成各种形态的趋向[18]”。很多自然现象都是复杂的，如海螺的螺旋形、沙丘与海浪、松果与花序的形态都是涌现的体现，又如昆虫群落、大脑、免疫系统、全球经济、生物进化等现象都是通过自发的秩序涌现而形成的。

2.2.3.2　复杂性科学对建筑与自然关系发展的推动

如今复杂性科学已经渗透到多个学科领域，包括数学、物理学，生物学、天文学、经济学、建筑学等。复杂性科学在进入建筑领域之后，推动建筑摆脱了现代主义对建筑与自然关系的束缚，建筑与自然的关系从彼此分置逐渐转化为多维联动，建筑能够以更加复杂有机的方式联系自然。

（1）建筑审美的自然趋同　复杂性科学使建筑从简单的欧几里得线条组合转化为复杂的空间组织形式，人们的审美也从过去的简化审美转变成对复杂、动态、有机的自然美学的追求。混沌理论使建筑师们将建筑作为一种复杂动力系统重新认识，将建筑的表皮、空间、外形组织在一个连续的系统中。寒地建筑观念也因此受到影响，非线性、非理性、不确定性、瞬时性的建筑创作观念开始繁荣。毫不夸张地讲，复杂性科学的发展彻底打破了传统意义上的感性美标准，建筑师们开始利用分形几何的原理，利用数字化的建模工具生成复杂的自然流线空间，构建出非线性、非周期、自相似、自组织的复杂动态美。

（2）建筑与自然的动态关联

在复杂性科学的影响下，现代自然观体现出系统、过程、自组织的特征，建筑不再只是关于历史文化、帝王宗庙的学科。计算机可以将设计过程进行模型模拟，将自然界的复杂性通过计算机与建筑结合起来，复杂的形式能够得以实现。建筑创作可以完全地进入参数化时代，寒地建筑与自然的沟通途径可以从普通的空间体系转化到复杂的动态关联。通过参数化设计、过程化设计、程序化设计等方法，在计算机内建立模拟建筑内外各种复杂因素的模型。同时随着3D打印技术的应用范围的拓宽，复杂性的有机建筑将会进一步得到实现，这将对建筑创作起到跨越性的推动作用。未来寒地建筑将与自然界的物质、能量密切关联耦合，并形成具有生命形态的环境自适应机能（图2-6）。同时，得益于计算机的快速发展，从材料结构的加工制造到现场装配等建筑建构过程的发展都给设计带来更大的自由度。以计算机数字化方式集成的建筑综合信息系统也使施工过程更加系统集成，复杂形体的建筑已经越来越精准、细致和高效。

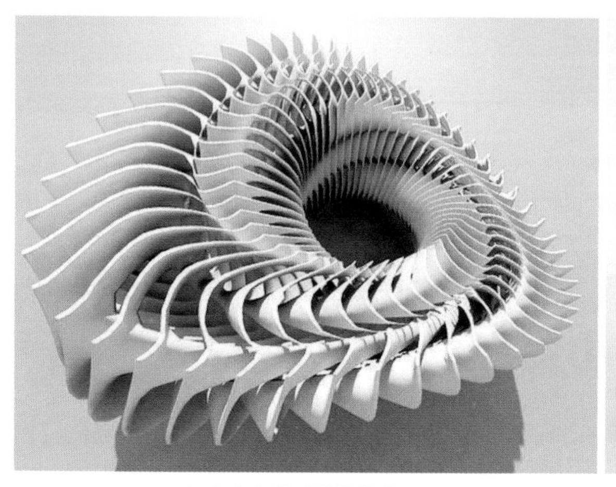

（a）复杂性建筑结构体系

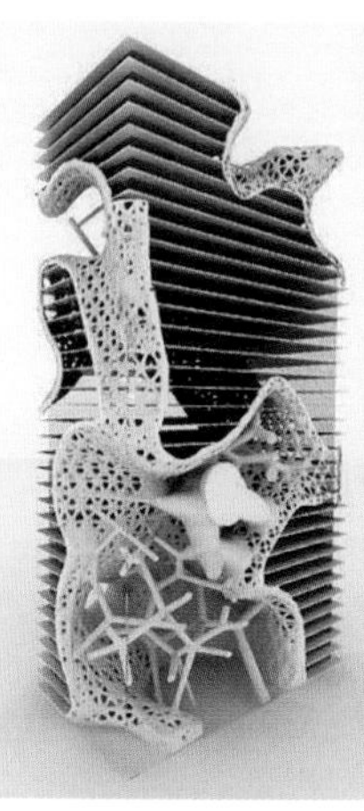

（b）复杂性建筑

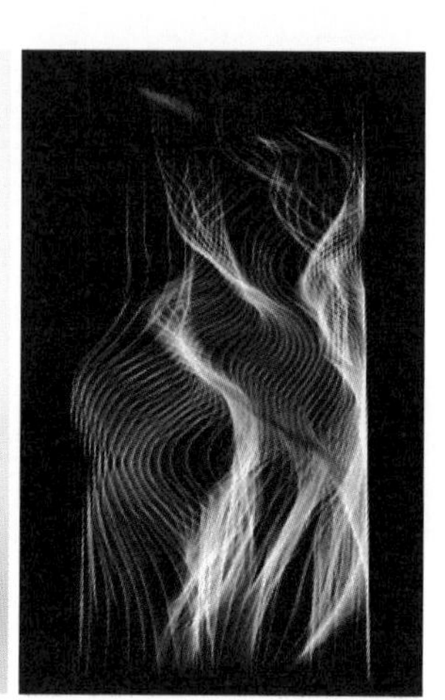

（c）复杂性规划脉络

图2-6　复杂科学的发展

2.3 建筑与自然语境关系的历史演进

历史是螺旋上升的，人类对于自然界的认识从蒙昧逐渐走向清晰，并在不断的自我反省中，从自然中探寻自然的本质。从中国传统自然观的“师法自然”和古希腊的“物活论”到中世纪的机械的宇宙论，再到现代的系统论和生态的、有机的自然观，直至近年来的物理学、数学、复杂性科学等科学的推动下，人们对自然的认识从感性逐渐转化为理性，又从机械的理性逐渐上升到广袤深邃的内涵本质层面。思维方式从稳定秩序的线性层面转变为混沌、流动、瞬时、多维的层面。建筑与自然的关系，离不开人们对自然观的认识，不同时期科学的进步无时无刻不在影响着建筑创作的观念，从服从自然到征服自然，再到回归自然，是人类的建筑创作多次深省的过程。

2.3.1 服从——自然语境的文本填补

由于原始人类生产能力和技术水平的限制，人类对于自然界的改造能力不足，对自然的态度多为依赖、服从自然，维持着人与自然的和谐。建筑也只是丰富的自然语境的文本填补。如北极圈冰原地带因纽特人将雪块砌筑成半穴状圆顶小舍“iglu”，内壁搭配稻草、毛皮作为隔热层，在室外温度达−50℃左右时，雪屋内的温度可以保持在零下几摄氏度到十几摄氏度。又如利比亚北部内陆高原的地下住所、中国西北黄土高原的窑洞民居、游牧民族的帐篷等，建筑大多取自最朴素的当地材料，手工搭建而成（图2−7）。后来在东方传统文化和古希腊文化中，人们逐渐形成了对自然万物存有崇敬的心态，认为自然是神秘而至高无上的，自然是有灵性的，并且是万物的创造者，人们将自然神化，服从敬畏自然。

在东方，古人以“天人合一”的思想为基础，用风水来考察地貌、观测环境、建城选址，用伦理等级规范建筑的等级地位，用“师法自然”的造园学来设计园林，城市、建筑、园林，追求人与自然和谐相处。在西方世界，科学技术还处于蒙昧的阶段，建筑表达了人类对于自然的敬畏以及对于宗教的信仰，古埃及的金字塔、太阳神庙，古希腊的雅典卫城，古罗马的万神庙、角斗场等柱式建筑，都表达出对深邃自然的憧憬。后来，这种用建筑表达对自然的敬畏愈发神化，到中世纪逐渐转化为国家统治阶层的工具。可以看出，这个时期的建筑实践是人类适应自然语境的过程，从无知中表达出服从敬畏之心，是人类建筑与自然互动的初级阶段。

（a）爱斯基摩人的iglu（圆顶冰屋）

（b）游牧民族的帐篷

（c）窑洞民居

图2−7　服从自然的原始建筑

2.3.2　征服——自然语境的文本改写

上千年中，我国一直延续着“天人合一”的建筑与自然的关系，而西方世界随着封建制度的形成，中世纪的西方文化停滞不前、思想愚昧落后，是历史上的“黑暗时期”。西方建筑越发地成为对神学和宗教崇拜的表达，并转化为统治阶级控制民众思想的工具。建筑强调对自然的征服，通过自我完善的布局、高度集中的空间、繁复精致的装饰，突出神灵的崇高，如各地涌现出的教堂建筑与古典时期相比大大减弱了与自然环境的互动。后来随着文艺复兴运动，建筑技术和艺术得到了很大程度的解放，但建筑仍然强调自我彰显，很少与自然互动。

牛顿在《自然哲学的数学原理》中表明了自然万物的运行都是理性的机械运动。启蒙运动使人们放弃了之前的自然观念，机械论统治了当时的世界，“人类具有统治一切的能力”的人类中心说的价值观逐渐形成。18世纪英国产业革命之后，人类在逐渐壮大自己的同时，改变了原来顺应自然的

思想，骄傲自大与不断膨胀的征服欲为后来的生态问题埋下了伏笔。以这样的自然观为基础的建筑创作对自然的态度是征服，自然成为附属品，建筑试图改写自然语境的文本。现代主义建筑思想也在这样的背景下产生。

现代建筑时期始于1851年伦敦水晶宫的建成和1889年巴黎埃菲尔铁塔的落成。德意志制造联盟的主要设计风格是僵硬的古典主义和工业权势，如贝伦斯的汽轮机厂用铁和玻璃表征了对工业技术的崇尚。20世纪前期，包豪斯学派真正拉开了现代建筑运动的序幕，强调建筑形式由功能、技术、结构、材料主导，其最重要的代表作是1926年由格罗庇乌斯设计的包豪斯新校舍。勒·柯布西耶为现代主义建筑的中心人物，将现代建筑用简洁而抽象的方式表达出来，符合当时的工业化生产方式（图2-8）。这种观念影响整个世界，并延续至今，其建筑导向完全适应凯恩斯提出的用建筑来创造社会繁荣、激活经济的政府财政政策。建筑随着经济发展不断地扩张建设，城市飞速发展起来，对当今的自然环境造成了极大的破坏。20世纪70年代末至今，改革开放使中国的经济繁盛起来，现代主义的建筑浪潮也席卷而来，建筑师们将西方的建筑理念照搬过来，秉承了勒·柯布西耶“有速度的城市才是成功的城市”的理念，并引入凯恩斯的战后繁荣思想，用房地产的发展推动经济繁荣，推进了建筑征服自然的进程，自此建筑开始缺乏对生活的真正关怀，不再对自然语境做出回应，落入形式主义的表现。在这种建筑观的指引下，建筑不断地将人与自然隔离开，人们用经济增长来“改写自然文本”，造成能源过度消耗、环境负荷增加、自然灾害不断。

（a）伦敦水晶宫

（b）包豪斯新校舍

（c）柯布西耶的建筑

图2-8　征服自然的建筑

2.3.3　回归——自然语境的文本还原

工业革命引发的理性机械式的建筑规模扩张引发全球气候变暖、石油泄漏、二氧化碳浓度上升、水体污染、冰川融化、生物种族灭亡等一系列严峻问题，生态问题已经成为全球性关注的焦点问题。针对建筑物能源消耗问题，美国能源部进行了大范围的调查与分析，结果显示，建筑物领域的能源消耗比重高达其本国能源消耗的百分之四十，建筑物电能消耗比也高达百分之七十，并且建筑领域的能源消耗有着逐年上升的趋势。

愈演愈烈的环境问题使人们开始认识到建筑应停止对自然的征服而走向回归自然，建筑与自然语境的关系应该走向"文本还原"的阶段，建筑应该尊重自然语境。创作理念上，应该将建筑与自然环境看成一个系统整体，建筑应从布局、形态、空间上适应自然，由环境而生（图2-9）。

在建筑理论方面，有机建筑理论、共生理论及系统论的发展都使人们开始反思建筑与自然的关系，特别是近年来生态观念的强化，人们对建筑的地域观、环境观、气候观有了更加深入的思考。生态学（Ecology）概念的提出者为德国的恩斯特·海克尔，这一概念起初仅应用于生物学领域，主要研究生物与环境的相互关系及作用机理。1956年，建筑师帕欧罗·索列瑞（Paelo Soleri）提出生态建筑学（Acologies）的概念。生态建筑学认为建筑应该充分协调建筑同自然环境的关系，充分发挥现代科学技术手段的作用，将人类居住的舒适度作为衡量建筑组织好坏的标准，赋予建筑室内外环境一定的生物气候调节能力，提升人们的生存环境舒适度，使建筑与外部环境形成互相影响的有机整体[19]。伊恩·麦克哈格的《设计结合自然》强调了地球是一个整体的生态系统；奥戈雅的《设计结合气候：建筑地方主义的生物

（a）建筑融于山地自然

（b）建筑融于海边自然

（c）建筑融于海边自然

图2-9　回归自然的建筑

气候研究》提出了人工气候环境应通过多方面的技术手段形成与自然气候环境的互动协调；马来西亚建筑师杨经文在《热带的城市地方主义》及《生物气候摩天大楼》中都指出快速化城市进程的种种问题，建筑应该像生物一样能够维持自身稳定和舒适；隈研吾的《负建筑》表达了对“建筑的世纪”建筑泛滥的批判，认为现代建筑理论和凯恩斯理论需要对现阶段社会建筑缺乏人性关怀，造成物质和能源浪费等负面问题负责。

在建筑实践方面，人们更加注重建筑对自然的适应和回应。赖特开始尝试有机建筑的设计理念，如将建筑隐入自然的落水别墅，将混凝土设计成树形式的约翰逊制蜡公司办公楼等。芬兰建筑师阿尔瓦·阿尔托尝试让建筑再现自然，“外部空间是内部空间的延伸”，他认为工业化和标准化不是意味着所有房屋都一样，“建筑应将人的感情和自然用生活的过去和未来编织起来”。通过建筑与地形、植被环境的联系，富有光影变化的空间塑造，以及有人情味的自然材料的运用，他的建筑充满对自然语境的回应。圣地亚哥·卡拉特拉瓦从人和动物的骨骼形式和运动方式提炼建筑材料应用和结构形式的灵感。德国建筑师费雷·奥托（Frei Otto）提出建筑的生成往往蕴含在对自然的研究之中，他通过研究自然界的形构在自主找形的过程中创造出很多新颖的建筑。板茂将纸用作建筑的材料，用合理的搭建方式发挥其柔软而又坚韧的特性，创造出美观、坚固且低环境负担的建筑材料。SANAA事务所提出了“空隙新陈代谢”的思想，在建筑环境与自然环境之间应建立互相联络的网络，人、环境、建筑彼此沟通，形成新的城市模式。王澍在其作品中强调建筑观念和建造方式都应该提倡与自然交流，反对现代建筑过度的“建筑中心化”，应该回归建造的诗意[20]。同时，计算机模型设计手段能够详细分析建筑与周围环境复杂系统的相互作用，并通过涌现与自组织来描述、生成与自然协调的建筑体系，将建筑与自然环境作为一个有机的整体来考虑，寻找最优化解决方式。

综合来看，建筑创作与自然语境关系的历史演进从“文本填补”到“文本改写”再到“文本还原”，从服从自然到自然价值维度的缺失，再到今天逐步与自然整体相协调的观念，是一种递进演化的过程。第一阶段建筑顺从自然，虽然建筑与自然生态空间相和谐，却由于技术水平的落后缺乏对生存空间舒适性的关照；第二阶段为建筑征服自然，人们走向了完全忽视自然生态系统的极端，影响整个生态环境良性发展；在第三个阶段，人们经过反思注重建筑的自然回归，用现代科技寻求自然语境文本多维还原（表2-1）。在当前社会的价值观中，第二阶段建筑征服自然环境的理念还在延续，尤其在发展中国家，城市化的进程加速，人们还在为了建设而大肆破坏自然生态平衡。今天建筑的自然观念对未来的社会和人类的生存起到了至关重要的作用，协调着人们与自然环境的关系。建筑不应该是人造的客体，它应该与自然统一在一个体系下考虑，自然界蕴含着科技发展和社会进步的智慧，就如弗雷·奥托提到的“人们应该建造与自然共生的社会”。

表2-1 建筑与自然语境关系的历史脉络分析

创作模式	科技水平	自然观取向	主要时期	代表建筑及特征
建筑顺从、敬畏自然	科技落后、手工技术、农耕狩猎	天人合一、崇敬自然	中世纪前	金字塔、太阳神庙、罗马神庙、科隆大教堂、中国园林等。西方宏大神秘，东方融入自然
建筑征服、隔离自然	工业技术	机械论、改造自然	中世纪、工业革命时期到20世纪50年代	伦敦水晶宫、机械馆、包豪斯新校舍，赖特、格罗皮乌斯、勒·柯布西耶、密斯·凡·德·罗四位现代建筑大师的作品等。功能性强，突出自我
建筑回归自然	电子信息，生物、材料科技，互联网	生态、有机、复杂	20世纪60年代至今	阿尔瓦·阿尔托、费雷·奥托、杨经文、科里亚的作品等。注重建筑内外环境的互动性，尊重绿色生态理念

2.4 影响寒地建筑创作的自然语境要素

寒地自然语境要素是一个广泛的概念，涉及多种自然环境因子。《中国大百科全书》将自然环境要素阐释为一切非人类创造的，以阳光、岩石、生物、水为代表的，依照总体演化规律发展的基本物质组分，彼此之间呈现出相互独立、性质不同的状态，并对人类的生活产生一定程度的影响。所有的自然界的物质和能量要素，诸如山川河流、沙漠、风雪等非生命形态和动植物等生命形态存在着错综复杂的联系，与所在的地区环境共同作用、共同演进（图2-10）。而每一种要素都蕴含着诸多子要素组成部分。回到本书的中心，即如何提升寒地建筑所提供的生存环境感受，由此对这些繁杂的要素进行提取和筛选，将与寒地建筑创作最具关联的环境因子归纳为三个主体要素：地貌环境、气候、自然场景。

图2-10 自然环境要素

地貌环境是自然界一切物质的承载，生命涌现的源泉，包括山势形态、地形、坡度、水、土壤、岩石等因素，并与气候相互反馈。地貌环境是内力、外力作用对地壳的综合作用结果，内力是指地球内部的地质作用，决定了地貌的构造格架；外力则是指流水、风力、太阳辐射、大气和生物活动等对地壳表层进行的风化、剥蚀、搬运和堆积。地貌环境是建筑的根基所在，与建筑的生成有着密切的关系。

气候是自然界所有系统的“元系统”，气候的不同形态和特征之间具有错综复杂的关系，能够调整自然界系统之间的能量和物质交换[21]。气候也是对人类和建筑产生最大影响的要素之一，它涵盖了温度、光照、风、雨、雪、湿度等多重因素，与人们的生产生活以及不同地域的建筑的形成息息相关。

对于第三大要素的提取，本书没有将视角落在自然的生命资源这个范畴内，而是筛选对建筑创作影响更大的，并与“语境”相关的要素。自然环境中各种物质形成的整体环境场域也与建筑的形成有着密切关系，包括宏观的山、水、草木、冰雪景观，微观的材质色彩、肌理、质感，以及不同意境给人的内心感受及氛围感觉等。本书将这个自然物质环境所形成的场域概括为自然场景要素，将其作为第三个重要影响。

本书的自然语境要素即是在特定时空内的自然环境要素，即地貌语境、气候语境、场景语境。因此本书将对这三者进行阐述，深入探讨它们与寒地建筑创作的相互关系。

2.4.1 地貌语境

“地貌”一词来自希腊文，意为“地球的形态”[22]。在地理学中，“地貌”也可以称为地形，是地表各种形态的总称。按照地球整体结构划分，地貌可以分为“陆地地貌”和“海底地貌”。陆地地貌按其形态可以分为平原、高原、山地、丘陵、台地、盆地六种；按照是否有人类参与改造，可以分为自然地貌和人工地貌。丰富的寒地地貌是寒地自然语境的重要组成。

地球上的严寒和寒冷地域包含高纬度的极地、亚极地及中低纬度的高山高原地区，主要包括俄罗斯、蒙古国、加拿大、北欧部分地区以及我国北部和青藏高原地区。我国寒地包括东北地区、青藏高原、内蒙古高原，主要以高原、山地和平原地貌为主。其中东北地区可分为六个区域：大兴安岭中山、低山和台原区；小兴安岭低山和丘陵区；长白山中山、低山和丘陵区；辽西低山丘陵和赤峰高平原区；东北大平原；呼伦贝尔高平原区[23]，有大面积的森林植被，肥沃的黑色土壤，分布广泛的冻土和沼泽等自然景观。加拿大寒地主要在北极地区、西北地区和北方的草原地区。俄罗斯寒地主要为北极荒漠地区、冷土地带、草原地带和森林冻土地带。北欧寒地主要在地势相对较高的斯堪的纳维亚山，在大量的冰川环境的演化下，逐步形成了堆积地貌以及冰川侵蚀，如挪威、冰岛、芬兰等国家部分地区的峡湾地形，风光秀丽，可以欣赏到冰川的景色。

与低纬度热带地区相比，寒地地貌的特征形成主要是由于受到较强的大陆性气候环境作用，地层温度低，在冬季常为负温，降水少，水分大部分又渗入土层中，土层呈现出明显的分层现象，下部常为冻结状态，上部则处于周期性冻融状态。如北极的冻土层达千米以上，到北纬48° 附近冻土层厚度为1~2m。寒地地貌在干燥多风沙的气候作用下，成年累月形成了很多特殊地貌形态，如冰川地貌、冻土地貌、风成地貌、流水地貌、海岸地貌等。寒地地貌具有丰富的自然语境特征，线条粗犷、广袤豪迈、质朴厚重，与南方的温婉舒缓、曲水流觞的地貌特征形成对比，这些特征给建筑创作带来无限的灵感。为了便于研究寒地建筑与地貌环境的相互作用，本书将地貌语境划分为起伏地貌、平坦地貌和滨水地貌三种。

（1）起伏地貌

包括冰川地貌及高山高原冻土地貌。冰川地貌区为高纬度极地和高山雪线以上的地区，覆盖了地球陆地表面10%的面积，大部分位于格陵兰和南极洲，终年冰雪覆盖，厚度可达3000m（图2−11）。冰川的发育过程会形成多重地貌，如挪威的斯瓦尔巴德群岛冰川地貌可分为冰蚀地貌、冰碛地貌和冰水堆积地貌等。同时冰川运动会对陆地产生侵蚀效应，形成峡谷、盆地、湖泊，甚至是喀斯特地貌。冻土地貌便是地理学上常提到的冰缘气候地貌区，地温常处于0℃以下，并含有冰的土（岩）层[24]。在冻土表层发生日周期性和年周期性的冻融，会产生一系列特殊的地貌作用，如冰劈、冻胀、融陷、融冻泥流等，都是冻融过程的不同表现形式。冻土地貌在地球上分布的总面积达3500万平方千米，约占陆地面积的1/4，主要分布在高纬度的俄罗斯和加拿大，及中纬度的高山高原等地区（图2−12）。

（2）平坦地貌

风成地貌指风对地表物质的侵蚀、搬运和堆积过程中形成的地貌，包括风成地貌、平原地貌等地貌形态。风成地貌少量出现在湿润区的沙质海岸、湖岸和河岸地带，大量分布在干旱和半干旱的沙漠和草原地带（图2−13），这些区域通常日照强、昼夜温差大、蒸发强烈、降水极少、地表径流贫乏、植被稀疏矮小、疏松的沙质地表裸露、风大而频繁。在地球的寒地区域，存在着很多寒冷干旱地区，如俄罗斯一些区域、蒙古国、我国北方存在着30万平方千米的沙漠。平原地貌为径流下游区域速度缓慢、带有多重沉积物质的水流冲刷地表而成，例如中国东北地区的三江平原、松嫩平原和辽河平原（图2−14）。

（3）滨水地貌

包括流水地貌和海岸地貌等。流水地貌是陆地表面最普遍、最活跃的形态。河水的侵蚀作用使地表发生变化，在发源地的山区，多形成V形河道，河道陡峭，水流湍急，而在下游地区流速放缓，带有更多的沉积物质，多形成滩涂或平原（图2−15）。海岸地貌处在陆地和海洋的交界处，以海洋能量和大气环流能量作为推动力，通过侵蚀和沉积作用，形成复杂的海岸地貌（图2−16）。由于地质板块的运动，大陆架在大陆的东西海岸有着明显的地质差异。在大陆的东海岸，大陆架非常宽阔，海岸地貌多为平坦的平原，例如我国的东海岸。而大陆西侧海岸多为地质板块碰撞区域，海岸地貌多为悬崖峭壁，海滩面积较小，由于侵蚀作用会形成海湾、峡湾、溶洞等独有的自然风光，在北欧等寒冷地区会与冰川地貌共同作用，形成壮美的自然环境。

图2−11　冰川地貌

图2−12　冻土地貌

图2−13　风成地貌

图2-14　平原地貌

图2-15　流水地貌

图2-16　海岸地貌

地貌系统本身就是一个物质、能量不断演进的系统，是动态、复杂、多重因素相互结合的呈现[25]。同时地貌系统还与气候效应相互影响，共同作用于建筑之上。地形地貌特征对建筑创作有重要影响，对自然语境的回应，就离不开对地貌语境的回应，这不仅反映在建筑的总体布局上，也影响建筑的形体、空间、结构等各个方面。

2.4.2　气候语境

气候是人的热舒适和建筑热环境的外部条件，建筑无论处于怎样的自然环境中，气候语境这个"元系统"都是建筑的自然语境的重要组成部分，对建筑产生莫大影响。特别是在寒冷和严寒地区，冬季漫长、气温低下、冷风环境、降雨降雪、光照时间大幅减少等不利气候语境会对建筑的内外环境产生较大影响。寒地气候语境对建筑的影响因素有很多，本书筛选了几个对寒地建筑影响较大的气候语境特征作为主要研究对象。

（1）低温

全世界广泛分布的寒地地区的显著特质是冬季低温气候环境，对生存环境舒适性和寒地建筑创作产生较大影响。在漫长的低温期内，人体和建筑都需要足够的热量抵御寒冷的侵袭。如我国东北各地区冬季漫长且寒冷，冬季长达6~7个月，一月平均气温-6~-30℃，最低气温南部-21~-28℃，北部达-40℃以下；夏季短促，三江平原 75 天，松嫩平原50天，嫩江以北无夏天。全年只有不到5个月室外温度环境较为舒适，余下月份气温都低于人体舒适温度。我国西部和北部同样冬季低温且漫长，青海玛多地区的极端最低气温达-40℃，年平均气温仅为-4℃左右；内蒙古自治区海拉尔地区的极端最低温度达-43.6℃，日平均气温低于5℃的时间达211天[26]。俄罗斯大多数地区属于温带和亚寒带大陆性气候，冬季漫长严寒，夏季短促，严寒地区的平均气温-14~-28℃，七月平均气温4~22℃；北极圈内的上扬斯克和奥伊米亚康两地的极端最低气温分别可达-70℃和-71℃；北欧地区主要为亚寒带针叶林气候和温带海洋气候，较中国北部和俄罗斯相对温和，冬季仍漫长严寒，月平均气温在0℃以下。北美部分城市和加拿大大部分地区也属于寒地，如芝加哥一月的平均气温为−5.6℃，温尼伯一月份平均气温达−18℃（表2−2）。再者，寒地地域大多数属于内陆地区，冬夏季气温温差很大，且昼夜温差骤变，这对建筑的发展也有一定的影响。在技术不够发达的时期，寒地建筑以足够厚的外界面和供暖举措抵御低温的侵袭，造成资源的巨大消耗。如哈尔滨采暖期达179天，平均每年消耗500万吨标准煤炭，年采暖费用达20亿元左右。在科技不断进步的今天，寒地建筑更应该综合建筑形态设计和功能需求的需要，合理组织各个元素，使建筑具有较强的适应低温环境的能力，减少能源的过度消耗。

表2−2　世界部分寒地城市冬季气温

城市	十二月气温			一月气温			二月气温		
	最高/℃	最低/℃	平均/℃	最高/℃	最低/℃	平均/℃	最高/℃	最低/℃	平均/℃
哈尔滨	−6.7	−37.2	−16.1	−5.3	−38.4	−18.8	−6.2	−32.5	−14.6
沈阳	−1.6	−13.2	−7	−4.3	−16.7	−10.5	−1	−11.5	−6.7
芝加哥	1.5	−6.8	−2	0	−12	−5.6	2	−8	−4
渥太华	−3	−11	−5.5	−5.5	−16	−10	−3	−12	−8.5
温尼伯	−8	−19	−13	−12	−25	−18	−8	−21	−12
旭川	1	−8	−2	−2	−14	−8	−2	−13	−6
乌兰巴托	−12	−25	−20	−14	−29	−23	−9	−25	−19

（2）短日照

地球上一切系统的推动都需要能量，而太阳辐射能是地球大气系统运作的最重要的能量来源，也是地球上不同区域气候条件形成的根本原因。不同纬度的太阳辐射能的不同导致了光气候条件的差异，这也对当地建筑的朝向、布局及形态起着重要作用。

从日照时间来看，北半球的寒地冬季日照时间短。在《建筑采光设计标准》（GB 50033—2013）中对国内气候区进行了规范而严格的划分。从客观上来讲，光气候分区在国内平均温度较低的地区表现出了极大的差异性，新疆及内蒙古部分地区处于光气候分区的Ⅱ区，而东北省份区域则大部分处于光气候分区的Ⅳ区及Ⅴ区。处于Ⅳ区、Ⅴ区的东北省份地区全年获得的总辐射量仅有100~130kcal/cm^2，日照时数2800~3000h，日照百分率60%~70%，全年日照辐射非常少，如哈尔滨1月的有效日照时数不到100h。这对人们的身心健康产生较大影响，降低工作效率，建筑需要耗费很多能源维持采光照明，并减少建筑的得热量，增加采暖能耗。建筑应该通过形式、空间的变化尽量争取最大限度的冬季阳光，这既能争取自然采光减少建筑光系统的负荷，提升室内的空间感受，又能起到杀菌作用利于人类健康，也能增加太阳辐射对建筑的作用，增加对冬季采暖热能的补充。

从《建筑采光设计标准》（GB 50033—2013）可以看出，并不是所有的寒冷地区获得的全年日照总辐射量都小，对于处于光气候分区Ⅱ区、Ⅲ区的严寒和寒冷地区，虽然气温较低，但是太阳辐射能量较为充足，太阳能资源非常庞大。这些区域的寒地建筑创作可以通过建筑空间形体、建筑材料

结构的恰当选择，充分利用太阳能源，增加太阳能主动和被动利用，在冬季对热能进行集取、储存，改善室内的热舒适度[27]。

（3）冷风

风环境也是自然气候的重要组成元素。依据“中国的季风与非季风分区”，我国东北部严寒地区是以温带季风气候为主，夏季受到来自渤海湾的海洋气候影响，高温多雨，冬季受到西伯利亚和蒙古高原冷气团影响，多为偏北风和偏西风，寒冷干燥。我国北部和西部地区受区位因素的影响，雨量较少，气候较干燥，被归于非季风气候的范畴。建筑应根据不同地区的风环境特征，通过运用合理的建筑创作策略，抵御风环境的不利侵袭，利用风环境中的有利条件。风环境会对建筑的室外环境产生重要的影响，风力每增加两级，室外温度高于0℃时，人的体感温度会下降3～5℃，室外温度低于0℃时，体感温度下降可达6～8℃。风环境对建筑的室内环境舒适度也有直接的影响，适当的通风可以除湿、降低夏季热量、散发有害气味，而冬季冷风的渗透会降低室内温度。对于寒地建筑而言，抵御冬季寒风，利用夏季通风，合理地引流疏导风能，是建筑布局、形态和空间组成的重要组成部分。

（4）降雪

降雪是寒地主要的降水方式，在给寒地带来冰雪景观的同时，也给城市的环境及交通带来压力，造成人们生活的不便，也给建筑的屋面结构带来压力（图2–17）。我国降雪大多分布在东北大部分地区、北疆、青藏高原东部与南部以及秦岭、山东北部等布局高海拔地区。其中小雪和中雪的多发地区为北疆、东北东部与北部、华北北部以及青藏高原东部；大雪主要集中在小兴安岭、长白山脉、天山、阿尔泰山、祁连山、青藏高原东部和喜马拉雅山脉。在世界范围内，俄罗斯全境普遍降雪，积雪期和积雪厚度随着气候区域不同而变化，在西伯利亚苔原北部，全年积雪天数达到260天。加拿大魁北克城冬季三个月的降雪量达到225cm，加拿大渥太华在冬季十二月至二月间的降雪量也有141cm之多。降雪影响应该与风环境整体考虑，在风环境的作用下，在建筑周边降雪会出现不均匀分布的情况，建筑的迎风区和背风区以及建筑的涡风区，积雪量明显不同。因此，建筑应该综合考虑风向和降雪，预防风雪的侵袭，减少冬季降雪带来的场地、交通及雪荷载的不利影响。

2.4.3 场景语境

基于自然语境的寒地建筑，除了要考虑地貌、气候因素，也应该考虑自然环境中多种物质营造出来的场景语境（图2–17），减少消极的空间场所，营造宜人舒适的室内外空间环境。

（1）场景要素形制

自然场景的组成物质要素的表象形制是建筑营造场景语境必须要考虑的因素，这些要素围绕在建筑周围，包括山川原野、冰雪景观、草木植被等，为建筑创作提供无限的灵感。高起的山脉、变动的沙丘、流动的河流等，这些动态的景观构成了丰富的宏观自然地貌形态，建筑创作可以通过模仿山川沙漠等形态的片段，营造生于环境的场所感。寒地冬季漫长，草木凋零，冰雪环境是其区别于南方地区的主要自然景观之一，具有独特的地方特色。将冰雪融入建筑形式，能唤起人们对于北方寒地环境独有的记忆，体现建筑的地域特色。植被草木是寒地环境中人们生活空间的重要组成部分，能够丰富环境气氛，将植被草木形制渗透到建筑的生成，能使建筑融入人们的生活，创造生动而生态的建筑空间。

图2-17　不同的自然场景语境

（2）场景肌理

寒地建筑大量运用混凝土和钢材等建筑材料，往往会忽略自然肌理的原真之美，导致建筑地方特色和自然语境的缺失，造成巨大的成本投入和高额的能源浪费，甚至带来环境污染、环境压抑等负面效应。自然的微观肌理有着丰富的表情和色彩，如绿植、石头、土、砖、木、竹、草乃至芦苇、亚麻、秸秆等，都曾经是建筑的原生态材料。如果将这些自然肌理与质感恰当地与当地技术结合，就能够创造出丰富的建筑表情，使建筑回归自然。

（3）自然意境

从中国古典绘画和唐诗中可以看出，人们对于自然的“意”的重视往往大于形式，往往通过写意的方式传达意境，表达画外之音，形成心灵上的共鸣。寒地建筑只有通过意境的传达才能真正体现出自然美。对于自然场景语境的关照，离不开对自然意境的关照，建筑形式只有与意境联系起来，才能从真正意义上引发人们的共鸣。

每一种寒地自然语境要素具有不同的特质，作为寒地建筑生成的外界条件，时刻作用于寒地建筑，对寒地建筑的布局、形体、空间、界面有着不同程度的影响（图2-18）。寒地建筑创作应对这些自然语境要素做出积极回应，形成生长于此地的建筑空间。

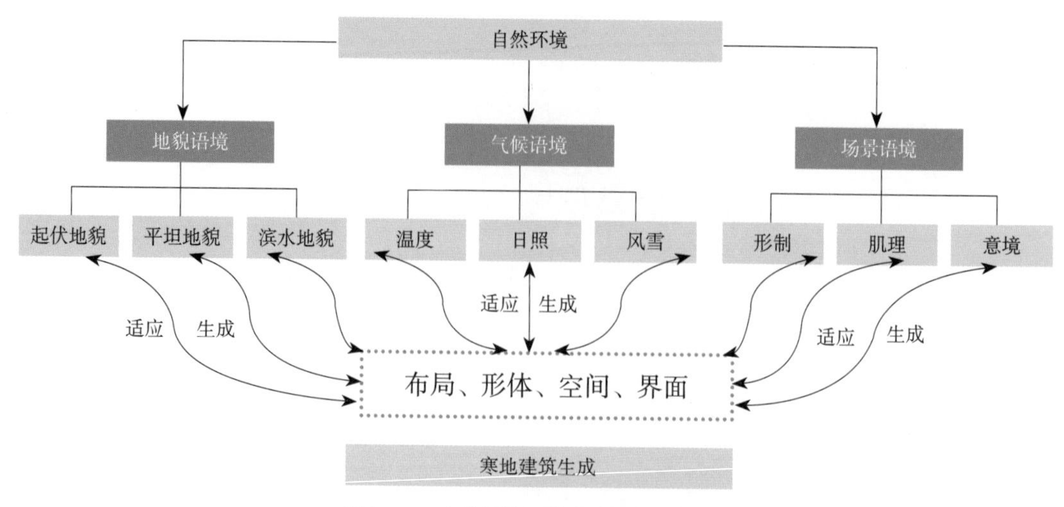

图2-18　自然语境要素作用于建筑生成

2.5 寒地建筑与自然语境关系的发展机制

历史上建筑都被认为是有着独立边界的主体，建筑与自然环境一直是二元对立的关系。但随着时代的发展，建筑与自然环境的关系在发生变化。《中华人民共和国国民经济和社会发展第十四个五年规划和2035年远景目标纲要》强调要推动绿色发展，促进人与自然和谐共生。寒地建筑也应顺应时代趋势，重新定位自身与自然语境的关系，避免以往浮夸、隔离自然的模式，强调建筑对自然语境的适应性，注重生态绿色，回归自然，重塑基于本土的创作方向。本节提出寒地建筑创作的发展导向，形成统领后文的创作体系框架（图2-19）。

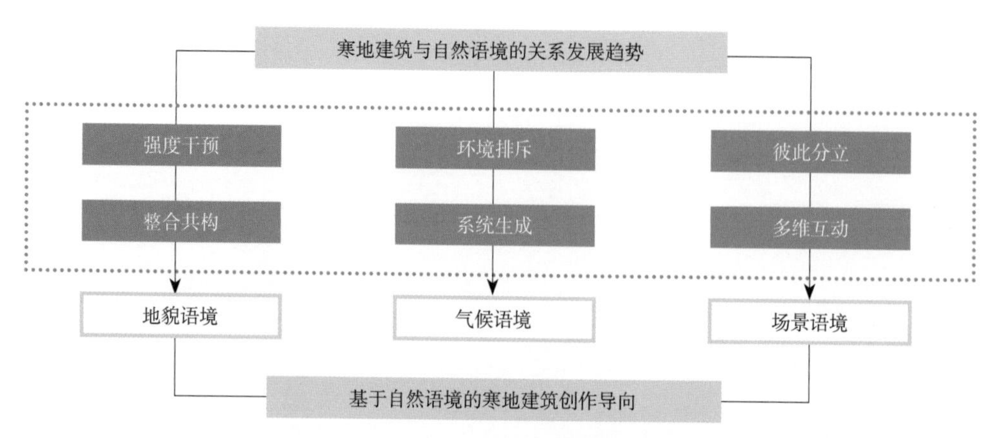

图2-19　基于自然语境的寒地建筑创作体系

2.5.1 由强度干预走向整合共构

2.5.1.1 由强度干预走向整合共构的发展机制

在近年的研究中，有学者把人工与自然定义成空间环境的两个极端，根据人工环境对自然语境的干预程度的不同，分为强度干预、中度干预和弱度干预[28]。强度干预自然环境的建筑设计模式是最具争议的，建筑试图完全不顾自然环境的地形、水文、物种和植被条件，强行侵入自然，为自身的完善而改造自然；中度干预自然环境的建筑设计方式虽然也对自然进行一定程度的改造，但往往经过建筑师对自然的关照，表达建筑与自然的结合；弱度干预自然环境的建筑设计方式的理念是建筑以自然为主体，建筑是自然的辅助，表达栖居自然的理想。在近些年消费经济的推动下，我国经过大规模的建设，原生的自然地理环境被大面积占用，人们试图把自然环境都转化为人工环境。建筑师试图在各种不同地貌环境中简单复制平地上的建筑建造方式，对当地环境形成强度干预。如在山地环境中，强制置入一些异质建筑物，对当地独特的地形、水文、物种等完整生态系造成破坏，对原本自然的景观面貌造成明显的改变。

在经历了环境恶化、资源短缺的种种问题之后，人们开始反思。20世纪80年代由斯坦·艾伦（Stan Allen）提出的场域环境理论（Field Condition）打破建筑与环境的二元对立的关系，建筑不再是被注视的客体和有边界的实体，而是与基地地貌关联，建筑与场地是一个有机的、多种元素互相影响的整体，两者形成复杂的互动。面对丰富的自然地貌环境，建筑与地貌语境的关系应该从强度干预逐渐转为整合共构，不再过度凸显建筑形式，而是与大地形成共同建构的整体体系。这样的思潮在当今的很多建筑中都有所体现（图2-20）。如北京2022年冬奥会冬季场馆的规划设计，人们就主张对地形的顺势利用，减少对自然原生地貌的破坏，注重生态环境的可持续发展。其中延庆赛区、

图2-20 整合地貌语境的建筑

张家口赛区等都尽量减少山体的开掘、树木的砍伐，并尽量利用现有的云顶滑雪场和建筑设施，减少铺张浪费。

2.5.1.2　自然地貌语境中的寒地建筑创作导向

寒地自然地貌在较强的大陆气候作用下，复杂丰富，具有广袤质朴的自然语境，呈现出无处不在的动势肌理。对建筑创作产生影响的自然语境的第一要素是地貌环境，寒地建筑创作也应注重适应地貌环境，由强度干预走向整合共构。建筑如果不考虑环境的特征，将建筑体千篇一律地插入地貌环境，势必将形成对自然环境的强度干预，造成生态环境的破坏。基于地貌语境的寒地建筑，应从“形”和“肌”两方面适应地貌特质。寒地建筑应延续地貌语境的“形”的在地特征，即地脉、山川、河流等地貌的空间形式，形成延续大地脉络的融合体系；延续地貌语境的“肌”，即地貌的肌理组成，包括岩石、土壤、植被等自然环境要素。同时建筑创作应考虑地貌的地址环境、坡度、高程等因素对建筑的影响，以及不同地表形态对温湿度、风环境和日照的影响。并且通过参数化设计、数字建构、空间演化等方式将地貌趋势、动线、肌理与建筑的生成联系起来，使寒地建筑与地貌环境形成复杂的有机体系，与地表形态构成统一的整体。

面对不同特征的自然地貌语境，寒地建筑创作的导向如下。

（1）适应起伏地貌

起伏地貌的地形高程、坡度乃至地质结构都对建筑创作产生重要影响，使建筑创作较平地上面临更复杂的问题。同时起伏的地表形态往往会与光照、气流等气候共同作用形成局地小气候环境，对寒地建筑的内部空间与外部空间的舒适性产生直接的影响。因此，适应起伏地貌的寒地建筑创作不应该是形式上的简单置入地表，应将多层级的地貌环境形态转化为建筑演化生成的来源，顺应地貌趋势和线条特征，延续动势，表达一种生于此地的建筑，并充分利用土地的热稳定性和坡地环境对冷风的阻挡形成对建筑内外空间环境的庇护。

（2）适应平坦地貌

平坦地貌的高程、坡度等地形因素较为简单，而地形走势、水文、边界、道路等自然空间格局会对建筑创作产生不同的影响。适应平坦地貌语境的寒地建筑创作应注重建筑与自然地貌空间语境的相互作用，呼应大地艺术和自然景致，利用建筑形体的下沉、消隐等方式还原生态景观，并通过合理的格局排布驱寒防风，改善外部空间微气候，形成宜人的内外生境。

（3）适应滨水地貌

滨水地貌使建筑外部自然环境灵活而丰富，并且水体能调节局部区域的气候环境，结合寒地冬季冰雪景观还会带给人们丰富的活动空间。适应滨水地貌的寒地建筑创作，应注重建筑与滨水地形肌理、滨水景观的多层级交叠互动，通过一定的布局方式引导滨水微气候环境的形成，并采取合理的方式尽量消解建筑、大地和水的界限，使人们能够接近自然水体和景观。

2.5.2　由环境排斥走向系统生成

2.5.2.1　由环境排斥走向系统生成的发展机制

1963年维克多·奥格雅提出适应生物气候的建筑设计方法之后，班哈姆是较早在现代技术条件下思考建筑创作与自然环境关系的人，他提出了创造舒适建筑环境的两种模式——“环境排斥型”（exclusive）和“环境选择型”（selective）。环境排斥型的建筑设计是将建筑与外环境隔离开，布局、形体、围护体系、空间都采用阻隔外部恶劣环境的被动措施，并通过人工手段将建筑内部塑造成舒适的环境；环境选择型的建筑设计则通过建筑与外部环境的互动，允许外部自然环境参与建筑能源的循环，比如采用分散布局、变化的形态和复杂的外围护结构、利于通风和采光的空间等方式。当代建筑创作与自然语境的关系正由环境排斥型转换为环境选择型，摒弃封闭、孤立的建筑构成模式，环境与建筑共同作用形成“自然选择”。就如同自然界的动植物，在进化中不断完善自我，形成高度适应所处环境的形体、内部结构以及代谢机制。实际上，很多伟大的建筑师如勒·柯布西耶、密斯、阿尔托、麦金托什、路易斯·康等，他们不仅是建筑创作的天才，也是环境能量的驾驭者，他们通过合理的技术空间组织来利用环境导向形成建筑形体和空间，为使用者创造舒适的环境。

同时，由系统论的观念可知，自然是一个复杂的有机系统，各个因素之间是相互联系、相互作用的，进行着不间断的物质、能量和信息的交换。在自然界中，单一系统是趋于不稳定的，就如同沙漠是一种高熵低秩序的存在，而建筑与环境的简单结合，就如同这种缺少组织的简单系统，是低序的系统。在自然演进过程中，物质转化会逐渐趋向高序的负熵系统，就如同生生不息的森林。建筑的演化，体现了建筑发展的历史过程，是由低序系统到高序系统的演化，并在相同层次上由简单逐渐走向复杂的演化。如古埃及、古希腊时期的建筑多采用单一的空间形式，在后来的演化中则出现了具有比例和节奏的几何化古典建筑空间形式，到了现代时期建筑空间则更加多元和系统化，越来越多地体现出生命观和动态观。

因此，未来的建筑与自然环境的关系也并不是单一的，存在着多种可能性，不仅相互联系、相互制约，还会在一定条件下相互转化。建筑与自然环境的关系将打破建筑与自然的主客体关系，二者将共构为系统的有机整体。建筑作为整体系统的一部分应从环境排斥转向环境选择，并从低熵的简单组织走向高熵的、复杂的多层次系统，逐渐趋向于自然演进的状态，建筑布局、形体、空间与自然物质、能量将形成关联耦合，逐渐在真正意义上跟随自然万物的演进规律。在这个阶段，建筑系统将越发复杂，趋向于一个高序的负熵系统，注重物质、能量与信息的多重关联作用，这也是寒地建筑创作未来的必然发展趋势。

2.5.2.2　自然气候语境中的寒地建筑创作导向

寒地建筑处于高纬度寒冷地区和严寒地区，为寻求宜人的室内环境，建筑面临着抵御严寒的难题。霍克斯曾经提出一个13项内容的核查清单，包括场地微气候、太阳轨迹、风环境、微气候、热缓冲、内部产热、自然采光、太阳能得热和舒适性等[29]。在维克多·奥戈雅的《设计结合气候》一书中曾提出北美地区人们生活所需要的舒适环境气候区域，人们生存的舒适环境需要满足多个指标，包括温度、日照、干湿度、风环境等（图2-21），建筑室内空间需要满足这些环境要求才能真正为人们提供舒适的生活环境。因此寒地建筑需要不断抵御外界不利的气候因素，并不断消耗能量。由于地域环境、经济条件和技术水平的限制，以往我国的寒地建筑为了减少建筑能耗的损失，提高保温性能，经常用环境排斥型的被动抵御措施应对低温、短日照和风雪侵袭等不利气候环境。如采用集

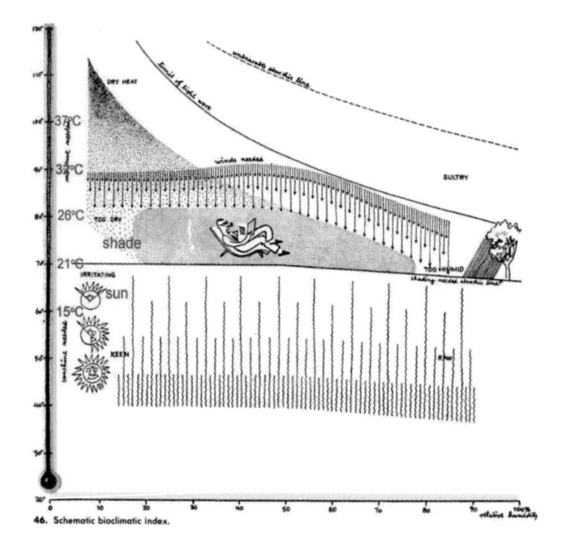

图2-21　北美地区气候环境舒适区间

中式形体、厚重的墙体来减少热量损失，抵抗低温环境；用内聚围合的形体、设置挡风墙抵御风雪侵袭；用向阳布置配合日照间距的控制来尽量获得更多的阳光，导致建筑形式表现出过于单一和呆板的形态。即使这种方式使建筑内部空间满足舒适性的要求，但往往造成能源和建筑材料的浪费。这种被动的环境排斥型应对措施，造成环境信息的大量遗失，与气候环境影响本身的复合、随机特性格格不入。

随着生态节能思想的影响和参数化技术的发展，寒地建筑创作从简单的抵御不利气候环境转向建构建筑与环境的多层级反馈系统，通过适应环境生成建筑。

在第一层面，寒地建筑创作应考虑通过御寒技术的应用来提升建筑系统对气候环境的反馈能力。如利用形体和外界面的变化形成利用日照轨迹的建筑形式，并根据不用空间的不同温度需求，形成冷暖空间的合理排布；通过形体和屋面的优化，引导风的流向，并借助风力排雪，减少风雪侵袭；利用建筑外墙节能技术，使建筑外界面在保温的同时能够更加灵活地回应自然；利用屋面技术，提高屋面的保温隔热性能，并引进智能调节的采光屋面和各种形状的采光腔体，可以将自然光引入室内，增加寒地室内空间的舒适性。

在第二层面，随着数字技术的发展，建筑创作能够对自然气候环境进行模拟和参数统计，使建筑系统对环境的反馈趋于复杂化，建筑与气候环境成为系统的有机整体。数字技术引发了建筑创作模式的更新：建筑师能够将自然环境中的光环境、气流环境、风雪环境等环境要素转译为动态的形式生成基础，更加清晰地利用环境参数来生成建筑，使寒地建筑对气候环境的抵御转化为将风、光、热等环境影响因子和参数直接应用于建筑生成[30]（图2-22）。寒地建筑的生成成为有迹可循的环境适应，而不是纯粹的主观构建。

面对不同特征的自然气候语境，寒地建筑创作的导向如下。

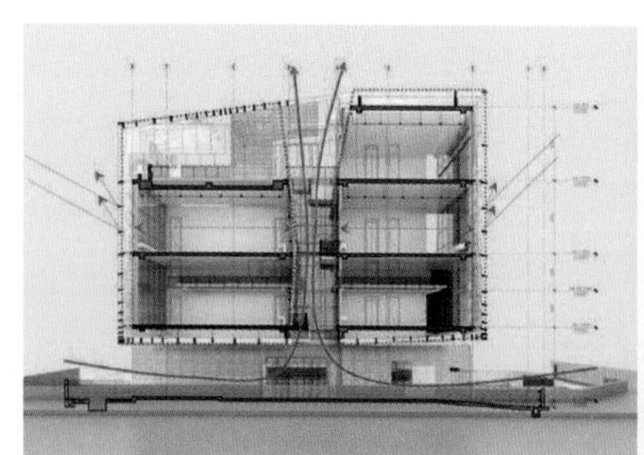

（a）利用风压改善室内环境

（b）利用绿化改善室内外环境

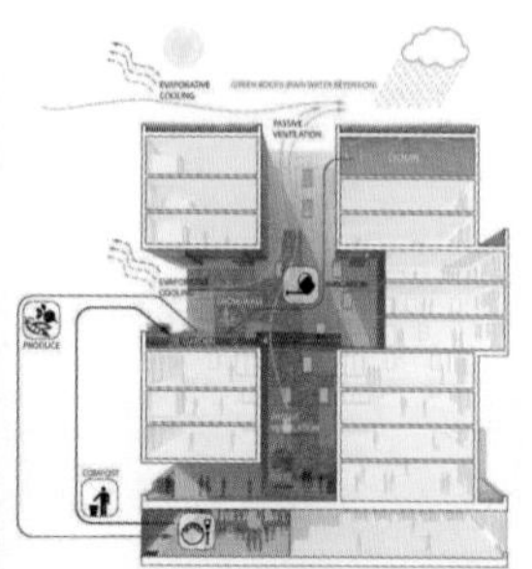

（c）利用气流提升环境

图2-22　建筑与气候环境系统生成

（1）适应温度影响

寒地建筑需要抵御寒地冬季低温环境，寻求宜人的室内环境。适应气候语境的寒地建筑应在形体、表皮、空间上具备抵御外界寒潮侵袭的能力，并在传统厚重、封闭的御寒方式上进化发展，对低温环境的回应从被动抵御到主动调适，根据不同温度需求的功能空间组合建筑形体，并结合智能可调的外部界面，形成更加舒适的生活环境。

（2）适应光照影响

寒地建筑面临着冬季自然光照时间短且太阳高度角低的气候状况，导致建筑获得能量偏低。适应气候语境的寒地建筑争取最大化的冬季阳光，不是仅有严格地按照日照间距排布一种方法，应通过形体、表皮、空间的组织，对日照情况的回应从简单获得转向光照规律引导，用合理形体的布置方式、屋顶模式、表皮形式适应光环境的变化，补充室内采光和室内热能。

（3）适应风雪影响

冬季寒风和雪的侵袭大幅度影响寒地建筑外部环境和内部空间的舒适性。适应气候语境的寒地建筑应该采用合理的措施消解风雪侵袭，通过建筑形式的选择，对风雪环境因势利导，利用体型起伏变化、屋面形式和局部空间的优化借助寒风吹走积雪，减少冬季风雪对建筑内部热能的损耗和对外部环境热舒适性的破坏，减少积雪荷载，形成更加舒适的室内外空间环境。

2.5.3 由彼此分立走向多维互动

2.5.3.1 由彼此分立走向多维互动的发展机制

建筑创作在消费社会的巨大背景之下，建筑形式千篇一律，消除了时间和地点的场所特性，建筑空间由于地域文化、场景和历史的缺失成为无意义、无识别性的盒子。建筑阻碍了人与自然的互动交流。随着现代城市生存环境的日益恶化，人们逐渐意识到混凝土林立的城市带来的心理压抑和生理侵害，无论是发达国家还是发展中国家的人们都想逃离城市，寻找自然山野的纯朴气息，寻找原生自然的意境之美。

在中西方哲学中，美学的形成都与自然密切相关，自然是人们最重要的审美对象，并且自然是全美的。中国道家的庄子的“齐物”思想表达出中国古典美学的哲学基础，他认为自然万物具有不可重复性，“道”和“无”是宇宙万物的根本；禅宗则从心的感悟中体会自然之美；儒家则强调“天人合一”，用仁爱来对待自然万物；近些年，宗白华提出了自然有一切生命之源泉的活力，是一切“美”的源泉，建筑的形成应表现自然的生命活力。西方古典美学也具有类似观念，康德认为自然万物的和谐关系给人以审美的愉悦，阿多诺认为自然万物不是符合某一美学标准，而是不可重复和替代的物的本身之美[31]。因此，脱离了自然的建筑不可能从最真实的层面给人以美的享受，建筑作为与人类生活休戚相关的生活载体，应该从外部形式和内部空间上改善自身，尽可能地为人们提供与自然结合的环境。

因此，未来的建筑与自然环境的关系应从彼此分立走向多维互动，回应环境特征形成建筑形式，从形制、肌理、意境等多重方面强调建筑作为自然场景的一部分。西方建筑师很早以前就开始注重对自然诗意美的寻求，在北欧起伏的地景中我们常看到掩映在自然中的乡土建筑。我国当代的很多

建筑师也已经开始通过追溯传统自然观的意境美学表达，强调建筑与自然的共融。如贝聿铭的建筑创作提取山水画中建筑与自然的关系，强调传统自然之美；王澍的建筑大多以“山”“水”的景观诗学为背景，注重建筑设计与建造的自然诗学意境塑造，用既遵循传统技艺又简洁优美的形式表达“介于自然与人类之间的”观念；黄声远提出“在地建筑”，强调大地与建筑的浑然一体，筑造真正的栖居；板茂利用纸、竹等材料形成生于本土的建筑（图2-23）。

（a）贝聿铭的作品

（b）王澍的作品

（c）黄声远的作品

图2-23 建筑与自然场景的多维互动

2.5.3.2 自然场景语境中的寒地建筑形式创作导向

寒地建筑往往注重表面的形式塑造，成为功能的外壳，建筑与自然环境彼此分立，建筑消极呼应自然场所，缺乏此时此地的创造，缺乏精神层面的共鸣，往往给人冰冷、机械、虚假的感受，不能给人以美的感受。

反思寒地建筑创作的种种问题，寒地建筑应适应场景语境，从原来的彼此分立转化为多维互动。寒地建筑不应该是简单的混凝土构筑，应该是植根于场所，发掘场所的潜质，通过自然景观的再现、自然意境的营造、自然肌理的表达，从形、景、情等层面实现建筑与自然环境互动共融。建筑师应该懂得欣赏并保护原真自然之美，从建筑所处场域的各种素材出发，形成具有情感内涵的诗意场景。就如北欧森林中的数不清的普通建筑一样，生长于阳光和自然，建筑更像是一种人造的自然物，自然和建筑共同形成一种表达精神的意蕴。

面对不同特征的自然场景语境，寒地建筑创作的导向如下。

（1）转译场景要素

自然界丰富的山川沃野、冰雪及草木植被等，给建筑创作以无限的灵感。适应场景语境的寒地建筑创作不可避免地要对建筑所处的自然环境的物质要素形制产生回应，模拟自然界的生动态势，用抽象写意的方式拟态“山、水、冰、雪、草、木”来与自然形成互动，传达出建筑与自然环境场域共同演绎的内在气质，形成与人心共鸣的形态空间，表达对诗意栖居的思考，引发人们对自然本身的关注以及对自然之美的欣赏。

（2）表达自然肌理

自然的微观环境的多种肌理形成自然界丰富的质感和全方位的环境感。适应场景语境的寒地建筑创作可以通过建筑表面的绿植种植，形成自然语境的回应；在材料选择上结合土、石、竹、木等原生本土材料，形成富有场景生命力的形式语言，通过对自然材料的原真呈现，形成具有时代感和质朴感的建筑特质；通过人工材料的质感打造，形成与自然环境相联系的建筑气韵，表达一种超越物理性回应的精神特质。

（3）营造自然意境

自然在给人们丰富的物质世界的同时，也让人领悟到意味无穷的神韵和境界。基于自然场景的建筑创作，不能完全地就形式而论形式，应在形式的基础上"借景写意"，于场所环境上营造赋形于意、有感于中的建筑。寒地建筑应通过形体的凝练打造具有场所特质和象征性的体量，打造自然与环境融合的空间，引入自然光、水、绿植等元素，营造具有人情味的空间感受，提升环境的内在气质。

2.6 本章小结

本章系统地分析了寒地建筑与自然语境关系的本源与发展，构建本书的理论和思想框架，总摄后文，为后文的具体论述提供基础依据（图2-24），具体包括以下几个方面。

（1）建筑与自然关系的思想理论基础：通过追溯古典哲学理论、有机建筑理论、共生建筑理论，阐述影响建筑与自然关系的思想理论基础，有助于我们从更高的视角来审视当前建筑创作与自然语境的关系，为建筑创作的自然语境回应提供理论根源。

（2）建筑与自然两者关系发展的动力：通过引介进化论、系统论及复杂性科学发展来阐述推动建筑与自然关系发展的思想理论动力，促使人们将建筑视为整个自然系统的一部分，为建筑与自然的关联互动提供科学的思想依据。

（3）建筑与自然关系的历史演进：以时间为轴梳理建筑与自然关系的历史实践脉络，包括服从、征服、回归三个时期，建筑从自然语境的文本填补、文本改写到文本还原，引发人们的反思。

（4）影响寒地建筑创作的自然语境要素分析：通过归纳与筛选，将自然语境要素系统划分为三个主要因素：地貌语境、气候语境、场景语境，指出不同要素的寒地特点及其对寒地建筑创作的影响。

（5）寒地建筑与自然语境关系的发展机制：提出由强度干预走向整合共构、由环境排斥走向系统生成、由彼此分立走向多维互动的关系发展机制，并结合三大自然语境要素提出相应的创作导向，形成后文核心章节关于寒地建筑创作的方法框架。

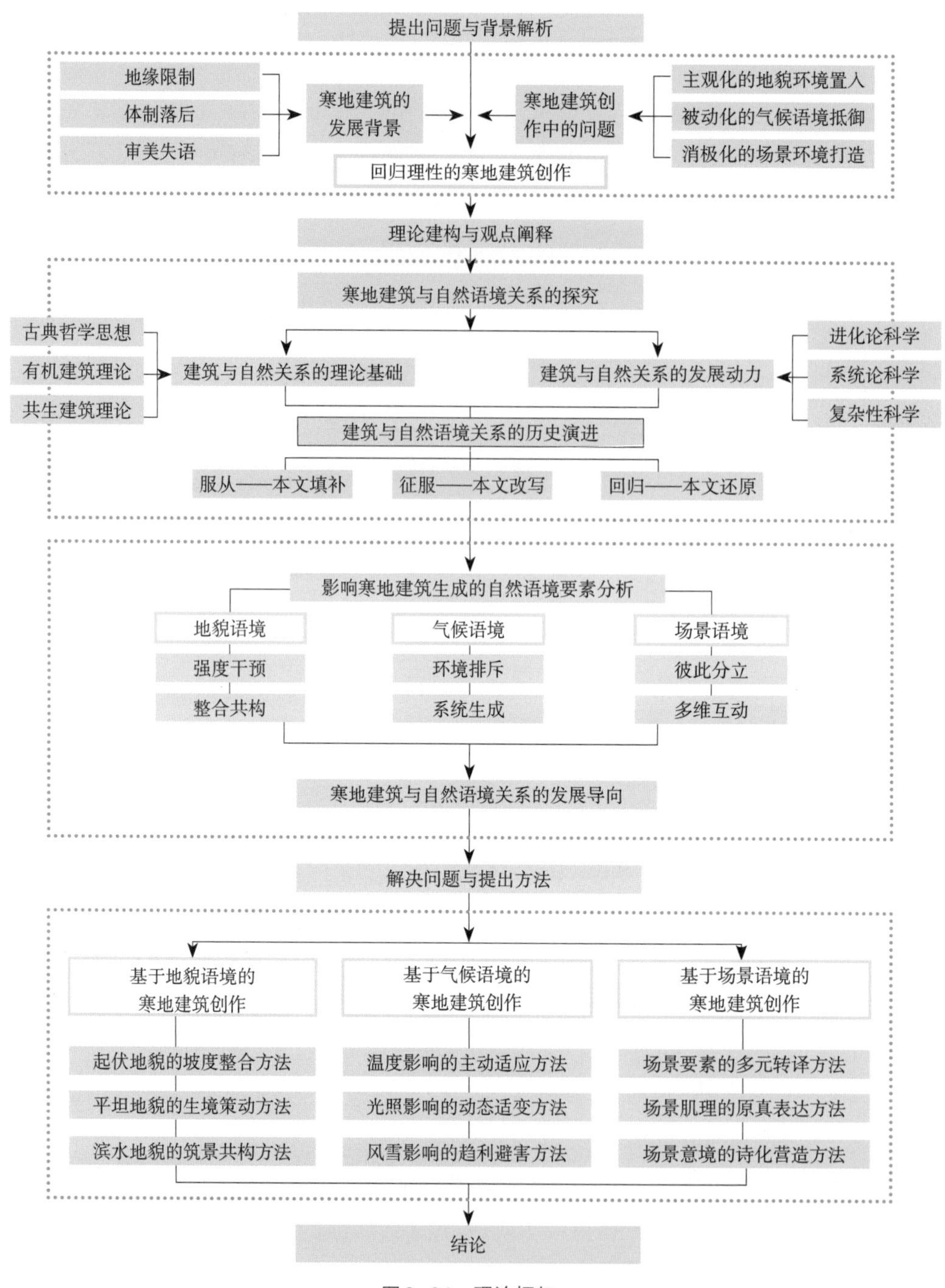
提出问题与背景解析
地缘限制
体制落后
审美失语
寒地建筑的发展背景
寒地建筑创作中的问题
主观化的地貌环境置入
被动化的气候语境抵御
消极化的场景环境打造
回归理性的寒地建筑创作
理论建构与观点阐释
寒地建筑与自然语境关系的探究
古典哲学思想
有机建筑理论
共生建筑理论
建筑与自然关系的理论基础
建筑与自然关系的发展动力
进化论科学
系统论科学
复杂性科学
建筑与自然语境关系的历史演进
服从——本文填补
征服——本文改写
回归——本文还原
影响寒地建筑生成的自然语境要素分析
地貌语境
强度干预
整合共构
气候语境
环境排斥
系统生成
场景语境
彼此分立
多维互动
寒地建筑与自然语境关系的发展导向
解决问题与提出方法
基于地貌语境的寒地建筑创作
起伏地貌的坡度整合方法
平坦地貌的生境策动方法
滨水地貌的筑景共构方法
基于气候语境的寒地建筑创作
温度影响的主动适应方法
光照影响的动态适变方法
风雪影响的趋利避害方法
基于场景语境的寒地建筑创作
场景要素的多元转译方法
场景肌理的原真表达方法
场景意境的诗化营造方法
结论

图2-24　理论框架

第3章

基于地貌语境的寒地建筑创作

地貌环境是与人类生存密切相关的物质条件，对建筑的形成产生影响的自然语境第一要素就是地貌语境。在古代，城市和建筑的布局形成就十分注重对自然地貌的考虑，如希腊时期注重将建筑设置在防潮、防风的高山地段；阿尔伯蒂则提出将城市选址设置在通风或透水良好的区域，同时保证坡地地质条件的稳定性；我国古代强调建筑与城市的选址风水，人工空间应与自然的山体、水域、气流等因素相配合，注重“藏风纳气”。在寒冷和严寒地区，存在着丰富的地貌形态，包括大量的沙漠、草原以及黄土高原等风成地貌，江河湖泊和海水冲积形成的流水地貌，形态繁杂丰富、粗犷豪迈。建筑处于不同的地貌地形中会表现出不同的特征，寒地建筑与地貌的关系是建筑与自然互动的第一层面，直接影响人与环境的关系。基于地貌语境的寒地建筑创作应该首先考虑以下方面。

（1）地质

基地的稳定性和承载力。寒地地貌由于受到冰缘区的冻胀融沉，以及重力、风蚀的作用，有些地区容易发生地质灾害，因此寒地建筑建设选址应首选稳定性高的地质环境。

（2）地形

地形主要包括地貌环境的坡度特征和地表趋势。①坡度特征。地貌的坡度对建筑创作的影响至关重要，不同的坡度对建筑设计产生的影响不同，坡度越大，越不利于建设。另一方面，建筑依托地形的坡度，往往能够创新性地使建筑空间与地形空间相互契合，形成具有艺术感染力的空间。如山西的悬空寺位于坡度大于100%的悬崖上，形成震撼人心的空间效果。②地表趋势。地表趋势是指地形的起伏形成的空间感，不同的山位特征表现出的场所空间感受完全不同。寒地建筑创作应该充分考虑地表趋势的影响，并形成具有环境特色的空间特征。

（3）河流水系

自然降水和冰雪融化会形成地表径流，汇集为河流湖泊形成丰富的景观资源，水体渗入地下则形成地下径流。建筑设计应该合理利用水体资源，注重景观的融合，并采用合理的排水方式，避免不利环境的影响。

（4）植被

植被是自然地貌形态的生态环境反应，是建筑的景观客体，并对建筑布局、空间组织产生影响。结合自然语境的寒地建筑应将植被有机地组织到内外环境之中，形成丰富的空间形式。

（5）气候影响因子

不同的地貌形式会产生不同的微气候环境，基于地貌语境的寒地建筑创作，不仅需要考虑地貌的基本物质环境，还应该关注气候因子与地貌环境的共同作用的影响，尽量塑造舒适的室内外空间环境。

在诸多的影响因素下，本章以地貌形态为根本出发点，将自然地貌模式划分为起伏地貌模式、平坦地貌模式和滨水地貌模式三类，并结合寒地气候因子的相关影响对寒地建筑创作方法进行阐述。

3.1 起伏地貌的坡度整合方法

寒地起伏地貌形态模式包括寒地的高山、高原，其地貌地质特征主要为冰川和冻土地貌。自古以来，山地、高原就是人类穴居生活的发源地，当地居民利用地形来避免自然侵袭和外敌入侵。在现代社会，人们多倾向于将建筑安置在平地，对处于山地环境的建筑设计越发忽视。起伏地貌不同于平坦地貌最显著之处是地形要素更加明显地作用于建筑的形成，地表形态的延展起伏、等高线的疏密程度、坡度大小、地表的图层构造都形成了不同的环境特征，在这些要素的干预下，自然环境变得更加复杂且生动。从北欧一些国家的建筑创作历程中能够看到建筑师们对山地自然环境的尊重，例如瑞士国土的四分之三为山地，从瑞士的建筑大师彼得·卒姆托（Peter Zumthor）、罗杰·迪纳（Roger Diener）、马里奥·博塔（Mario Botta）、麦里和彼特（Meili & Peter）等人的作品中，我们可以看到建筑对原始山地自然的崇拜，用宁静祥和、优雅又平实的方式对山地自然语境做出回应。

坐落于起伏地貌中的寒地建筑创作，应选址于适合建造的区域，避免处于滑坡、侵蚀、冰川、冻融冻胀严重等易发地质灾害的区域，利用高程、坡度等自然因素架构规划网络，有效利用土地，在前文所阐述的多项因素中，应更加着重考虑其中以下要素。

（1）地形坡度

建筑应首先对地形坡度进行分析，选择适宜的用地范围和介入方式，将选址处于平坡地、缓坡地、中坡地，尽量避免过于陡峭的陡坡地和急坡地。如表3-1所示《山地建筑设计》一书根据建筑处于不同的坡度地表上，将建筑结合山体环境的设计策略归纳为“减少接地、不定基面、山屋共融”三个方面[32]。对于寒冷地区和严寒地区，由于气温和施工技术的影响，“减少接地”对于建筑的保温不利，因此本文将着重从“倾斜放置、不定基面和山屋共融”三方面来探讨。

（2）山位趋势特征

寒地建筑需要考虑不同的山位趋势特征，处于不同山体不同位置的建筑，其景观特征和可利用性不同，例如山脉的脊线、高差变化的折线、道路线等，支撑了该区域的自然语境特质，影响着建筑的生成，建筑创作应注重形体与自然山体趋势相结合，山屋呼应，或平缓、或上升、或零碎、或整体（表3-2）。

表3-1 坡度与建筑的关系

类型	坡度	建筑与坡度的关系
平坡地	3% 以下	可以视为平地来设计，建筑布置自由度较高
缓坡地	3%~10%	建筑较为自由，场地内部可以不设置阶梯解决高差问题
中坡地	10%~25%	建筑会受到坡度限制，场地内需要设置台地或阶梯解决高差问题
陡坡地	25%~50%	建筑与坡度关系密切，受到的限制较大
急坡地	50%~100%	建筑受到坡度限制非常大，应针对高差做挑出、悬挂等具体处理
悬崖坡地	100% 以上	建造造价和施工难度大，尽量避免选择这种场地

表3-2 不同山位的趋势特征

山位	空间特征	建筑的可能
山顶	具有标志性，并具有开阔的景观	尽量选择平缓区域，建筑统领该区域自然环境
山脊	山体走势明显，空间具有导向性，景观开阔	应结合山势走势导向
山腰	随着坡度高差的变化，空间形成多层级感，局地景观丰富	应结合坡度高差变化形成层级排布
山崖	空间具有压迫感，景观开阔	不适宜建设，若建设则需要采用特殊措施
山谷	空间内围合感强，具有安全性和内敛性	应选择平缓区域，结合地形环境布置

（来源：《渝中半岛多维景观评析》）

（3）气候影响因子

山地、高原等地表环境下，起伏变化的地形结合光照、局地温度的作用，能够明显地改变大气总循环中近地气层的方向，形成比平坦地貌明显很多的局地微气候，因而丘陵和山区地形对气流的影响比平地对气流的影响大得多[33]。寒地建筑创作不仅要考虑地表形态的影响，还要考虑地表因素与气候环境作用相互叠加产生的影响。①合理选择建筑所处的坡向。建筑位置应争取向阳坡以获得更多的太阳辐射，并合理控制间距，位于南坡的建筑阴影缩短，而在北坡则变长。②合理选择建筑所处的温度环境。高度每上升100m，夏季温度下降0.5～0.7℃，冬季下降0.3～0.5℃，并注意山脉两侧的温度差异。③合理选择建筑所处的湿度环境。高山环境中一般相对湿度会随海拔的增加而增大；而在山谷和盆地等低洼地势则一般夜间湿度较大，白天湿度较小。高大山脉的向风坡多为潮湿多风，背风坡较为干燥；而较小的山脉则相反，背风坡较为潮湿多风。④合理选择建筑所处的风环境。山地环境一般随海拔增加风速增大。同时地形起伏会对近地区域的风环境产生影响，突出的山脊、山顶区域风速较大，而四周围合的山谷则受风侵袭较弱，不同形状的山谷的方向会形成复杂的局地热压风，具有昼夜循环的周期性特点，白天风向上流动，而夜晚冷风带着冷空气下降，聚集在谷底。

起伏地貌最显著的特点就是地形坡度的变化，处理建筑与坡度的关系也是建筑与起伏地貌互动的关键。本节以不同的地形坡度为切入点，将研究范围定在比较适合建造的坡地，即缓坡地貌、中坡地貌、陡坡地貌，对于急坡和悬崖坡不作详细阐述。同时，在北半球寒地地表上，建筑在充分结合地形的同时，应布置在南坡，通过错落和跌落的方式增加冬季充足的太阳辐射；建筑尽量不要处于山谷底部，避免山谷底部由于空气密度和温度产生的沉积冷空气的影响；也不宜放置在没有屏障的山顶；适宜放置在坡地中段偏上位置（图3-1），可以利用北侧的山峰和建筑山墙抵御冬季冷风。最后，建筑应该尽量尊重自然景观中的植被，在植被较为高大的情况下，建筑应减少对高大树木的砍伐，如果植被较为低矮，建筑应该尽量使绿化保持延续，减少植被景观的断裂。寒地建筑应从多方面顺应自然地貌语境的内在规律，整合缓坡地貌、中坡地貌及陡坡地貌的不同环境特征，回应地貌语境的内在场域性格，生成适应环境的建筑形式（图3-2）。

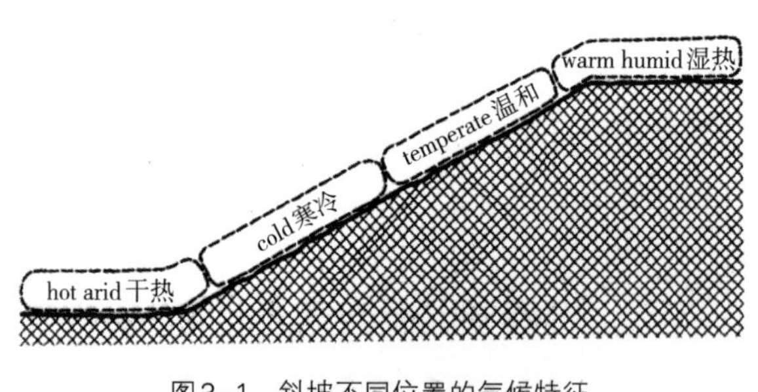

图3-1　斜坡不同位置的气候特征

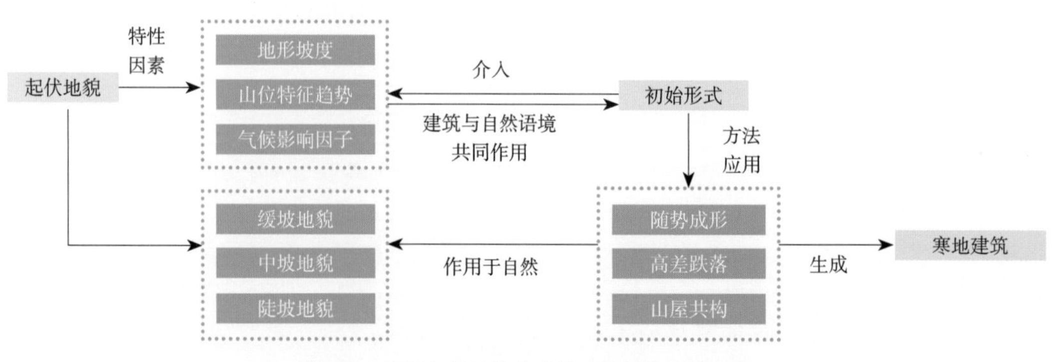

图3-2　基于起伏地貌的寒地建筑创作过程示意

3.1.1 随势成形整合缓坡地貌

起伏地貌中的缓坡地表为寒地地貌形态中比较适宜建造的地形，场地坡度为3%～10%之间，建筑布局和形态的限制较小，可以较为自由地形成建筑空间。此时建筑应减少与自然语境的冲突，随势放置构成形体，用简单的高差融入缓坡，并在相对舒缓的布局中回应自然语境带来的景观特征。同时，建筑宜布置在向阳坡来获得冬季阳光，并采用合理的方式抵御冬季寒风的侵袭，创造宜人的室内外环境（图3-3）。

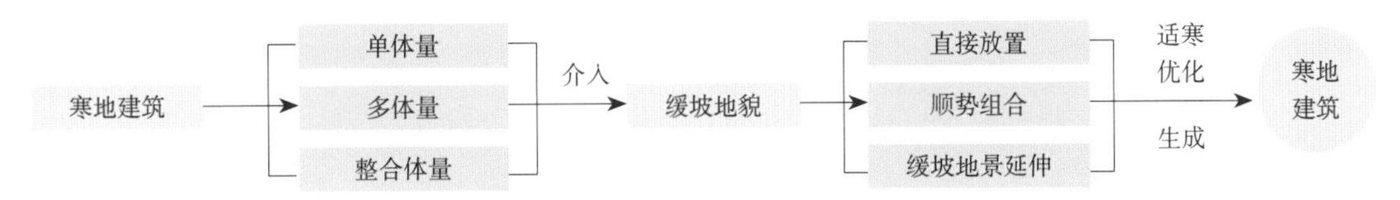

图3-3 整合缓坡地貌的寒地建筑生成

3.1.1.1 单体量的直接放置模式

对于规模、尺度较小的建筑体量，可以结合地形的起伏，选择较为平缓的地表区域，形成建筑的倾斜放置，建筑局部空间结合地形标高的变化设置砌筑勒脚和台阶勒脚，整合建筑接地空间，使建筑形式与地形环境相得益彰。同时，寒地建筑在建筑布局上应该内敛、紧缩，可以减少围护结构的能量损耗，并形成对冷风的有效阻挡，通过空间的变化尽量多地获得冬季阳光，保证内部小环境的微气候。

由BIG建筑事务所设计的格陵兰岛国家美术馆坐落于海湾缓坡地貌的寒地自然语境中，建筑设计与自然地貌整体考虑，创造了一个简洁的且具有功能性和象征性的圆环形。建筑形体没有生硬地插入自然，而是根据地形的坡度形态起伏，尽量减少大量土方的迁移，如同融化的圆环，向海湾方向倾斜，成为对冰川和积雪形态的自然语境的隐喻。这个几何化的圆环使建筑外部形成完整的实体界面，能有效地抵御当地低温环境，同时圆形的外部界面能够疏导寒风的侵袭。在整体圆环的内部设置了庭院，沿着缓坡倾斜的建筑形体可以使这个内部庭院接收到更多的南向阳光。庭院中的自然斜坡被处理成台地，结合室外雕塑使自然、展品及人互动重构，人们沿着建筑的螺旋空间观看展品时，也能充分感受到自然的变化（图3-4）。

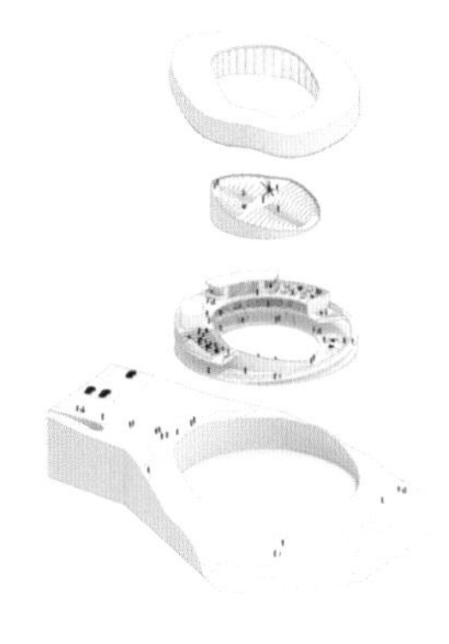

图3-4 格陵兰岛国家美术馆

3.1.1.2　多体量顺应地形的顺势组合模式

在较为复杂的地表环境中或建筑功能较为繁杂时，建筑难以用整体的单一体量联系起来，可以形成顺应地貌等高线趋势的多形体单元组合式布局，形体单元彼此之间有一定的独立性，而组合的体量则配合等高线的变化错落点缀于自然环境中，配合地貌空间与植被草木，与原生的自然语境相互映衬。同时整体布局可以通过建筑实体和开放空间的合理布置应对冬季冷风作用，对冷风进行疏导，加速冷风排除，减少建筑能耗损失，形成宜人的建筑外部环境。

在原生自然环境中，顺应地貌趋势组合成的簇群模式，可使建筑群体灵活地适应原生自然环境，掩映于自然之中，建筑与自然语境相互融合。东软国际软件园大连河口园区位于大连西部起伏的山地上，绿植环绕，景色宜人。基地面积约为50公顷，高差近60m。整个规划定位为集办公和配套设施于一体的公园式软件研发区，总建筑面积30万平方米。设计首先注重山地原生态环境，通过分析山地地形与场地的坡度，确定适宜建设的区域，经过适当土方平整将建设区域地面坡度保持在10%以下。同时结合软件开发的工艺要求，形成五个簇群式组团，用环状车行道联系，对山顶呈围合之势，南侧开敞，迎接远处的海景。群体和建筑单元都考虑了对寒地气候的应对策略。群体布局东西北侧展开，为南侧室外中心区域提供了竖向挡风屏障；每个组团建筑都采用简洁规整的围合布局，内部设置形态各异的中庭，塑造寒地活动的微气候空间［图3-5（a）］。

美国洛杉矶的盖蒂中心坐落于莫尼卡山脉两座山峰之间的山谷坡地处，建筑呈带状展开并延伸到两侧的山崖，建筑群体依山就势，形成两组不对称的簇群组团，主要组成有入口大厅和6座独立展厅建筑。建筑结合山势，错落有致地置于不同高差的台地之上，建筑群体之间形成不同层次的地势高差，用台阶、水面及室外景观联系起来［图3-5（b）］。

（a）东软国际软件园大连河口园区

（b）美国洛杉矶的盖蒂中心

图3-5　多体量顺应地形的顺势组合模式

3.1.1.3　整合体量延续大地缓坡的地景模式

寒地建筑创作顺应地貌语境，还可以将建筑多种空间功能整合在水平延展的体量之内，建筑跟随地貌形态起伏延展，形成融于自然的整体环境。肯尼斯·弗兰姆普敦（Kenneth Frampton）在《现代建筑——一部批判的历史》中提出的“巨构形式”概念，20世纪中期由十次小组（Team10）提出的“毯式建筑”原型，斯坦艾伦提出的二维城市及场域理论，K.W. 福斯特提出的地形学形态模式，及后来建筑理论家詹克斯提出的“地形建筑（Landform Architecture）”都描述过这种创作倾向，建筑从外部形态上趋向于和大地形态融合，建筑用水平延展的方式顺应大地环境。同样在较为平坦开阔、坡度较为舒缓的地貌环境中这种横向延展的巨构形式也能营造出一种栖息的场域状态，将建筑自身延续到周围环境中，与广阔厚重的大地相衔接。在丘、峰、谷、坡等多重地貌层次中，自然物质的线条在力的作用下形成若隐若现的地貌走势，建筑通过抽象提取地貌的结构线、边界线等趋势线条，因势利导、顺势而为，形成与大地融为一体的建筑。同时建筑形体通过合理的优化调整，提高对寒冷低温环境、寒流方向、雨雪荷载等不利因素的抵御性，将被动抵御转化为主动化解。

坐落在丹麦奥胡斯的新莫扎德（Moesgaard）博物馆，建筑如同从美丽的海边田园景观中生长出来，顺应坡起的地势，形成北高南低的整体斜坡屋顶，屋顶上是绿色草坪、青苔和各种色彩鲜艳的野花。建筑虽然采用匍匐姿态顺应自然，但从远处观看仍然是该区域的标志点。人们在参观展览之余，夏季可以在面向南侧沐浴阳光的大屋顶上进行野餐、户外课堂、散步等活动，冬季可以进行滑雪等活动，四季变换，建筑能给人不同的场所归属感。大体量的建筑形体简洁明确，避免了冬季热能的过度浪费。建筑内部设置了多个大小不等的明亮庭院，引入自然光线，并设置户外休息设施，既解决了建筑内部空间的采光需求，同时也形成多个舒适的微气候空间。倾斜的建筑体量使建筑内部形成台地状的空间，隐喻考古发掘的过程，人们在参观展品的同时如同穿梭于不同的时空。建筑通过自身形体对地形特征的因势利导，延续了自然区域场所的内在语境，匍匐在自然地形线之间的建筑形态表达了对寒地自然原始地貌的顺应，低调的嵌入避免对自然环境形成破坏，建筑、历史、文化与自然相互和谐地融合在一起（图3-6）。

建筑也可以用非整体的形式，形成多层次的体量顺应自然地貌趋势。如可可托海国家地质公园博物馆位于新疆泰富蕴县境内魅力的草原牧场上，面对奔流不息的额尔齐斯河，背靠宏伟的阿尔泰山脉。建筑作为国家地质景区的主要入口，提供了展示、接待、休闲等功能。建筑处于舒缓延展的自然语境中，最大限度地尊敬自然。场地等高线延续了山脊的脉络，建筑通过对自然下降的等高线的抽象，形成了与自然场地融合共生的褶子形态，由山脉向额尔齐斯河自然跌落，同时也呼应了地质层岩的形态，使人们在参观时如同漫步在大地的褶皱之中。建筑发挥了覆土的热工稳定优势，结合地形起伏在内部低矮区域安置了

（a）建筑体量由地面缓缓升起

（b）融入自然语境的建筑

图3-6 丹麦奥胡斯的新莫扎德（Moesgaard）博物馆

藏品库房及设备用房等。屋顶采用覆土的方式，融入自然，绿化由平缓的场地延伸到建筑顶上，弱化建筑与大地的边界，屋面随着四季变化呈现出不同的风景，人们漫步其上，看着草长莺飞，非常惬意（图3–7）。

（a）建筑体量匍匐于场地之上

（b）建筑鸟瞰延续了等高线

图3–7　可可托海国家地质公园博物馆

（来源:《宏大场域内的建筑设计策略初探——以可可托海国家地质公园博物馆设计为例》）

3.1.2　高差跌落整合中坡地貌

当寒地建筑处于起伏比较均匀且坡度为10%~25%的中坡地表上时，应采用相应的措施适应地貌坡度趋势。由于坡度的影响，建筑与大地衔接的区域应采用层级跌落的方式，本节将探讨三种寒地建筑创作方式。第一种方式是在建筑与地貌相接的过渡空间层次根据高程平整出合理的台地和台阶形成阶梯地表，建筑空间结合台地逐渐上升；第二种方式是建筑整体顺应地貌的跌落，利用掩土的形式使建筑体量与地貌环境完全融合；第三种方式是将多个寒地建筑体量通过散落的方式点缀于不同的高差之上，减弱建筑对地貌的干预，又使建筑融于环境，与山地植被相互掩映。同时，应该用多种手法处理建筑与大地衔接的空间，形成融合自然的局部环境，并充分利用高起山地的土壤热稳定性，营造舒适的微气候环境（图3–8）。

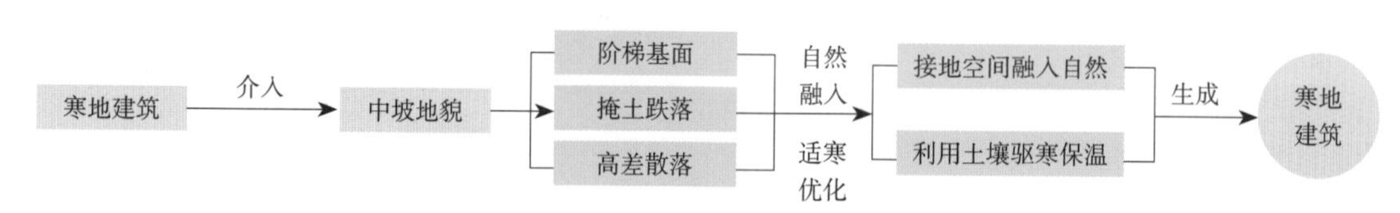

图3–8　整合中坡地貌的寒地建筑生成

3.1.2.1　阶梯化的接地处理

在位于中坡的地表环境，对建筑与地表相接的过渡空间进行阶梯化处理，采用筑台的方式将坡面改造成一层或多层次的平台，将挖方量控制在合理的范围内，减少过度挖方的浪费，这种方式能让建筑与地貌环境之间的过渡带产生诸多的空间变化，并将自然绿化和阳光渗透到建筑空间内，形成丰富的室内外微环境。

对于聚合的功能空间较为简单的建筑，建筑内部空间和外部空间不同区域通过对原有地形不同高度的回应，形成不同高度的错落平台，以适应地表的起伏。位于葡萄牙埃什特雷拉山脉南端的别墅住宅处于壮美的自然语境之中，建筑师试图采用低调折叠的方式将建筑融入地貌环境，最大化地保留原生环境。建筑入口设置在场地的最高处，主体空间沿着地形起伏和延伸，巧妙地将私密空间从公共空间中分离出来，每一个房间都在不同的水平面上并与外界直接相连。同时建筑还考虑了在地环境的生态利用，大地用之不竭的热量让建筑内部在日夜和季节更迭中保持相对稳定的温度。并利用连接起居室和主卧室的露台与外侧泳池之间的温差推动空气的流动，在春夏季节带来阵阵凉风。建筑整体在起伏的地貌环境中浑然天成，成为自然的一部分（图3-9）。

对于群体的多功能建筑，总体布局可以通过多个形体之间的跌落满足地表高差的需要，利用多重高差逐渐上升的平台，将建筑整体布局与地势结合起来。同时借助山势和错落的布局，使建筑获得尽量多的光照，并引导寒风的流向，减少寒风的侵袭。如中国大理创意文化产业园建筑创作的整体布局充分利用山势，设计以剖面优先，建筑逐层升起，合理安排各个功能区域，结构清晰，巧妙解决了基地的高差问题，平台、阶梯与自然地形相吻合，人们可以拾山而上，逐级欣赏到云南的自然景观。基地内建筑室内外交错布置，形成多个室外小空间，保证各个单体充足的日照和通风，并为建筑的使用者与访客创造出可达性很强的露台。基地北侧和西北侧的高起山势具有遮挡寒风的作用，并在建筑中轴留出导风通道，形成舒适的夏季通风。丰富的室外空间与建筑组合起来，形成与自然景观关系密切的高品质室内与室外空间，提供给建筑使用者更好的环境体验（图3-10）。

图3-9　埃什特雷拉山脉南端的别墅住宅

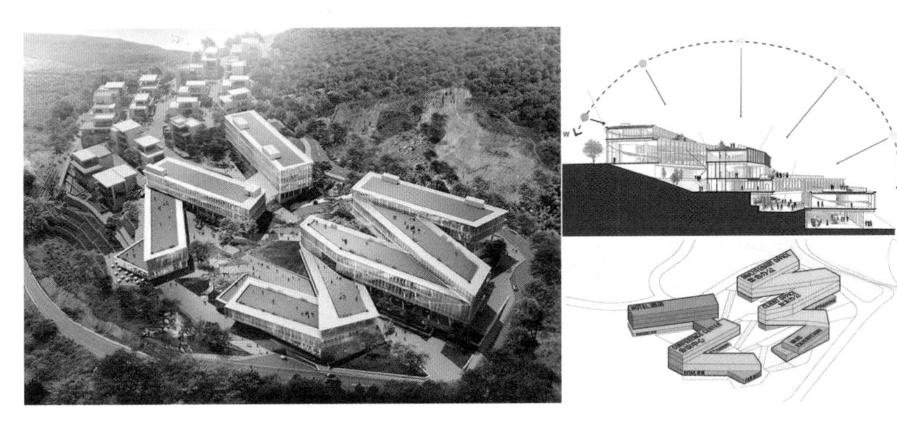

图3-10　大理创意文化产业园

3.1.2.2 掩土跌落

寒地建筑创作顺应起伏的中坡地貌，还可以采用尽量消隐的方式，将建筑分解为多个层级完全融合于地表，建筑体量结合屋面绿化掩土的形式消解成跌落的台地形态。这种方式能够减少土方的开挖，并提供给人们多个露天绿化平台，能将建筑与自然更有机地融合起来[34]。人类早期文明就采用了在山坡上筑台的方式将山丘和建筑整合一体，如秘鲁的马丘比丘，丰富的建筑群从山顶跌落向下，形成宏伟的古代城邦［图3-11（a）］，我国的陕北窑洞也采用这种沿着山体层级跌落的方式形成居住空间［图3-11（b）］。这种方式与矗立于山体之上的城堡和宫殿不同，建筑采用尽量顺应环境的方式来展现，繁复的层级顺应山体的走势和结构，并与植被相互结合，自然与建筑共同生长在一起。当今的寒地建筑创作也可以采用这种方式，使建筑形体顺应地表的跌落，将建筑与自然语境联系起来，打造丰富的室内外空间。

拉斐尔维诺里建筑事务所设计的霍华德休斯医学研究中心位于美国弗吉尼亚州阿斯伯恩的一个农场内，建筑两侧森林青翠，一侧为倾斜的山坡，远处是美丽的波托马克运河和马里兰州。建筑设计顺应地形走势，将体量沿着山坡形成如梯田状的跌落，景观即是建筑，建筑与自然融为一体。建筑沿着东西向展开，长度有305m，绿化层层覆盖，绿色屋顶面积达到了1.67万平方米。建筑虽然采用覆土形式，其内部空间以及结构、设备的设计都尽可能地为人们提供舒适的办公环境，曲线的绿化屋顶下方为纵向布置的实验室、办公室、设备房间等，其中还穿插着开放采光中庭、采光天井、开放露台以及伸出屋面的采光会议室，给空间带来节奏感，弥补了自然采光的不足，也为人们提供感受自然的机会（图3-12）。

（a）秘鲁的马丘比丘

（b）陕北窑洞

图3-11　古代的山地跌落形成建筑

（a）建筑沿地势跌落

（b）局部空间

图3-12　霍华德休斯医学研究中心

3.1.2.3　顺应等高线高差的体量散落

传统的山地建筑形成与自然环境高度融合的聚落模式，在今天北欧的很多自然山区还保留着很多这样的建筑聚落。这种区域往往从数个世纪之前就开始有人类居住，经过漫长的生活模式和建筑形式的演化，自然仍然被完整地保存下来，建筑完美地嵌入自然语境之中，人工形式成为自然大背景的点缀，建筑群体与自然环境空间相互渗透，边界得以消融，减少建筑在自然语境中的异质性（图3-13）。寒地建筑创作也可以延续这种建筑与环境共生的模式，将建筑功能打碎，形成多个小体量建筑，随着等高线的走势错落有致地散落于自然山地环境之中。这样既能减少迁移土石方造成的浪费，也能使建筑与自然环境形成互动，给人亲近自然的环境空间。建筑以弱识别性的方式介入自然环境，自然而然地布置于地形和植被的掩映之中，形成建筑对寒地自然语境的延续。

瑞士高海拔谷地的尚菲格河谷的地形变化多端，有的区域狭窄深邃，有的区域则舒张平缓。在这个区域散落着很多从16世纪延续至今的木屋建筑村落，村落选择等高线较为平缓的区域，顺应等高线走势形成与自然融合的布局方式。圣彼得堡校舍的设计就是位于这样的环境中，建筑创作没有采用大体量的形式，而是延续村落的肌理，将校舍、多功能会馆、议事厅、幼儿园及停车场和活动场成片状散落布置。规划将多功能会馆、议事厅等建筑设置在前区，将校舍、幼儿园等需要安静的功能区设置在后区。由多个小体量建筑将外部环境联系起来，断断续续地面向景观（图3-14）。每个建筑之间互相遮挡较小，都能够朝向阳光，并能够欣赏到山谷的美丽景观。同时通过木材这种自然材料的大量使用使建筑更加有机地融合于自然语境中，并利用当地的结构体系，使木材墙体能够适应温度和湿度的变化，保证足够的承重能力。

图3-13　北欧山区的建筑聚落

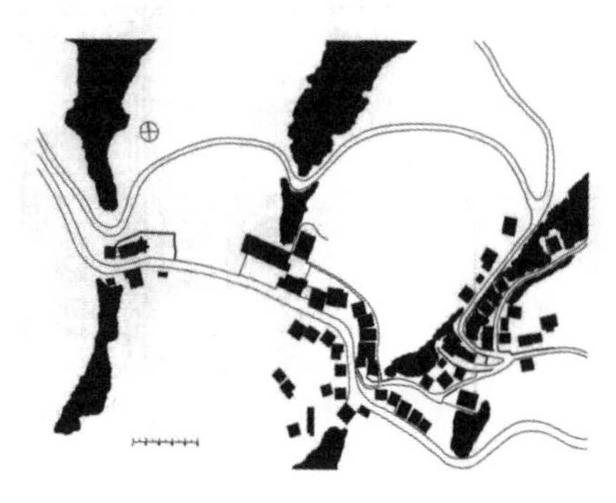

(a)总平面图

(b)局部空间

图3-14　圣彼得堡校舍

3.1.3　山屋共融整合陡坡地貌

当地貌形态较复杂，坡度较大，地形为陡坡或者急坡，或岩石林立，建筑创作需要采用与处于缓坡地貌和中坡地貌的建筑不同的措施来顺应自然地貌。本节主要以“外显”和“内隐”两种寒地建筑创作方式来打造山屋共融，“外显”是将建筑部分体量置入山体，在顺应地貌的同时打造形式上的外显，突出建筑与环境共同作用下的空间显示感；“内隐”是将建筑嵌入山体，消隐整体体量，在形式上完全融入自然地貌，对自然环境体现出最大的尊重。寒地建筑置入山体能够充分利用高起山地的土壤热稳定性，抵御冷气流的侵袭，形成更加舒适温暖的内部生存环境（图3-15）。

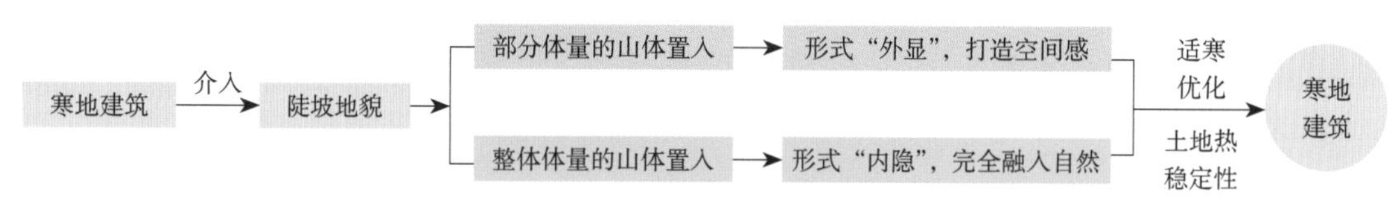

图3-15　整合陡坡地貌的寒地建筑生成

3.1.3.1　部分体量的山体置入

建筑置入山体并与山体有机结合的方式，在西方的一些古堡建筑和东方的宫殿建筑中已经开始应用，如法国的圣米歇尔山和中国西藏的布达拉宫。布达拉宫位于拉萨西北的玛布日山上，建筑从山脚延伸到山顶，将宫殿、城堡、寺院与山体有机地结合起来，群楼重叠、殿宇嵯峨、气势雄伟，借助红白相间的多层级花岗岩壁垒形成结合地貌的迂回曲折的空间层次，并在山顶部形成白宫、红宫两大宫殿，突出了西藏广阔苍茫的自然意境。寒地建筑可以将部分体量置入山体，体量应聚合简洁，结合局部山地空间形成吊脚、架空、悬挑等处理，打造建筑与自然地貌的融合。这种创作方法使建筑通过具有张力的形式与山体自然形体空间形成强烈的呼应，建筑形象如同融入自然的雕塑，塑造根植于大地的生命力[35]。同时，置入山体中的建筑减少了建筑直接接触外部环境的界面面积，由于土地的温度变化小于气温的变化，可以提高建筑外围护结构的热阻，能在冬季有效地防风保温，减少热量损失，从而更容易形成气温相对稳定的内部空间。

扎哈哈迪德设计的意大利南蒂罗尔梅斯纳尔山皇冠博物馆，建筑将自身体量置入2275m高的山巅，在群山中俯瞰齐勒河谷，成为滑雪圣地的一个景观建筑。建筑面积为1000m^2，在施工中山顶挖方将近4000m^2，建筑采用玻璃纤维增强混凝土浇筑而成，整体嵌入到岩石之中，建筑与嶙峋的岩石在形态上相互呼应，形成傲人的山顶风光。同时多个角度从岩石中挑出景观平台，使人们可以240°全景鸟瞰周围的自然景观。由于建筑一部分空间嵌入山体，形成覆土和半地下室空间，这些空间能保持稳定的室内气温，为博物馆的内部展示、储藏以及游人休息提供抵御山顶低温环境的室内空间（图3–16）。由履露斋（IROJE）建筑事务所设计的莫洪（Moheon）别墅坐落于韩国军威郡的一座山脉中，建筑作为山脉的点缀置入宁静的山体中，为人们提供拥抱自然的场所。建筑如同从山中生长出来，延伸到自然之中。建筑的北侧插入山体之中，可以避免北侧的寒风；南侧从山体向外悬挑出来，人们可以在玻璃幕前和平台欣赏日落和日出，感受寂静和阳光。建筑金属板外表的红色与山林的绿色形成对比，建筑与自然语境形成新的对话（图3–17）。

图3–16　南蒂罗尔梅斯纳尔山皇冠博物馆

3.1.3.2　整体体量的山体嵌入

面对形态复杂、坡度较大的地貌时，寒地建筑还可以采用整体体量的竖向或斜向完全埋入坡面的方式融入自然语境，形成体量上的消隐，表达对自然原生环境最大化的尊重。面对复杂的自然山地环境，人们很早以前就用这种方式来抵御灾害，如中国陕甘宁地区的人们凿洞而居，充分利用黄土难以渗水、直立性强的特性，形成了从高度上融于山地地貌的建筑；土耳其卡帕多西亚的人们利用山丘洞穴或天然柱石，将其掏空形成内部空间。凿洞而居的方式延续到今天，结合先进的建造技术已经应用到多种建筑类型中，使寒地建筑以低调的方式充分尊重自然环境，给自然留出足够的观赏空间。这种方式能借助土壤的热稳定性优势提高建筑的耐寒性，藏入山体的建筑体量又能完

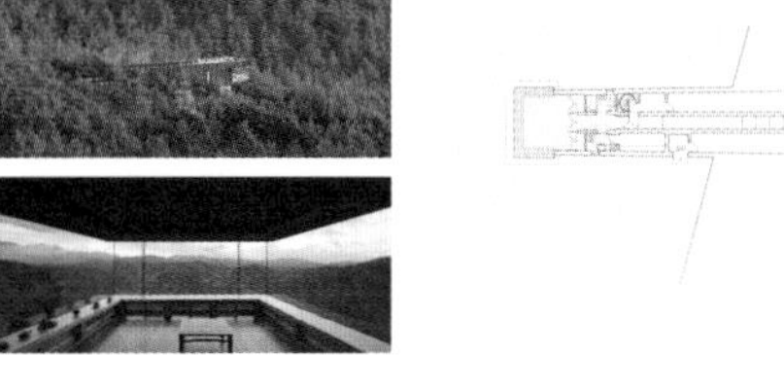

图3–17　置入山体的莫洪（Moheon）别墅

全地回避冬季冷风的侵袭。然而由于嵌入山体的方式阻挡了建筑的通风界面，因此这种方式较为适合寒冷和严寒地区使用，不适合较为湿热的南方地区。

瑞士阿尔卑斯建筑师马斯顿·布鲁克（Masten broek）和克里斯蒂安·米勒（Christian Miiller）在瑞士阿尔卑斯山的山坡设计的“窑洞住宅”为了最大限度地减少对自然环境的破坏，采用低调的方式嵌入山体。这种窑洞住宅延续了古代时期的窑洞住宅形式，椭圆形的入口形成建筑面对外界的唯一界面，建筑的内部空间完全掩埋在斜坡的山体中，围绕椭圆形的庭院空间展开。椭圆形的入口庭院为人们提供接触自然的微气候空间，并提供给内部空间室内外的缓冲空间，减少寒流和风雪的进入。建筑的室内空间都掩藏在山体内部，利用土壤的热稳定性，形成抵抗寒冷的舒适内部空间。建筑用现代化的语言打造了生于土地的建筑，人们在建筑内部望向窗外就能直接欣赏到自然的美景，还可以随时走到室外，亲近自然，建筑将人与自然紧密地联系起来（图3-18）。

（a）嵌入山体的建筑

（b）嵌入山体的建筑

（c）避免寒流并获得南向阳光

图3-18　瑞士阿尔卑斯山的“窑洞住宅”

3.2 平坦地貌的生境策动方法

寒地平坦地貌多呈现出稳定、开阔、空旷的自然语境特征，处于平坦地貌的寒地建筑创作与处于起伏地貌的寒地建筑创作相比，不必关注地形坡度和空间起伏的影响，而应主要关注以下几个方面（图3-19）。

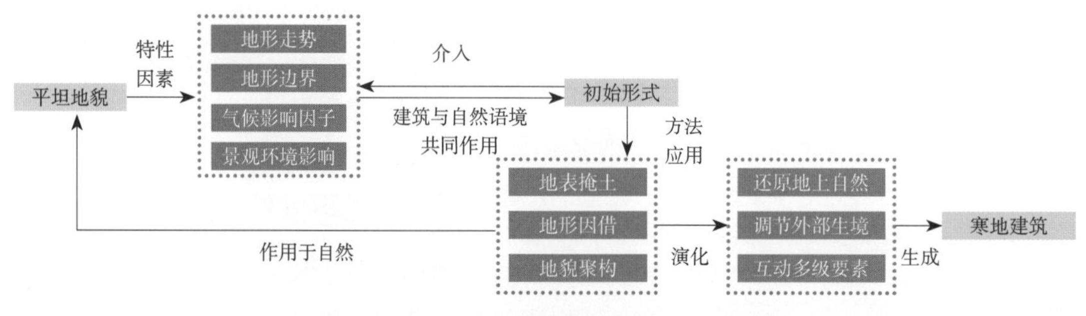

图3-19　基于平坦地貌的寒地建筑创作过程示意

（1）地形走势的影响

处于平坦地貌上的寒地建筑生成应该处理布局、形状、组团、尺度、开放空间与地形走势及地形边界的关系，顺应地形走势，反对孤立自我地侵入自然。

（2）地形边界的影响

地形边界条件往往成为控制建筑布局生成的主要因素，是建筑与外部自然环境相互联系的主要界面，合理的边界处理能够加强寒地建筑与自然的互动，减弱寒地建筑的独立封闭感。

（3）气候影响因子

处于平坦地貌的寒地建筑无法利用起伏地貌的山体阻挡冷风和稳定内部温度，因此在适应地形条件的同时，应该更加注重建筑利用形式建构来优化内外生境，优化气候环境的太阳光、风、温度等资源，改善寒地内部和外部生存环境，延长冬季室内外环境的舒适时间。

（4）景观环境影响

处于平坦地貌的寒地建筑创作还应注重对自然环境的回应，包括自然绿植的渗透、自然景观的呼应等，使建筑在御寒的同时对自然环境做出反馈。

生境是生态学中环境的概念，也指生物个体、种群的栖息地，在这里指建筑内外部供人使用和生活的生态环境。寒地建筑外部生境的优劣与气温、冷风、地形、景观等自然环境的影响密不可分，人类的感官是体验这些环境因素的重要条件，也是检验建筑内部生境的重要标准。抵御冬季极端环境与舒适生境的打造经常相互矛盾，因此位于平坦地貌上的寒地建筑创作，应更加关注建筑与自然环境的互动，利用建筑创作要素策动多重环境要素形成较为舒适的外部生境。本节将从地表掩土、地形因借、地貌聚构三个方面来探讨寒地建筑创作的具体方法。

3.2.1 地表掩土还原地上自然

由于地域的限制，寒地建筑多表现出厚重、封闭、呆板的形式，建筑与自然环境割裂，阻隔人与自然的互动。寒地建筑创作顺应地貌语境特征，可以用匍匐低矮的方式降低识别度，表达一种生于此地的建筑，在地貌并不复杂的平坦地表上形成根植于寒冷地域上的不可动性，这种不可动性既是物理意义上的，也是基于现象学“栖居”意义上的[36]。建筑将地上空间还原给自然环境，给自然以最大的展示界面，绿化植被与建筑相融，使建筑以一种低调的方式给自然以最大的尊重。同时建筑利用土壤的热稳定性增加建筑内部空间的舒适性，提升建筑抵御外界不利气候环境的能力。对于基于自然语境的地形建筑，约翰·卡尔莫迪和雷蒙德·斯特林的《地下建筑设计》一书将覆土建筑分为“平坦地表上的堆土建筑、平坦地表埋在地下的建筑和斜坡地表埋入的建筑物[37]”。借鉴其说法，本节将从地表沉入、地表再造以及地表缝合三种模式进行阐述（图3-20）。

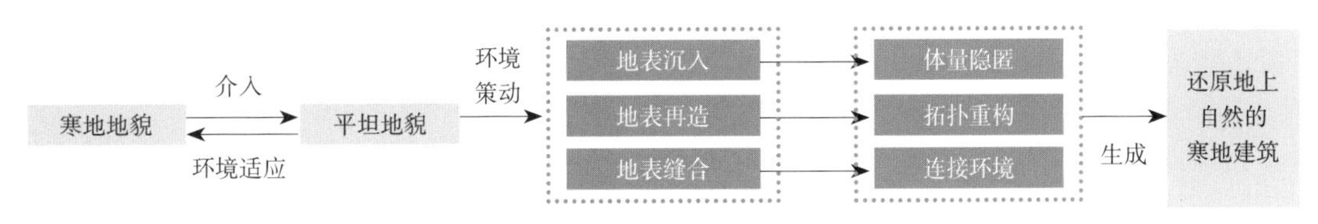

图3-20 地表掩土的寒地建筑生成

3.2.1.1　体量隐匿的地表沉入

顺应自然语境的寒地建筑可以通过沉入大地的方式，形成建筑的完全或不完全消隐，建筑虽然没有外部形象的凸显，却最大限度地将绿色环境还给自然。这种建筑最早出现在4000年前气候较为恶劣的干冷和干热地区，如半坡文化的地穴民居。我国北部黄土高原地区还形成了陕北窑洞民居，窑洞民居分为在平坦场地上沉入内院式和靠崖式，其中内院式的窑洞民居建筑将院子沉入黄土地，在周围开挖居住空间（图3-21）；靠崖式民居则是将建筑竖向嵌入山体，在山体的立面上开设建筑立面和入口（图3-22），利用土壤的热稳定性缓和大陆性气候的极端性。后来人们对不同的覆土建筑有着更加深入的研究，约翰·卡尔莫迪和雷蒙德·斯特林的《地下建筑设计》一书中对地下空间类型、优缺点进行了阐述；吉·戈兰尼也在《掩土建筑》一书中对地下建筑的结构、排水、通风等工程环境做了详细说明。

图3-21　内院式的陕北窑洞民居

图3-22　靠崖式的陕北窑洞民居

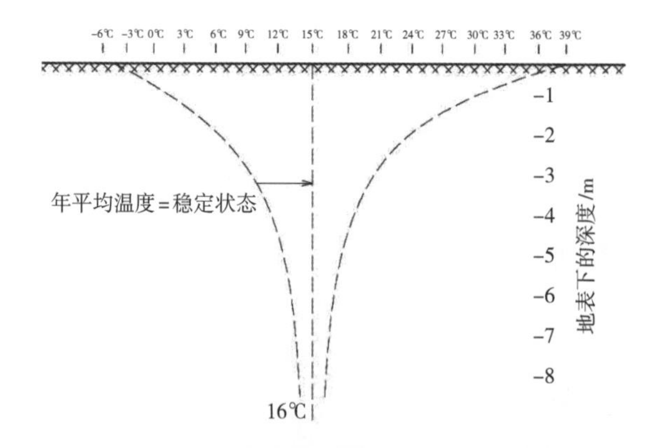

图3-23　土层年温度变化随深度呈喇叭形衰减

当今，这种使建筑下沉隐匿的方式可以缓解城市地上空间的压力，改善地面部分的人流疏散[38]。同时覆土建筑有节能、节地的性能，土地的稳定性还可以使建筑内部空间更加宁静，热稳定性更强，减少寒地冷风和低温的影响。研究发现，地面以下地温环境的稳定性与地面深度有关，地层越深地温的波动越小[39]，地表以下2m深度地层年平均温差大概为10℃，而地表以下8m深度地层温度基本不变。因此完全隐匿于大地的建筑，建筑面对外界气候的界面减少，利用土壤的保温作用可以增加建筑对外界的应变能力，能形成恒温的建筑空间（图3-23）。然而，这种建筑模式也有劣势，建筑没有可识别的立面形象，较少的开窗对直接采光有局限，导致室内局部空间的幽闭，冬季室内环境阴冷；由于建筑体量主体埋入地下，增大的土方量和较高的防水防潮要求都会增加建设投资，增加后期维护的难度。寒地建筑应充分利用下沉建筑的热稳定性优势，通过空间组织减弱其劣势，塑造适宜的寒地空间。

（1）完全下沉

将建筑体量完全下沉入地表，能够将地面环境完全释放出来还给自然。建筑与自然环境融合起来，以低调的方式消隐自己，这并没有降低建筑的识别性，相反，建筑可以用丰富的空间组织延续自然语境，创建出更加吸引人的内部环境。丹麦国家海事博物馆虽然处于优美的自然与城市相互交融的环境中，但建筑创作的出发点是通过“隐匿”的方式将体量消解于环境，表达对原有区域旧建筑的尊重，对自然语境的尊重。建筑设计将原有的旧码头保留下来，整个建筑掩埋于绿化之中，在地上看不到任何体量。保留下来的旧码头成为博物馆的中心庭院，既充分阻挡寒风的侵袭，提供舒适的微气候，也提供与环境相互交流的空间。这个具有吸引力的公共空间使人们能够在感受海洋魅力的同时，也感受到海边的阳光、空气。庭院内设置了廊桥与缓坡坡道联系庭院周围空间，使人们在室内外穿梭的过程中体会到展示空间的变换，生动自然地了解丹麦的航海历史（图3-24）。

（a）融入自然环境的建筑

（b）建筑体量完全下沉

（c）丰富的内部空间

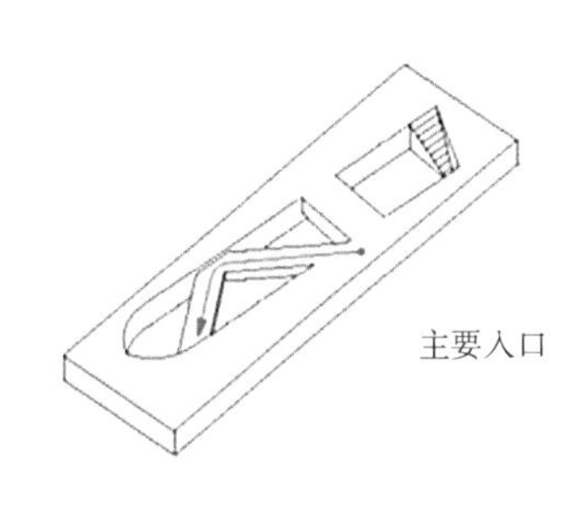

（d）丰富的内部空间

（e）阻挡寒风的微气候空间

图3-24　丹麦国家海事博物馆

（2）不完全下沉

寒地建筑也可以将体量的一部分沉入大地，形成不完全的下沉，地上部分留出入口立面和屋顶等部分，提高建筑的采光通风，较完全沉入大地的建筑相比更具有对寒地气候的灵活适应性。大连体育中心室内田径馆位于体育中心东南角，邻近体育综合训练馆，建筑面积10400m²。体育中心内部建筑以突出的方式表达自身形象，而室内田径训练馆则采用消隐的方式，表达其对自然环境的尊重。建筑下沉3m，其大部分屋面采用覆土绿坡的处理形式，使巨大的体量融入周边的绿地环境中，与北侧的篮球运动场地相协调，并使得该区域的空间得到释放，突出综合训练馆的建筑形态。建筑采用集聚的形体，只在入口和天窗设计有限的暴露，最大限度地减少热量损耗，沉入地面的体量能够有

效地减弱寒冷气候对室内空间的影响。同时屋面采用整体球面网架结构，不仅节约造价，还有效地降低风雪荷载的侵袭（图3-25）。

（a）建筑体量半下沉　　（b）剖面形式

图3-25　大连体育中心室内田径馆

3.2.1.2　拓扑重构的地表再造

寒地建筑还原自然地貌的方式，还可以通过将自然地面拓扑重构，打造覆土屋面、种植屋面和上人屋面，将地表再造，形成模糊于大地的形体。这不仅是建筑形式上的操作策略，更为人们提供接触自然的空间，建筑与自然共同传达出具有感染力的语境。同时，在恶劣的气候环境下，土壤具有良好的蓄热性能，其温度变化小于外界气温的变化，覆土建筑相对于地上建筑对外界气候骤变具有更好的应变能力，形成对抗寒流的天然屏障，减少室内环境的热量损失。

（1）简单空间模式的地表再造

对于空间功能简单的单体寒地建筑创作，可以用简单的面折叠形成几何形体，建筑如同掀开的地表，融入自然语境。库尔舍瓦勒（Courchevel）滑雪度假村位于阿尔卑斯山脉中部，此地山势高低起伏，建筑前后为山谷和壮丽的阿尔卑斯山全景。建筑顺应地形延续抬升，形成了与自然地貌融合共生的体量，如同大地上的一座小山，使人们置身其中如同漫步在大地的褶皱之中。建筑体量有一半沉于地表，内部各个功能区分置于不同的高度。建筑微微扬起的屋顶能利用风力减少冬季的积雪，并结合南向开窗使阳光进入室内。建筑内外空间通过玻璃连通起来，外部夏季绿意盎然，冬季则被皑皑白雪覆盖，游客可以一边休息，一边眺望Gravelles河上游的支流小溪（图3-26）。

西班牙比斯卡亚的新科技导览中心由两个金字塔式的建筑组成，体量简洁，建筑从地面逐渐升起，随势形成绿化坡面向自然延展：第一座建筑整体呈黑色，建筑立面主要为金属表皮，并在屋顶设置了太阳能电池板；第二座建筑屋顶则主要由从地面逐渐延伸上来的绿化草皮构成。建筑如同沉默于大地的岩石，融入静谧的自然语境中，除了深色的金属板和玻璃幕墙，其余部分都是如地毯一般的折叠的绿色表面，使人们可以从大地直接漫步到缓坡的建筑屋顶之上，欣赏周围的景色（图3-27）。

（2）多空间整合模式的地表再造

还可以将大地面状地表通过拓扑变形的方式“地表再造”，通过将建筑表面抽象地拉伸、挤压、隆起、掀开和褶皱等拓扑方式使建筑延续场地的特征线和结构线，形成融于自然地貌的建筑（图3-28）。这种方式将建筑与自然场地之间隐藏的结构关系联系起来，改变了传统的图底关系。

（a）重构地表的建筑鸟瞰

（b）坡起的建筑形体

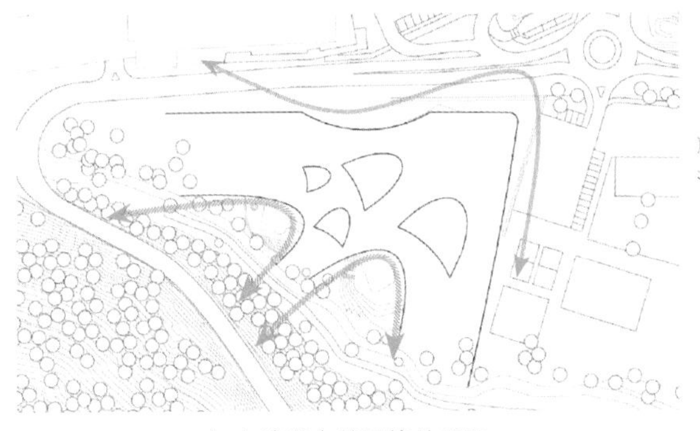

（c）渗透自然环境的界面

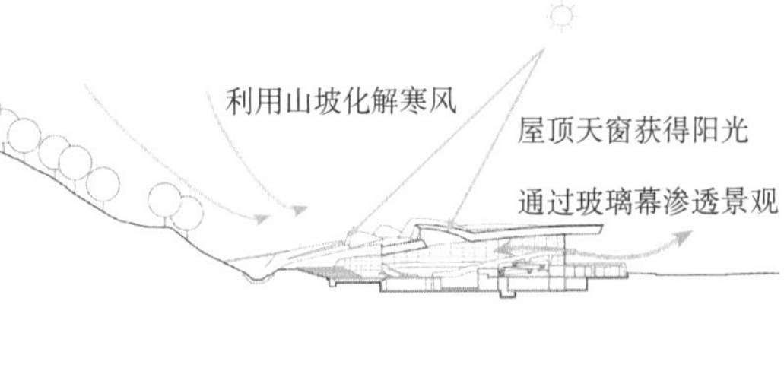

（d）建筑适应气候环境

图3–26　库尔舍瓦勒（Courchevel）滑雪度假村

图3–27　西班牙比斯卡亚的新科技导览中心

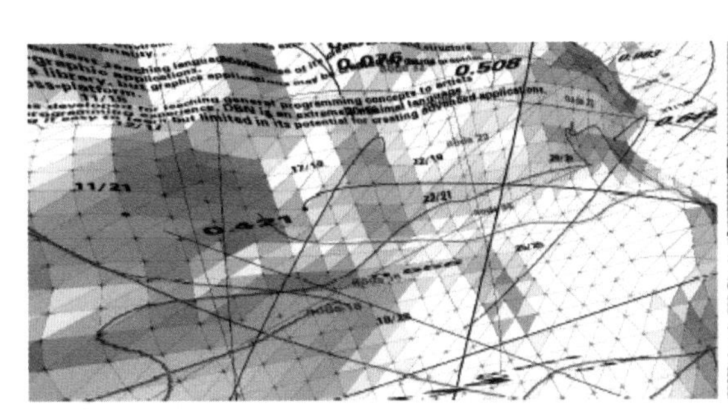

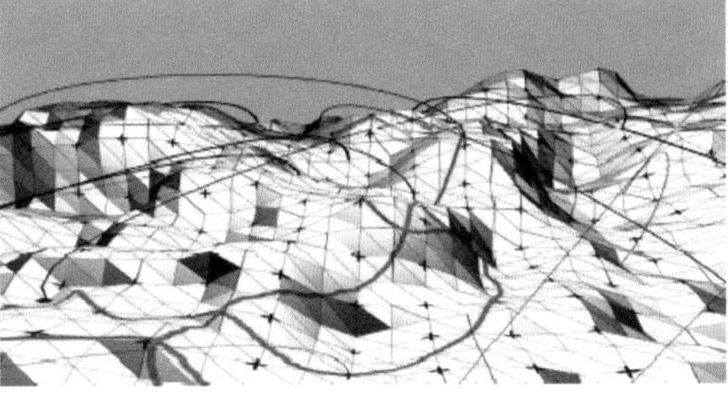

图3–28　地形的拓扑重构

UNStudio建筑事务所设计的帕罗迪桥（Ponte Parodi）综合体建筑位于意大利热那亚的滨水工业区，设计从流线、分区和模型变形等方面进行图解，将功能区块与地表区块结合起来得到形式雏形，并结合模型生成软件，通过拓扑变化操作将建筑融入环境之中。建筑屋顶覆盖了大面积的绿化，整体形式如同将大地高低起伏的不同区块整合在一起，通过人工地貌再造还原自然语境的地表形态，也使功能空间与自然环境流动起来，给人丰富的空间感受（图3-29）。荷兰比斯博施（Biesbosch）博物馆岛位于莱茵河——默兹河三角洲地带一块独特的淡水潮汐区，建筑对原馆进行改造，形成还原自然景观的全新建筑。建筑由多个空间区块组成，将地表网络进行拓扑演化，每个区块都形成高低起伏的形体与大地衔接，绿化从大地延伸到屋顶，为人们提供了丰富生动的观展空间。人们可以从公园漫步到建筑之上，欣赏起伏的绿色和延伸到建筑屋顶的溪流。在公园内从远处看建筑，建筑与地表形态融为一体，营造出如同大地艺术般的雕塑景观环境（图3-30）。

（a）重构地貌的建筑

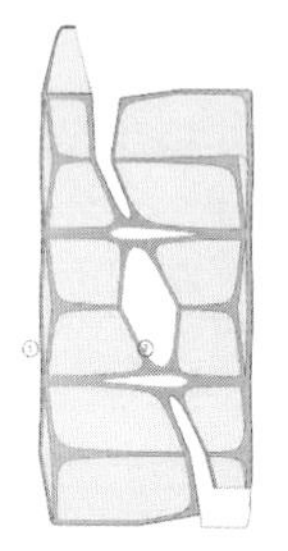

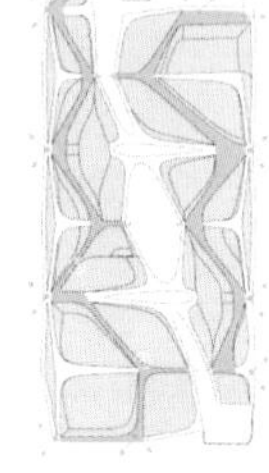

（b）网络体系

图3-29　帕罗迪桥（Ponte Parodi）综合体建筑

（a）重构地貌的建筑

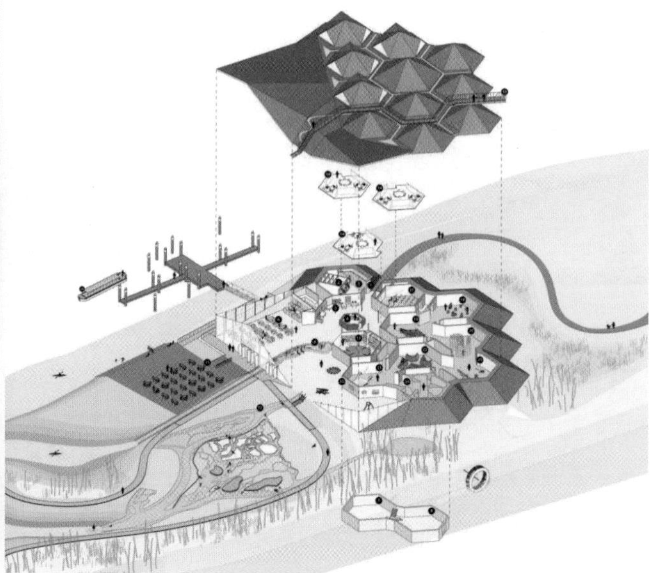

（b）网络体系

图3-30　荷兰比斯博施（Biesbosch）博物馆岛

3.2.1.3　连接环境的地表缝合

柯林·罗（Colin Rowe）的《拼贴城市》阐述了建筑如何用拼贴设计的方法将断裂的城市历史连续起来。在寒地不同自然环境或自然与城市的环境交界处，空间形态与地表肌理呈现出断裂的状态，室外环境往往呈现出消解被动的场所空间，削弱了自然与人的互动关系。处于这种地貌环境的寒地建筑可借用“拼贴城市”的概念，采用“地表缝合”的方式将大地地貌、自然植被、城市网络、历史印记、生活方式等多个文本语素相互连接，呈现给人们一种形式与自然语境的新关系，一种聚集活力的空间场域，将场域的潜在秩序进行“织补”。地景化倾向的建筑低调地将自然片段与城市肌理连接起来，消除自然场域边界的断裂感，将不同自然地貌环境语素复合重组，将消极的城市空间转化为积极的场所。

西雅图奥林匹克雕塑公园位于城市工业棕色区，设计将城市核心地带和峡湾之间的自然语境进行缝合，提取其秩序，合理重构，形成新的城市绿色平台。建筑创作缝合了三个层次，包括城市的主要铁路和公路网络，峡湾海岸的自然地貌以及基地原有的地形、肌理和植被。建筑创作延续彼得艾森曼的“编码重写”过程，连接三个环境文本，相互交融生成建筑形态。建筑匍匐于地面之上，以起伏的形态跨越两条公路，用绿色的语言形成城市与自然的过渡带。折叠的线条在建筑屋顶形成具有气势和力度的Z字形的步行平台。平台上的步行步道将三个互不相同的自然景观区域联系起来，打造观光路线，使人们在漫步的同时，可以观看城市的美景：奥林匹克山的壮观、海港的繁华、海滩的柔美，可以说是移步换景。人们还可以进入雕塑公园的展厅内部，感受艺术的魅力。同时，设计者利用整个公园起伏的地形设置雨水收集和净化装置，雨水经过净化后，才会排入艾略特湾，实现低碳环保的目标（图3-31）。

（a）匍匐于地面的建筑

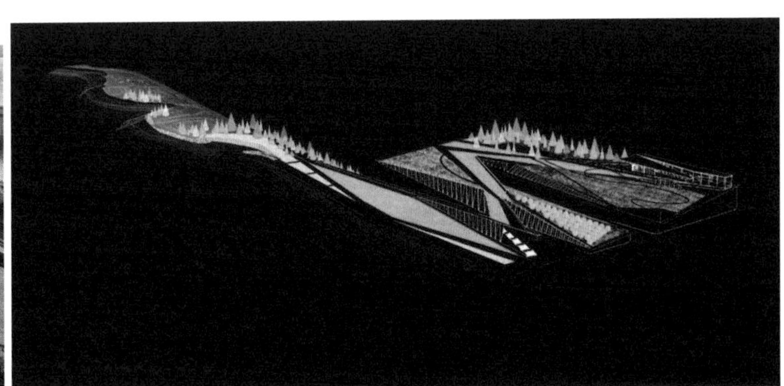
（b）缝合多层次的绿化平台

图3-31　西雅图奥林匹克雕塑公园

3.2.2　地形因借调节外部生境

基于地貌语境的寒地建筑创作，既要注重建筑布局顺应地貌的走势，形成生于此地的建筑形式，还应该注重利用建筑总体布局对外部环境的调节。但应注意，总体布局应摒弃完全封闭的传统模式，

应在抵御寒冷的同时注重自然环境的渗透和融合，形成较为舒适的寒地建筑外部生境。本节以寒地建筑的总体布局生成为切入点，从周边防风、发散通风、带状导风三个方面来阐述（图3-32）。

图3-32 地形因借的寒地建筑创作过程示意

3.2.2.1 因借地形的周边防风

处于原生平坦地貌环境中的寒地建筑采用围合的周边式总体布局，既可以减少防风体系内部的室内空间冬季热能损耗，也有利于处于防风体系内部的外部空间免受冬季寒风的影响，形成较为舒适的小气候环境。但过于致密封闭的围合式布局防风方式将完全阻断建筑与外部自然的沟通，与提高建筑品质的需求相悖。因此，围合式的寒地建筑创作，应呼应基地地形空间走势及边界条件形成布局模式，配合恰当的尺度、空间感及局部联系通道，并设置丰富的内部自然环境，方便人们在寒冷的环境中亲近自然。

BIG建筑事务所设计的芬兰拉普兰滑雪胜地度假村坐落于山顶平坦地带，建筑总体布局采用四个体量向心布置，围合中心广场，遮挡各个方向的冬季冷风，形成防风向阳的内部微气候空间，为人们提供获得阳光、欣赏自然的室外交流空间。建筑形体尊重地貌环境，每个建筑体量形成起伏的屋顶，柔和的曲线与自然山势相融合，形成优美的天际线。绿植从大地一直延续到屋顶上方，冬季则被厚重的白雪覆盖，人们可以在上面滑雪，也能够眺望远景。同时起伏的建筑体量还有助于减弱封闭围合布局的封闭性，使自然环境从低矮处渗透进来，形成内外环境的互动；并减少南侧建筑对北侧房间的遮挡，使入住的人们获得景观的同时还能够享受阳光（图3-33）。

（a）呼应山势的建筑整体格局

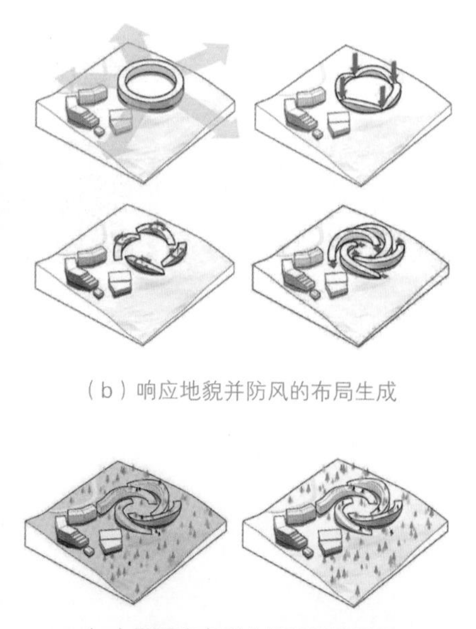

（b）响应地貌并防风的布局生成

（c）夏季和冬季的地貌环境利用

图3-33 芬兰拉普兰滑雪度假村

对于建筑组群来说，顺应地形的走势可以形成错动的多体量围合，能够有效阻挡冬季寒风的侵袭，成为南向更大区域的挡风屏障。用于挡风的建筑屏障可以根据建筑布局的组合设置一道或多道。一般位于建筑组群下风向的风速减少的区域可以达到建筑高度的3～4倍长，风速在贴近建筑物的地方达到最小，可以减少75%～80%，并沿着下风逐渐增加。拉尔夫·厄斯金的北极地区城镇构想，就是在城镇的东、西、北三面采用连续的围合建筑来形成防风墙，防御北极的风雪，防风体系内部建筑组团密集，南侧开敞，能尽量多地迎接阳光。通常这种方式，既可以用在城市尺度也可以用在建筑组团，防御体系内部形成一个类似于“阳光井”的区域空间，形成舒适的小气候。然而我国北方寒冷地区的很多住宅小区布局经常采用行列式布局，机械性地使建筑满足日照规范，但忽略了挡风屏障的作用，没有注重外部空间的舒适性，减弱了建筑对于自然环境多因素的回应。因此，寒地建筑组群应注重向阳与防风的相互结合。如BIG建筑事务所设计的匹兹堡中心金融区商住混合项目，整个区域的设计为城区提供了具有无限活力的新家园。设计师根据地形切割建筑功能空间，形成多个单元模块，每个单元模块为围合式的院落空间。设计将每个单元模块形成立体的退台屋顶花园，将地貌与建筑环境完全融合起来。退台式的屋顶花园大多数将退台倾斜向基地中央的绿化带，使每个单元内部的院落能够获得更多的冬季阳光。同时区域北侧、东西侧建筑退台逐渐升高，南侧降低，基地最北侧设置高层，为区域内部环境打造连续的防风屏障，创造舒适的内部气候环境，为公众提供融于自然的宜人空间，为社区提供活跃的气氛（图3-34）。

（a）北高南低的布局分布

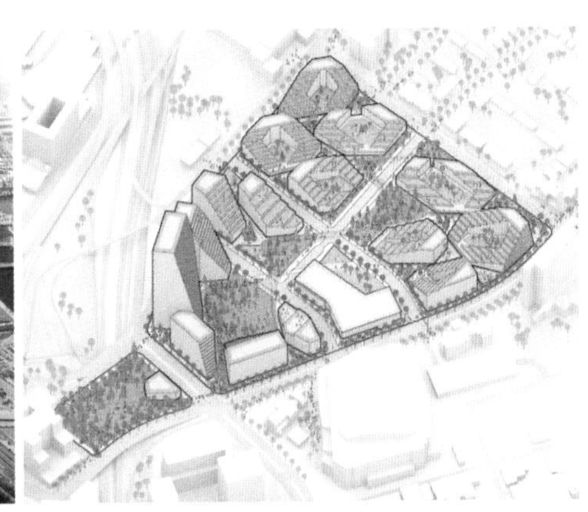

（b）融合绿化的退台层次

图3-34 匹兹堡中心金融区商住混合

3.2.2.2 因借地形的发散通风

城市热岛效应会导致气流从城市周边低密度地区流向高密度地区，采用汇聚状的城市空间布局能够引导城市气流，增加城市的通风。因此，处于平坦开阔的自然原生地表环境中的寒地建筑整体格局也可以采用发散状的布局模式，通过总体布局外部边界的变化，与地形走势形成呼应。这种布局模式可以将基地周边的自然景观渗透进来，减少对自然语境的阻隔；同时放射状的绿化走廊可以形成导风的廊道，引导气流走向，调整中心气候环境。

BIG建筑事务所设计的占地面积80公顷的法国欧洲城规划，集零售、文化、休闲于一体，建成后将成为欧洲的第二大门户。规划打破了方形网状的规划肌理，将城市与自然以全新的方式结合起来，布局在城中心设置了一个向心广场，道路呈放射状与城外区域相连接，并设置了环状的循环路线联系各个区域。规划与自然语境重构，对自然语境做出充分的回应，发散的布置方式使自然渗透入密集的新城中，屋顶的立体绿化上人屋面将新城南北侧的城市自然绿带联系起来，内置的小庭院为人们提供了接触自然的小空间。整个区域四周界面较为规整，北侧稍高，能够有效地阻挡冬季寒风，形成较为温暖的中心广场和购物街，并通过设置错落的绿化庭院形成舒适的微气候空间。同时，发散的主要道路使周边的自然环境与新城内部形成气流交换，加强了整个区域的通风。同时欧洲城采用多重可持续能源技术措施形成了封闭的城市生态系统，包括建筑余热等回收资源的再利用，太阳能、风能、地热等多种可再生能源的利用等（图3-35）。

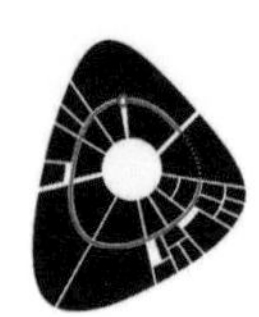

图3-35　法国欧洲城规划用发散模式渗透自然并引导气流

对于中观尺度的规划布局，向心汇聚的布局方式也有利于建筑对整个周边环境的回应和冬季寒风的疏导。乌鲁木齐第十三届全运会冰上运动中心包括速滑馆、冰球馆、冰壶馆、媒体中心与宿舍五部分，基地位于准格尔盆地南端、北天山北麓山谷之中，处于环山带水、沃野广袤的自然背景语境之中。建筑群体布局取形写意，五个单体沿着基地四周展开布置，流畅自然，共同围合出中心内部广场，内聚的空间营造了群山环抱、郁郁葱葱的"雪山花谷"态势。向心的发散状的布局使基地内部的自然环境与外部的自然语境相互渗透，形成天然的自然与人工的自然的融合。同时向心的布局对各个方向的气流有疏导作用，避免周围山坡的冷空气在此汇聚。方案布局的北侧、东侧和西侧放置了体量较大的冰球馆、速滑馆和冰壶馆，减少这三个方向的风雪侵袭，并且各个单体建筑采用连廊相互联系，减少中心区域的风力，为体育中心提供了一个向阳的休闲广场（图3-36）。

3.2.2.3　因借地形的带状导风

建筑所处的基地内部及周边并不经常是块状的开阔基地，有时候基地环境顺应地貌走势能够形成带状空间。寒地建筑格局的形成应该注重基地动态趋势，注重周边的河流、山脉、景观等自然因素和道路、人流、人气等场域因素等对建筑创作的影响，并结合这种趋势对当地气候环境做出反馈，引导冬季寒风的走向，并尽量使建筑获得冬季采光，提升外部生境的舒适性和亲自然性。

（1）行列格局的带状导风

在河岸或者山体等自然环境中，由于自然地貌趋势的引导，建筑可以形成行列的带状布局。这种布局多由主轴空间和支轴空间组合而成，向两侧发展，群体空间具有一定的序列性。中国东北地区的很多背山面水的寒地村落就是采用这种布局方式，主要道路成为联系各个建筑的主轴。建筑错落有致，大多坐北朝南，以获得充足的南向阳光，院子开放，将自然完全地引入其中（图3-37）。这种地貌适应方式用最淳朴、粗犷的方法策动自然环境，形成东西展开的带状布局的基本特征，南北侧建筑保持一定的距离来防止冬季阳光的遮挡。GMP建筑事务所设计的德国汉堡港口新城的仓储城位于港口内部河道支流处，规划布局顺应水系的导向，形成多条东西向展开的带状布局。同时带状布局沿着水体的走势形成三条主要的开放绿地空间，渗透入建筑空间，调节整个区域的外部环境。布局内部建筑多采用四面围合和U形围合的布局方式，U形围合的建筑多采用南侧开口，北侧围合，充分抵御冬季冷风的侵袭。虽然寒冷地区仓储城的规划设计不需要过多考虑采光的需求，但是本方案对自然环境的积极回应和对冬季冷风的防御，充分体现了寒地建筑的地域特色（图3-38）。

（2）簇群格局的带状导风

当建筑功能较为分散或建设用地比较宽阔时，建筑布局可以采用分散的点状或组团状散落于自然环境之中，外部空间可以与原生自然直接融合。每个簇状组团形成自己独立的微气候环境，便于建筑群疏导冷风的同时打造宜人的小空间环境。位于中国吉林省白山市的万达长白山国际度假区即采用簇群式布局，坐落于长白山脉腹地，临近长白山天池西坡景区，汇集高尔夫球场、度假酒店群、度假小镇、森林别墅等功能，占地面积21万平方千米。度假区整体布局选择在狭长且平坦的地表上，东侧为山脉，西侧为佛库伦湖，以度假服务中心为核心，形成围绕山势展开的半弧形空间，并以度假区的主要纵向空间联系南北轴线，有效地将支脉状展开布置的“六区一村”连接起来。建筑群体布置错

（a）整体鸟瞰

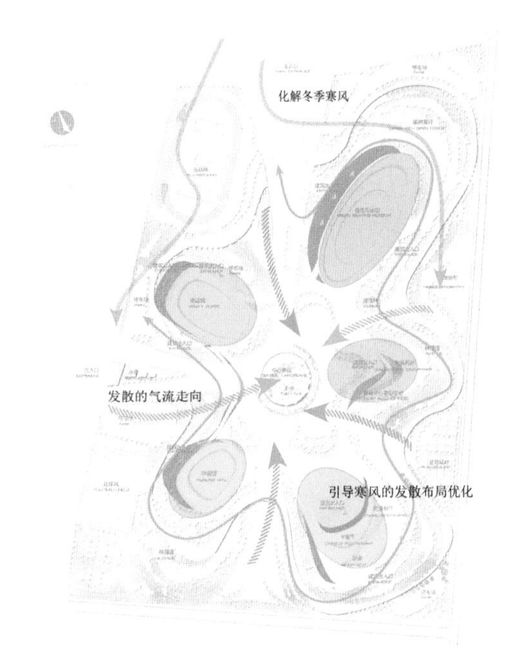

（b）布局对寒风和气流的引导

图3-36　乌鲁木齐第十三届全运会冰上运动中心的发散状布局

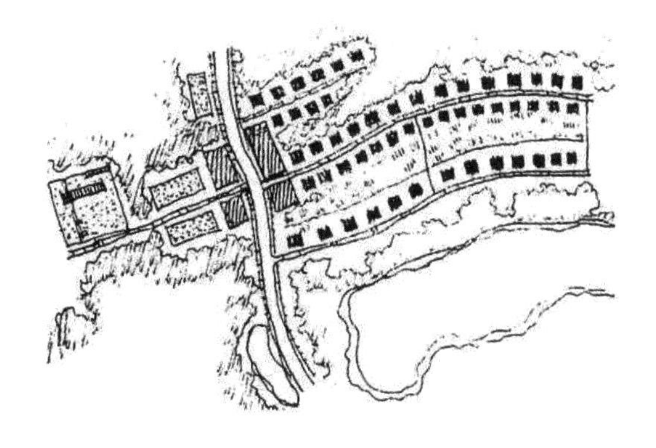

图3-37　东北某村落总平面图

落有致，回应山谷的自然景观效应，轮廓丰富，步入其中，移步换景，能使人们充分体会长白山寒地自然的茫茫林海和皑皑白雪。同时，整体布局形成对冷风的梯度应变体系：建筑布局采用南北主轴的带状体系，加快冷风在中轴空间的疏导；布局主要划分为六个区，形成多界面的冷风减弱；多个组团采用围合或半围合式布局，减少冷风对局地环境的影响；单体建筑多将短边设置在北向，东西为主要功能空间，减少西北向风带来的能量损耗（图3-39）。

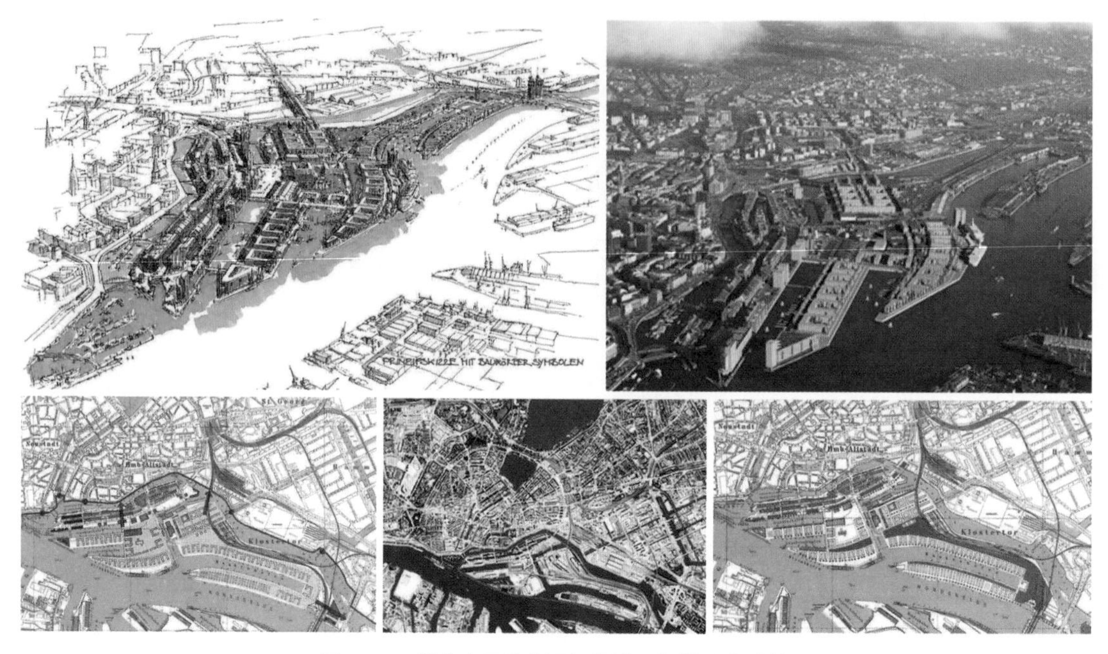

图3-38　带状布局的德国汉堡港口新城的仓储城

（a）顺应山谷地貌的格局

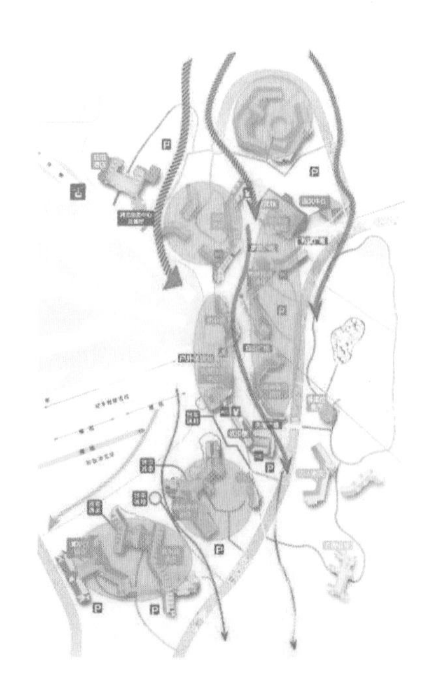

（b）带状空间引导寒风

图3-39　簇群散落的万达长白山国际度假区

3.2.3 地貌聚构互动多维要素

在宏观群落层面，寒地建筑创作与地貌语境的多维策动，可以从传统的行列、院落的直线几何排布式逐渐演化为建筑与地貌环境的共同涌现生成。涌现理论使人们认识到世界上的一切形态都不是孤立的。在空间维度和时间维度之下，从大爆炸的奇点开始，宇宙系统就处于从简单到复杂的自组织涌现过程中。自然界所有的形态，气候与海洋、高山与大河、荒漠与绿洲，乃至人类的繁衍、文化进化等一切，都作为整个自然的能动系统的一部分而存在[40]，所有形态之间存在着能量、信息和物质流动，城市和建筑也都是自然界涌现的结果。形态的生成就是物质、能量和信息的重构过程。史蒂文·约翰逊（Steven Johnson）在《涌现：蚂蚁、大脑、城市与软件的关系》中提到，"涌现（Emergence）"可以用来表达城市的形成[41]。宏观的群落建筑组合则可以表述为许多建筑的一种集群状态，表现出一种多因素自下而上的集群智慧。

西蒙的《复杂性结构》曾经提出，复杂性可以用层次度来刻画[42]，并且复杂系统最重要的共性就是层次性和不可分割性，正因为如此，进化才能设计出自然界的复杂系统[43]。本节主要探讨寒地建筑群落与宏观区域地貌形态之间的关联涌现。突破传统建筑城市群落的设计观念，提出建筑与地貌应该成为互相影响的整体，形成系统有机、更具有适应寒地地貌和寒地气候的群体布局。在创作过程中，可以通过特定的程序设计处理一系列变量，将地形地貌、多种环境要素与建筑形式联系起来，进而整合形成参数化系统，创造与功能、自然地表环境相互关联耦合的群落布局，并通过多维度的复杂层级对寒冷气候做出反馈，建筑与复杂环境呈现出更加复杂的多级互动关系（图3-40）。

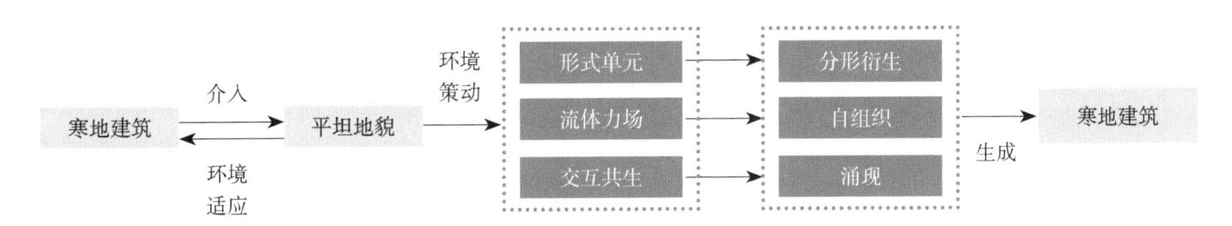

图3-40 地貌聚构的寒地建筑创作过程示意

3.2.3.1 形式单元的群落分形衍生

自然界到处都存在着分形，包括雪花、树枝、山脉，乃至行星团、星系，万事万物的形式都是无序中显示出有序，这是一种繁复而又统一的形式（图3-41）。如今分形已经在建筑立面肌理的设计上有很多体现，表现出繁复的秩序感，在建筑群落与地貌的互动组织上，也可以借助分形的思想，使建筑群落空间生成呈现出多层次性，使建筑如生命体般自然地生长于寒地复杂地貌。进化生物学家麦克西曾经提出，层次标度可以用来衡量生物进化的层次度。寒地建筑群落如果一直停留在现阶段的传统模式，低层次性的空间形式将阻碍建筑与环境的多级互动。寒地建筑簇群如果利用形式单元的分形衍生，能够形成融于大地环境的有机建筑群体空间，摆脱中国北方大多数传统寒地建筑封闭、孤立的形式，并给空间带来多元性和丰富性。同时，利用分形的涌现原理能使建筑簇群增加空间的层次度，并且各个空间功能之间能够逐渐形成复杂的不可分割性，促进建筑群体对寒地气候及其他环境因素的灵活适应，使建筑如同生命体一般不断向高复杂形式演进。

（a）分形的海浪

（b）分形的岩石层级

（c）分形的树木结构

图3-41　自然界的分形现象

丹麦哥本哈根NYT 医院位于哥本哈根北部最大的森林中的狩猎场，自然环境丘陵起伏、植被茂密、池塘遍布，该项目建成后将成为丹麦最大的医院建筑。方案设计从复杂的地貌环境和当地冬季寒冷的气候环境出发，整合庞杂的多种功能空间，形成具有丰富层级性的建筑簇群模式。设计采用围合式的院落形态为基本单元，根据功能排布不断复制，形成分形的延展体系。各个单元之间通过空间节点叠合，相互联系，环环相扣，有效地阻挡寒风，冬季寒风经过外部防护单元到达中心，能量不断衰减，并融入自然绿色环境，形成多个幽静宜人的微气候庭院。建筑群体起伏的屋面绿化顺应了原生态的自然地貌，为病人们提供屋顶的生态空间，建筑分形延展的体量空间犹如生长在两层地貌之间的有机生命体，与自然共构成一体（图3-42）。类似的，丹麦新奥尔堡大学医院方案设计，也将整体的单元院落空间沿着基地地形进行分形衍生，形成有机联系的簇群空间整体。每个小尺度环境都形成宜人的生活环境，整个群落机体也在复杂层次的影响下有效地减少冬季寒风的渗透，各个小空间又能够获得阳光和自然景观的充分渗透，复杂的建筑有机体与自然多层级环境形成了多维度的互动（图3-43）。

3.2.3.2　流体力场的群落自组织生成

自然界中水的流动，由于受到力场的作用，会从高处流向低处，并且由于重力势能不断转化为水动能，会向着最低点越流越快，最终汇聚于最低处。这个过程是重力势能转化为动能并趋于平衡状态的自组织过程，如果外界产生打破平衡的因素，水体会再次通过自组织逐渐达到平衡状态。这就是流体的两大特征：不稳定性与连续渐变性[44]。建筑群落的生成也具有相似的自组织特点，人流、车流、物流以及地理环境、气候环境都对建筑群落的生成有着推动作用（图3-44）。本节主要关注的是建筑聚落的生成与地理、地形环境的自组织关系，不同的地貌条件下的建筑群落形成了连续变化的趋势，有的地方建筑稀疏，有的地方稠密。在水土丰茂、气候宜人的地带，经常形成稠密的建

（a）建筑鸟瞰

（b）建筑屋顶形成地貌肌理

（c）单元的衍生

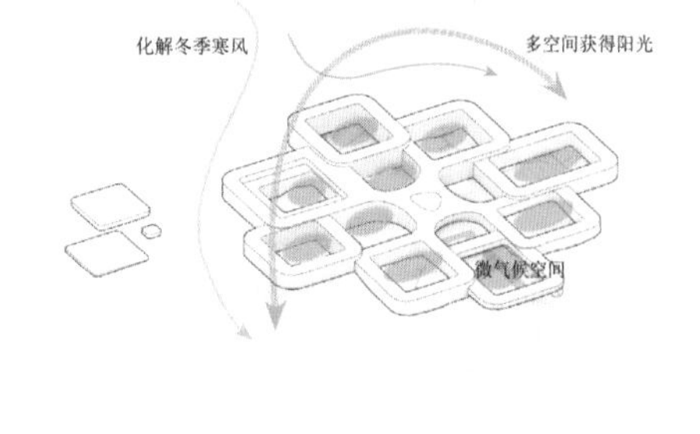

（d）适应气候环境

图3-42　哥本哈根NYT医院

（a）总平面图

（b）鸟瞰

（c）局部空间

图3-43　丹麦新奥尔堡大学医院方案设计

（a）城市力场

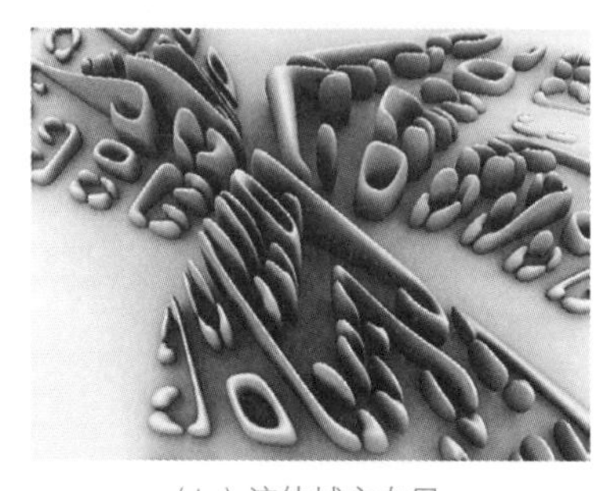

（b）流体城市布局

图3-44　城市力场生成

筑群落，在地表嶙峋、气候凛冽的地带，建筑群落则较为稀疏，这与流体力场中水的流动有着惊人的相似性。因此，也可以通过物理学中力场的概念提取和抽象寒地建筑所处的地表形态，并结合其他环境人文参数因素，建立起用于设计的自组织群体流体力场模型。建筑群体形式将遵循一定的规律排布、演化，生成的各个建筑空间不再是孤立和静态的，而是在自然地貌力场的作用下不断变化和相互关联的。

梅本奈奈子设计工作室设计的东京湾未来水系线性城市，将建筑群落与地貌系统及海风、海流等其他环境元素联系起来，采用“自上而下”和“自下而上”相结合的生成方式，形成与自然共同演化的复杂系统（图3-45）。整个系统由多个子系统组成，形成复杂的、关联的、自生长的城市空间，为人们提供了东京湾水上生活的新方式。群体形式的生成还通过多种设施利用可再生的风能和海潮能量，将这些能量转换为城市所需要的电能，减少非再生能源的使用，增加绿色能源的健康利用。整体区域与自然环境形成一个多因素关联耦合的复杂系统，建筑群落成为与自然环境交织在一起的可持续发展的有生命的系统，多个系统与自然有机共存，如生命体般有机地适应寒地冬季不利气候的影响，形成关于未来的人类生活环境和室内外空间。

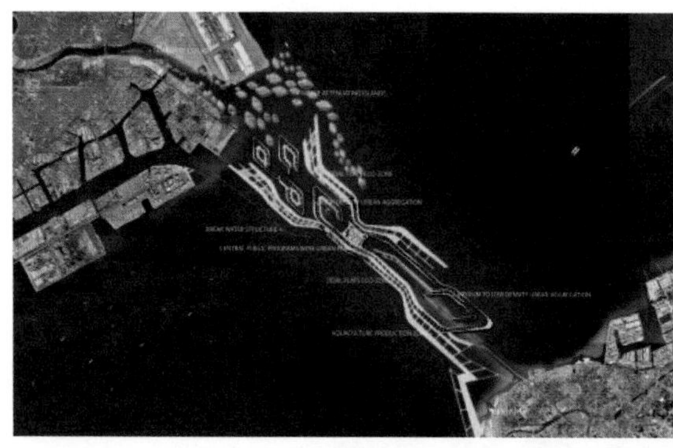

（a）建筑群落

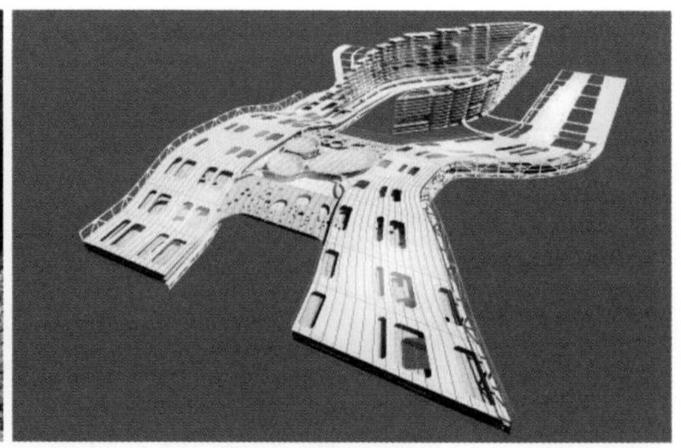

（b）流体力场的建筑群构

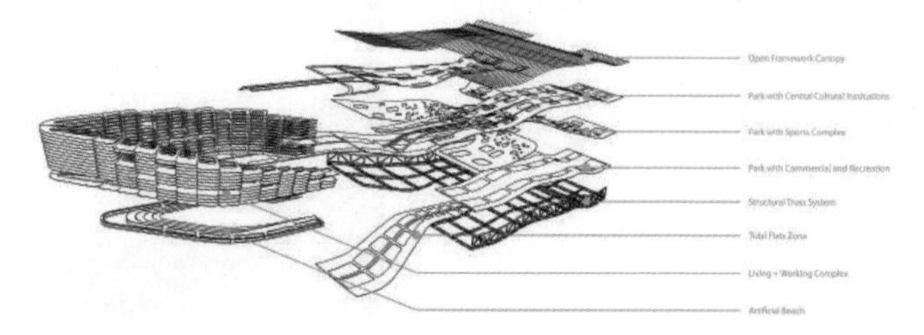

（c）功能分区

图3-45　东京湾未来水系线性城市

3.2.3.3　交互共生的群落涌现生成

自然原生地貌形态的形成一方面受地质作用的影响，另一方面与寒冷气候的长期作用有着直接的关系，环境中的特殊地貌如实地反映了风向、风势及日照等气候因素的作用规律，是自然环境涌现形成的结果。今天人们发现采用简单的描述已经不能解释丰富的地貌构成本质，分形几何能够借助数学的语言来描述自然界中的现象，包括山脉、海岸线、峡谷、河流等各种地貌环境呈现出的无处不在的涌现现象。如从不同高度的空中俯瞰海岸线，能够看到相似的景象，而如果从蜗牛的视角观察岩石，仍然看到相似的图景，这就是大自然呈现出来的“自相似性”（图3-46）。

在寒地建筑群落形态形成过程中如果没有人为过度干预，将形成与自然演进相类似的自组织簇化聚构形式。在这个过程中，寒地建筑群体逐渐成为与环境相互作用的共生整体系统，能够对地形地貌和寒地气候环境做出反应，群体与自然之间产生着物质和能量的交换，形成不断演进的复杂系统，其具备的整体功能将会远大于个体。图3-47是依附山地地形生长的加拉加斯贫民区，与图3-48英国北爱尔兰大西洋海岸以纯自然力量形成的巨人堤道石柱群二者具有明显的相似性，都是简单的个体顺应自然地貌涌现生成。在数字化技术的影响下，建筑群落创作也可以与地貌的自然结构自组织共生，用数字手段探寻地表形态生成与建筑群落集聚的关联耦合的关系，寻求自然演变状态的回归。在寒地建筑群落设计过程中，应减少传统的人工干预，采用分形、L-系统、元胞自动机以及其他数字技术，遵循生物集群涌现理论模拟自下而上生成建筑群体的方式，形成群落与自然地貌环境的交互共生。

Evolo摩天大楼设计竞赛作品中的陨石坑城市社区群落（Crater Scraper）设计，建筑群落利用自然地貌形成的陨石坑，形成缝合地表的形态。内部的大小社区如细胞一般涌现生成，丰富的网络呈

图3-46　海岸线地貌的分形

图3-47　依附山地生长的加拉加斯贫民区

图3-48　北爱尔兰大西洋海岸的巨人堤道石柱群

现出复杂系统所具有的层次性和不可分割性，建筑与地貌环境成为一个有机整体。同时建筑将居住、商业、医疗及娱乐等多种空间整合起来，绿地穿插空间内部，形成积极开放的寒地生活空间。群体由边缘逐渐下沉，形成多级围合的内部空间，有利于最大限度地抵御寒风侵袭，使内部空间温度稳定，阳光从多个庭院洞口流入，为人们提供更加舒适的小气候环境（图3-49）。

由BIG建筑事务所设计的阿塞拜疆齐拉岛零能耗城市总体规划，采用新技术形成一个不依赖外部能源的可持续岛屿，一个自治的生态系统，为人类未来提供可持续发展的生态城市模型。阿塞拜疆位于高加索山脉东部，北邻俄罗斯，地域海拔较高，全年多风。建筑创作从当地独有的地貌环境中提取灵感，将建筑形态设计成涌现生成的连绵起伏的7座山峰，建筑群与地形地貌结合得浑然一体，山峰的天际线波澜起伏，从远处看如同从海面上缓缓升起，蔚为壮观。这7座阿塞拜疆山峰不仅是一种隐喻，而且是在设计之初就对岛屿上的风环境进行实地模拟，采用平滑梯度的模型模拟，形成的合理的风屏障，导引风力和风向，形成风力梯度。同时设计将风环境的规律应用在区域内部微环境的设计中，通过对风环境的模拟，在风速较强的区域设置树木植被以阻挡寒风，在风速较为平缓的区域设置室外活动的小环境。与此同时，整个区域对日光、空气、水等自然要素都进行了系统的考虑，利用多种措施形成零能耗的循环系统。就如加拿大KLF建筑事务认为的，未来的“田园城市”将不再是一派草长莺飞的景象，而是在多媒体交互、智能楼宇和移动技术的结合运用中创造出的与自然结合的新形态。BIG的规划就是将智能与进化的观念应用到与地形地貌和生态系统的群落生成上，整个群落成为不断延展进化的类生命体（图3-50）。

图3-49　陨石坑城市社区群落

图3-50　阿塞拜疆齐拉岛零能耗城市总体规划

本节阐述的案例虽然都属于创新构想层面的建筑，但对今后的寒地建筑发展有着重要的意义，这是建筑真正意义上与自然语境融合的必然发展方向。

3.3 滨水地貌的筑景共构方法

从远古人在物产丰饶的水体边形成原始居住点到今天城市的发展，人类离不开水体的滋养。中国古代风水中就有关于水体对建筑选址作用的描述，“水之法，得水为上，藏风次之”。古人非常重视水对环境气场的作用，静水、流水、落水等都蕴含着不同的“气场”，建筑的选址也会充分考虑水的气场的作用。适应滨水地貌的寒地建筑创作在全面考虑前文所阐述的地质、地形、河流水系、植被、气候因子等因素外，应着重考虑以下要素。

（1）考虑滨水地貌环境形态和趋势

地球上寒冷和严寒地区的水体地貌主要包括流水地貌、海岸地貌。这些地貌形态丰富，建筑创作应该把握其滨水地貌的自然特色，顺应自然地表特征。第一，考虑滨水区域的岸线走势。岸形走势直接影响建筑的布局生成，滨水寒地建筑创作的基本出发点应该顺应岸形的形式引导。第二，考虑滨水区域的地表坡度。近水岸区域由于地表坡度的差异，自然地貌的空间感完全不同，在坡度为0.5%～5%的滨水地貌环境中，地势较为平坦，建筑可以按照平坦地貌环境来组织；在坡度为5%～30%的滨水地貌环境中，地势坡度较大，建筑设计应注意多层次的地表高程变化与水面的关系，建筑与水体能够形成丰富的层次性；在坡度大于30%的滨水地貌环境中，地势陡峭，不利于建设，应该避免选址于这类地表环境中（图3-51）。

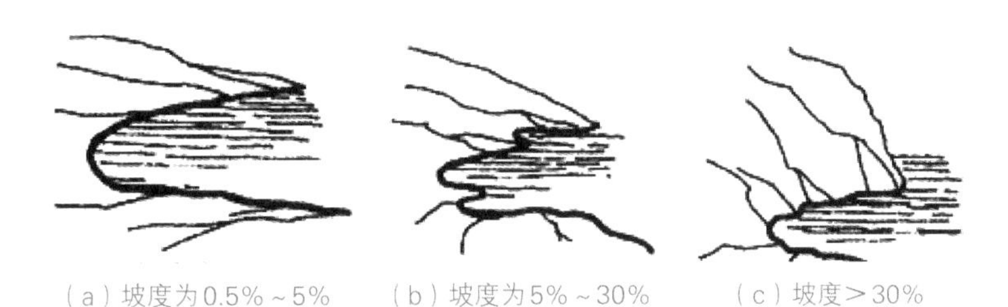

（a）坡度为0.5%～5%　　（b）坡度为5%～30%　　（c）坡度＞30%

图3-51　滨水地貌坡度关系示意图
（来源：《谷路、坡地滨水建筑设计策略及方法探索》）

（2）考虑滨水自然景观环境的丰富性

滨水地貌往往具有其他地貌环境无法比拟的景观优势，地貌空间、绿化和水体能够相互映衬，不仅能够形成居高临下的水面景观，还能够形成从低处仰望的坡地景观[45]，并且常结合冰雪环境及靠近极地的冰川环境形成生动的视觉感受。因此寒地建筑创作应该将地貌走势和水体景观环境共同考虑，发挥其依山就势的优势，形成层叠的景观层次，利用地貌环境的变化塑造丰富的景观空间，打造生于滨水地貌环境的建筑。

（3）考虑水体对气候生态环境的调节作用

随着科学的发展，人们认识到水体会对陆地生物气候产生巨大的影响，由于水体的热容大，升

温降温速度比陆地慢，可以对水体附近的陆地气候起到调节的作用，同时水体的流动可以形成能源加以利用。由前文可知，建筑处于坡顶、坡谷和山谷底部都可能会受到冷空间的影响，因此，滨水建筑较为适合布置于河谷底部偏上的位置，既能减少冷风的直接侵袭又能获得更好的景观。同时，当代寒地建筑创作还应该注重生态技术的引进，利用水体的可再生能源，打造可持续发展的建筑。

（4）考虑滨水区域的地质环境选择

滨水区域的地质环境较为复杂，易发生变化，特别是深入水中的建筑需要在水下设置护堤、护墙等措施，会对滨水地表产生一定的影响。同时寒地水体和土壤会随着季节产生冻融，这些影响会逐渐产生，并经过时间的积累产生较大的变化，对建筑的安全性产生影响。因而寒地滨水建筑对地表的改造要考虑基地的工程地质、坡度起伏、水位线、冻融情况、地下设施化等，从更加长远的角度进行设计。

寒地室外环境气温较低，建筑外部与水体空间相联系区域在冬季往往成为气氛萧条的消极空间，这就需要在设计时充分考虑水体元素的利用，并引入冬季活动或合适的冬季景观，形成丰富的场所环境，减少传统寒地建筑消极自我的建筑模式，从多层面激活滨水环境，打造筑景共构的开放空间（图3-52）。因此，寒地滨水建筑创作应首先在规划布局层面结合地形走势，并在空间层面考虑寒地水体景观的丰富性，创造具有滨水愉悦性的建筑空间；同时也需要考虑水体的气候调节作用，形成适宜的室内外微气候；并注重建筑与水体结合的措施技术，并保证建筑的安全性。

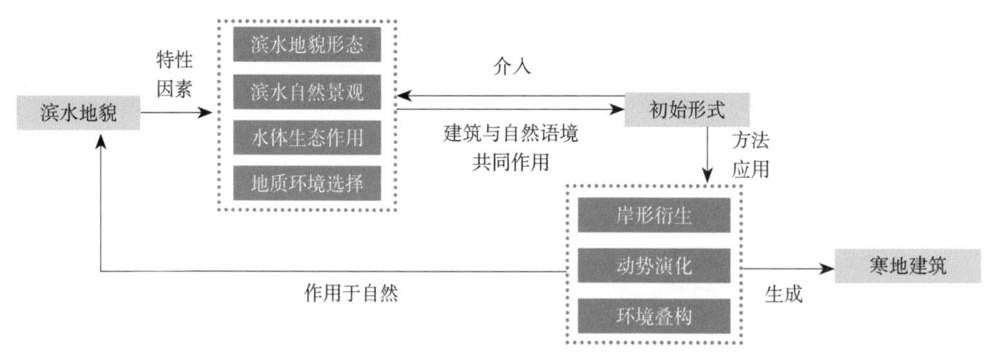

图3-52　基于滨水地貌的寒地建筑创作过程示意

3.3.1　岸形衍生结合滨水地貌

岸形特征是滨水地貌的重要因素，直接影响寒地建筑的布局和朝向，也直接影响建筑光照和景观的获取，建筑与滨水地貌互动的第一层面就是与岸形互动。滨水区域的岸线形式主要有外湾型、内湾型和平直型。外湾型的岸线形式陆地突出水面，岸边视野较为开阔，建筑处于其上容易成为区域的视觉焦点；内湾型岸线的陆地向水面凹进，具有较强的空间领域感和场所感；平直型的岸线，陆地岸线与水体大致平行，这种自然环境的景观焦点较少，容易缺少空间感（图3-53）。滨水建筑常采用垂直水岸布置和平行水岸布置两种方式。这两种方式对滨水生态气候环境及建筑的阳光、景观获取的影响不同，寒地建筑创作在结合滨水地貌岸形走势的同时，应使建筑空间尽量获得南向阳光，关照水陆风的渗透并减少过于封闭的滨水围合，将滨水景观引入到建筑外部空间（图3-54）。

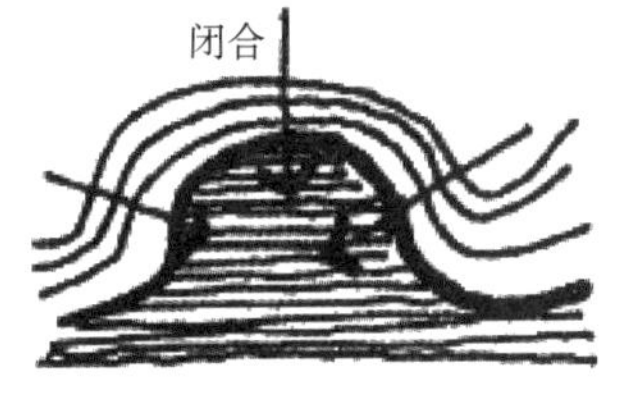

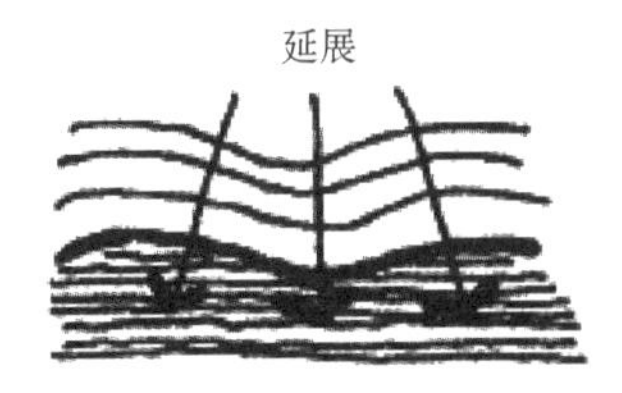

图3-53　滨水场地的岸线类型
（来源：《谷路、坡地滨水建筑设计策略及方法探索》）

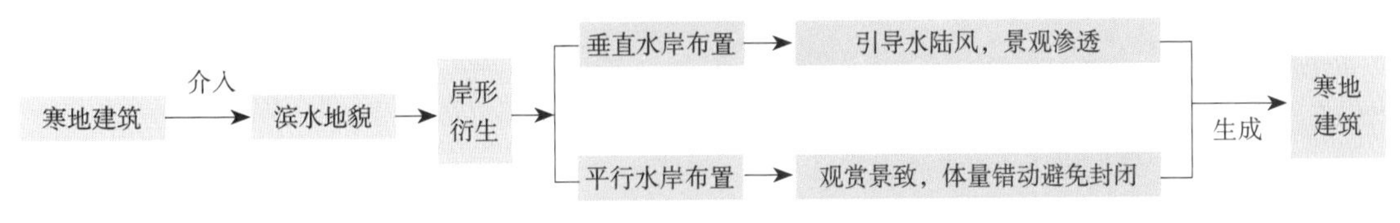

图3-54　岸形衍生的寒地建筑创作

3.3.1.1　引导水陆风的垂直水岸布置

很多南北走向或近似南北走向的水体旁的滨水建筑布局采用垂直于水体布置的方式，这种方式可以使建筑主要界面获得南向采光，并有利于水体景观的渗透。由于水体和陆地的热效应不同，在受热和受冷时陆地温度变化比水温快，引起水面与陆地之间的压力差，就形成水陆风。白天陆地温度上升较快，陆地上方的空气上升，空气从水面吹到陆地；夜晚气流反过来，由于陆地温度下降较快，气流从温度低的陆地吹向水面。在距离水体20km的陆地区域内，水陆风对改善局地气候有着明显作用，水体面积越大，影响的范围就越大，因此，采用垂直水岸布置建筑的布局方式，能增加水体对建筑周边环境的调节作用，减弱温度骤变的幅度，增加建筑微环境的舒适度。

奥尔什丁的尤基尔湖全年运动休闲基础设施位于湖边森林和湖岸的交界处，风景如画，建筑被步行小路和骑行步道环绕。建筑采用分散式布局，设置在离岸边有一段距离的空地上，每个建筑单体都垂直于湖岸错落布置，与沙滩、湖岸形成有机的整体，尽量减少对湖面内部景色的阻挡，使湖面景色和森林景色相互渗透。这样的布局方式还能够引导陆地与水面之间的气流。冬季北部的冷风可以直接引导进森林空间，减少建筑抵御湖面冷风的面积，减少冬季建筑能量的损耗；夏季湖面的水陆风可以无阻挡地进入建筑周围的环境中，调节夏季建筑周边气温。建筑各个单体内部功能包括湖边餐厅、咖啡厅、运动租赁中心和急救服务中心，这些空间都设置在细长条的建筑体量内，同时建筑顶部还设置了景观台，为人们提供观景空间。同时从建筑延伸到水面的驳岸处理充分保留了质朴原真的自然水岸形态，尽量减少人工改造，保持其生态循环系统的可持续性（图3-55）。

中国很多临水城市为了打造具有气势的滨水景观，经常在水边形成紧密围合的建筑高层群体，虽然提高了水岸景观的特色，但是却遮挡了内陆居民的景观视线，并阻挡了水陆风的流动，减弱了水体对城市内陆气候的调节作用。位于挪威特罗姆瑟海峡填海区的斯特兰德坎特（Strandkanten）居住区，基地面积88公顷，规划总住宅楼有900栋，处于面水向阳背靠山体的自然环境中。整体布局介入海岸线的方式没有采用封闭的沿着水岸的方式，而是将大多数建筑体量垂直于海岸线布置，短边朝向海面，形成水体景观向陆地内部的渗透，并且整体规划被划分成几个区域，每个区域之间由

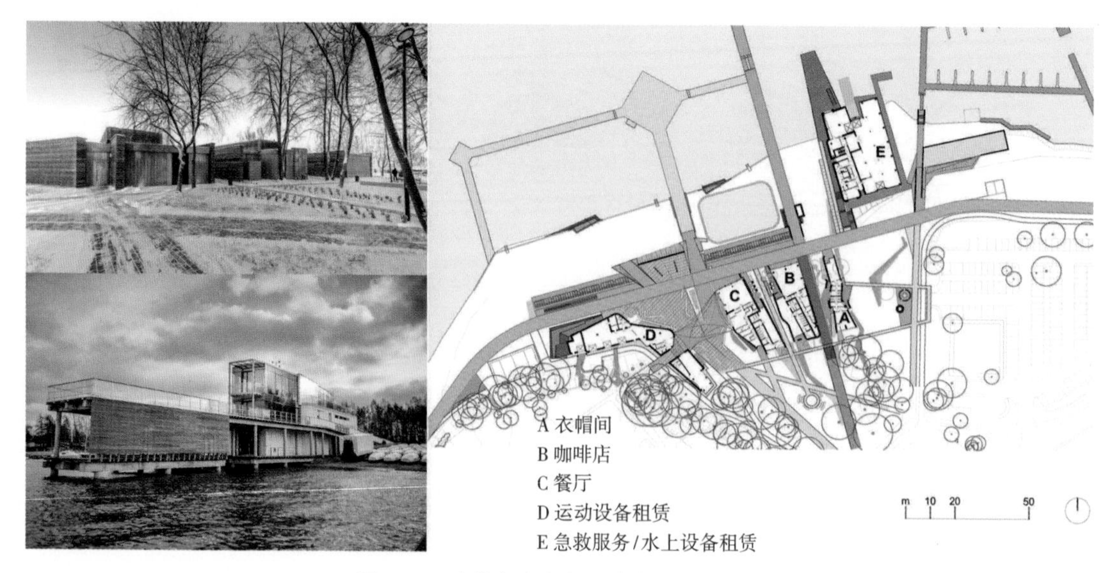

图3-55　尤基尔湖全年运动休闲基础设施

宽阔的景观区联系。将来自东南侧的水陆风引入内陆，调节居住区东西两个区域的气候，同时还可以调整居住区内部小庭院的微气候，增加人们户外活动的舒适感。居住区远处东北侧的山脉为居住区的自然屏障，减弱了冬季寒流的侵袭。水体、绿化、建筑与远处的山势联系起来，为人们提供了优美的生活场景（图3-56）。坐落于芬兰赫尔辛基的拉塔萨利海滨的梅伦库尔基·詹兰塔（Merenkulki Janranta）居住区，建筑如同深入大海的一根根手指，将水体与自然绿地联系起来。四个条状建筑，南北向布置，保证住宅的采光。并在室外形成三个延伸至水面的庭院空间，给人们提供活动的场所，气流和景观都能够渗透进来。同时每个条状建筑采用退台的方式，临近水面逐渐减少层数，形成多个景观平台。延伸到水体之上的建筑，采用架空的方式，建筑与自然语境形成交织互动（图3-57）。

3.3.1.2　观赏景致的平行水岸布置

有时建筑所处的水体旁的用地较为狭长，建筑布局多采用平行于水体的模式，我国大部分河岸都采用这种布局模式。平行水体的布局模式能够让人直接地欣赏到水面的景色，但是这种布局方式容易将水体空间围合得过于封闭，造成前后排建筑遮挡，削弱自然景观的渗透，形成呆板的滨水界面。因此，寒地建筑应该善于利用地形特征，适当地调整形体，既使每栋建筑都能获得较丰富的景观视角，又能打破单调的建筑界面，形成丰富自然的近水空间。同时错动的形体组合有利于避免冬季寒冷的水面风直接侵袭建筑的界面，增加建筑空间的舒适性。

由BIG建筑事务所设计的位于芬兰赫尔辛格的住宅，坐落于海岸和城市的边界区域，住宅的东北侧为海岸线。设计将三维立体的城市社区与自然环境交织起来设计，建筑与自然相互作用，形成具有活力的新型居住空间（图3-58）。建筑需要关照住宅采光和观景的双重要求。建筑在有限的基地内，在平行于水体的总体布局的基础上，通过体量的折叠让人们能够充分迎接阳光，并且使每个户型都能观赏到自然海景。这样的布局在总图上形成了三个大小不同的面海广场，为人们亲水活动提

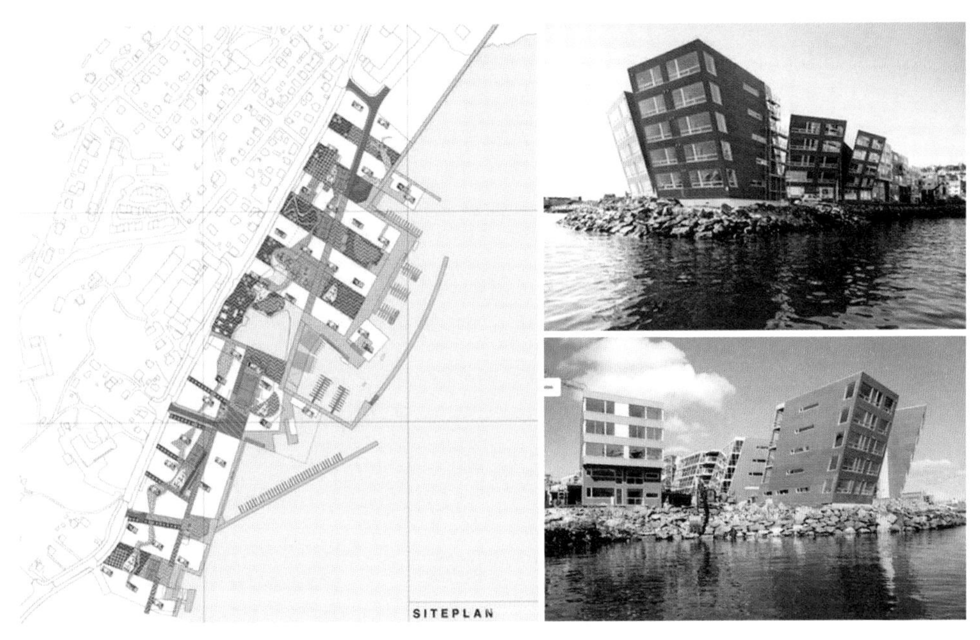

图3-56　挪威特罗姆瑟海峡填海区的斯特兰德坎特（Strandkanten）居住区

图3-57　芬兰赫尔辛基的梅伦库尔基·詹兰塔（Merenkulki Janranta）居住区

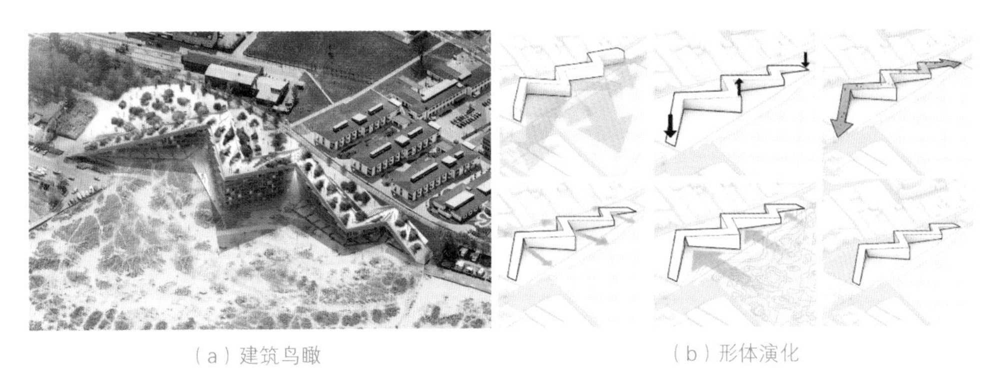

（a）建筑鸟瞰　　（b）形体演化

图3-58　平行水岸的芬兰赫尔辛格的住宅

供了空间，在建筑背面形成了停车区域。在此基础上，建筑呼应地貌做出高低起伏的变化，形成从地面延伸到屋顶的慢跑休闲景观带，为人们提供一个四季的活动平台。同时，为了适应海面和陆地气流的交换，建筑在转折处形成豁口，调整风环境，减少过长建筑对寒风的过大阻力，并在一定程度上实现两侧景观的渗透。

3.3.2 动势演化延续滨水地貌

在滨水地表上，流动的水体不断侵蚀自然陆地，形成具有一定肌理特征的地貌动势，并能够通过抽象提取出结构线，寒地建筑创作可以延续这种肌理趋势，结合参数化设计及数字模拟，将地表的动势演化为建筑的形体，形成建筑与地貌及水体空间的延续。本节主要从地表动线、地表态势和地表面域三个方面阐述滨水地貌对寒地建筑生成的影响（图3-59）。

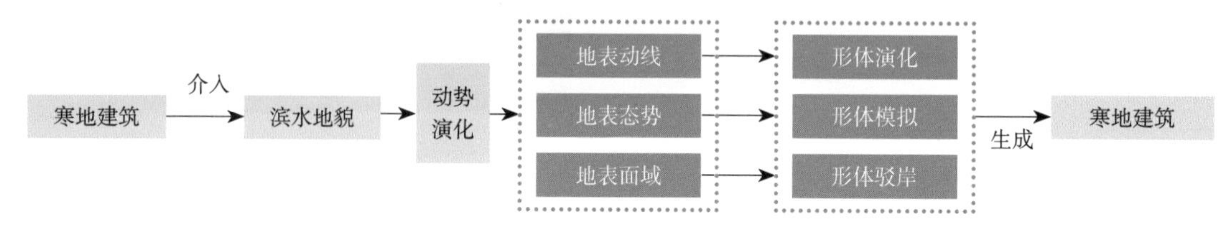

图3-59　动势演化的寒地建筑创作

3.3.2.1　地表动线的形体演化

丰富的滨水地貌形态变化能够形成生动的形式动线，在风的作用下风成地貌的水岸形成波峰和波谷，形成不断变换的自身形态和动线形式。如沙丘在风力稳定的情况下形成新月形态，而当风力发生改变时，沙丘的一角就会沿着风向的中轴出现延伸，形成新的喇叭状形态，风还会加速沙丘的延伸，形成夸张的一角，并逐渐形成沙丘链。在以上诸多情况下，都是由不间断的量变形成的临界状态，每一种地表动线的形成都是自然“自组织临界状态”的形态构成边界，也是大自然的涌现生成。寒地建筑通过对动线的提取，借助当今参数化设计和算法模型生成方式，能够生成与地表动势、肌理关联耦合的寒地建筑形式。这些从大地延伸出来的动线，在建筑形态的生成中具有决定性的作用，形成建筑体量的主要构成骨架，也是建筑与环境相融合的重要索引。

哈迪德设计的英国格拉斯哥滨水博物馆从水边地表肌理吸取灵感，提取寒地起伏的自然土地与水体形态动线，形成混沌而抽象的形态，凝结在克莱德河畔的基地上。建筑形体模糊了固态与液态之间的界限，与地表形体形成隐形的关联，展现着“似是而非”的生命特征（图3-60）。位于山东日照的山海天阳光海岸的公共服务设施公园，2km建筑共由11个单体建筑组成，包括游客中心、商店、电影院、餐厅、健身等多种服务设施。建筑为了融入海滨优美的自然环境中，最大限度地保留了该区域的黑松林，采用匍匐的形式，融入大地形态之中。建筑提取了自然的沙地和水体地表动线趋势，犹如海边起伏的沙丘和流动的水体，多个起伏的屋顶与地面相连接，建筑与地表的水土肌理形成生动的融合（图3-61）。

（a）建筑形体

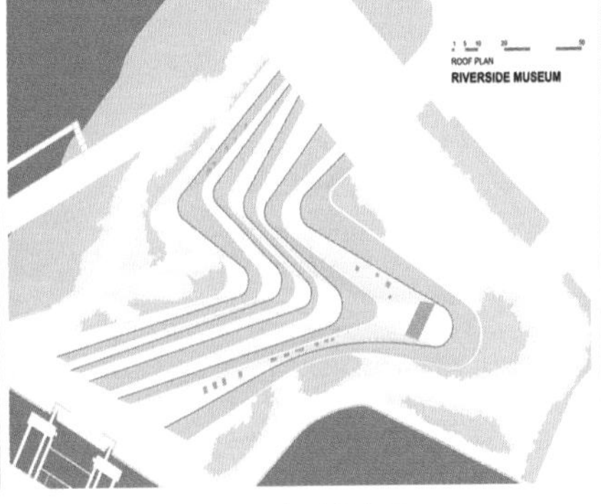

（b）地表动线提取

（c）建筑立面形态

图3-60 英国格拉斯哥滨水博物馆

（a）建筑形体

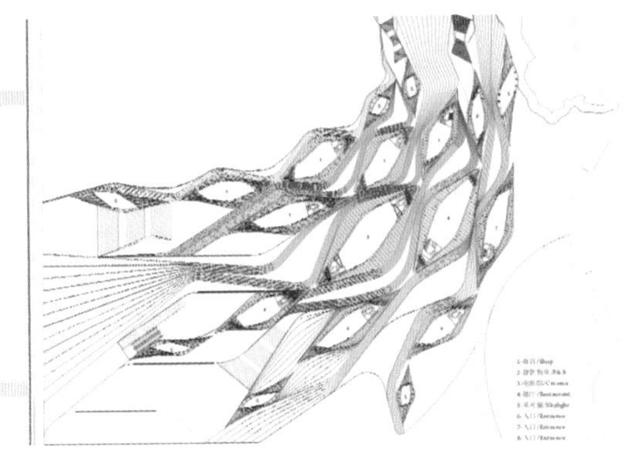
（b）地表动线提取

图3-61 山东日照的山海天阳光海岸公共服务设施公园

3.3.2.2 地表态势的形体模拟

寒地建筑形体生成不仅可以从滨水地貌形态变化中提取肌理动线，还可以从地貌的流动中提取态势，转化为建筑形体，将建筑与环境融为一个整体。水体与滨水地貌具有起伏的态势，在年长日久的时间里与自然万物形成物质和能量的交换，涌现出形态多样的流动态势。这些形态还具有开放性，不间断地由量变积累到某种临界状态，然后打破形成另外一种形态。就操作方法而言，地势流变是通过旋转、交织、挤压、隆起等方法，对建筑形体空间产生影响，并通过人流、物流的活动路线以及界域内外空间信息交互路线等多元逃逸线进行组织，作用于建筑形体而形成的流变的建筑形态及意象[46]。由此形成的建筑形体具有时间因素、速度因素，形成既体现空间又体现时间的意向表达。

《管子・水地篇》中提道："地者，万物之本源，诸生之根也。水者，地之血气，如经脉之流通者也。"可见在中国古代"水"有包容万物、阴柔、虚静的品格。因此，建筑创作不仅要从外在模拟水的流畅形态，也应该从其内涵语境出发写意水的性情，使建筑与水体共同打造宜人的空间环境。随着物理学和数学的发展，建筑模拟滨水地表流变生成形体，不应只停留在象形取意，建筑师可以借助自然万物的数学模型，从师法自然走向算法自然。以地貌的流变态势形成建筑形态，可以引入

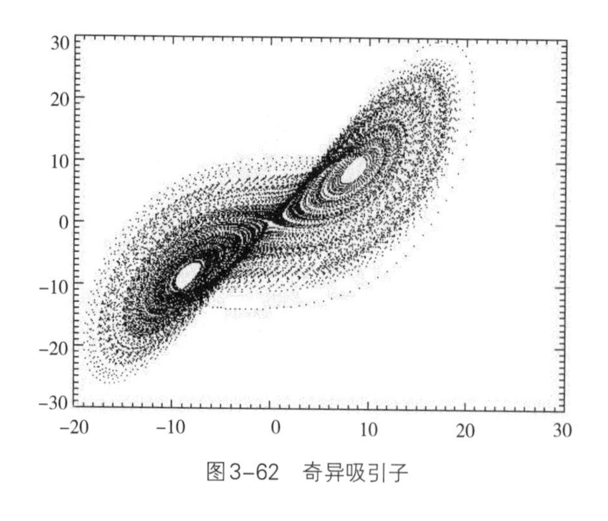

图3-62 奇异吸引子

混沌系统运动特征的“奇异吸引子”的特征模型作为发生机制。混沌运动是非线性系统特有的复杂运动形态，而奇异吸引子作为混沌运动物理过程，由法国物理学家D. 吕埃尔和F. 泰肯在1970年左右提出。奇异吸引子具有自然界混沌形式的整体稳定性和局部不稳定性的特征，使运动的系统形成一种无序稳定的形态，轨道某些方向上形成指数发散，并具有分形特征，在大小尺度上都有着精细结构，具有无穷嵌套的自相似形式（图3-62）。奇异吸引子不仅存在于大气形态，星系轨道、流体旋涡都存在着这种形式[47]。建筑形体生成模仿自然地势流变的力与场的同时引入奇异吸引子的运动形式，建筑可以形成符合自然规律并与自然物质环境模糊的形体，建筑自身成为一种与自然原生环境融合的物质体量。

BIG建筑事务所设计的斯德哥尔摩城市重要交通枢纽斯卢森（Slussen），整个区域联系老城区和城市的水体空间，并且是公共汽车、铁路、地铁、码头等交通的重要换乘中心。建筑形体模拟水体的流动态势，用高低起伏的空间将多重复杂的功能整合起来，两个主体体量与多个地下空间形成呼应水体的岸线整合，建筑与流动的岸线成为连续的整体。在整合的过程中，建筑没用采用巨大而满溢的方式置入城市与自然之间，而是尽量将空间还给城市与自然，使人们能够由建筑上部漫步到亲水岸边，将原本混乱消极的城市换乘区域打造成具有活力的城市节点（图3-63）。

（a）整体鸟瞰

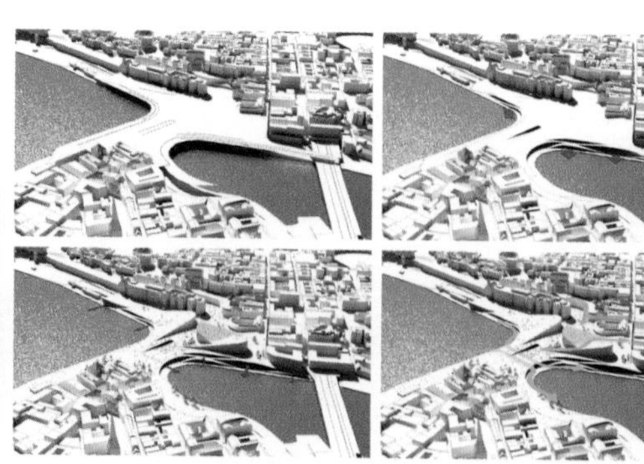
（b）形体生成

图3-63 斯德哥尔摩的交通枢纽斯卢森（Slussen）

哈尔滨文化中心的哈尔滨大剧院坐落于我国东北著名的自然栖息地——太阳岛，建筑回应了当地独特的松花江水体和自然湿地自然环境。对建筑与场地进行整体设计，用流畅的语言打造一个四面环水的文化岛。三座主体建筑形体模拟水体流动，如连绵起伏的雪山彼此相连，建筑形体与景观广场一体化设计，使具有动势的形体与大地环境共同衍生，浑然天成地形成了不同功能空间和入口区域。在大剧院的外部还设置了供人们沿着环廊拾级而上的坡道，可以在不同的高度观赏远处的湿地和江水。建筑内部也采用同样的语言来塑造，流畅态势从外部延续到内部大厅、剧场内部及各个空间。纯净的白色墙面与温暖的实木材料打造了具有动感的内部空间，使人们联想到北方的冰雪树木。整个文化中心用丰富的层次将自然江岸、绿原缠绕的湿地联系起来，从宏观自然延续到微观手法，形成一个模糊的整体，建筑与自然的边界消融了，创造出亦内亦外的空间特征，用未来主义的手法诠释出具有东方自然禅意的自然体验形式（图3-64）。

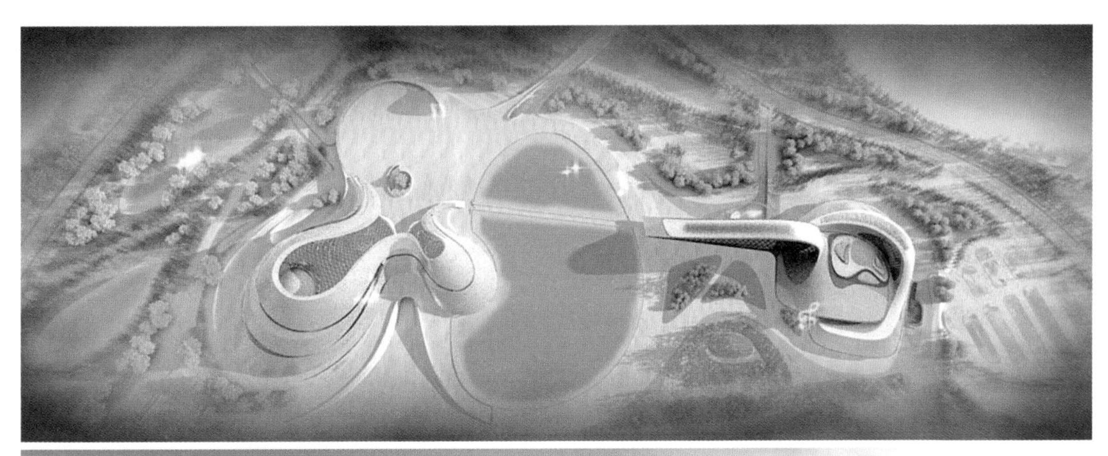

图3-64 哈尔滨文化中心

3.3.2.3 地表面域的形体驳岸

寒地建筑与滨水地貌相接时，多采用提高勒脚或跌落进水中的方式，建筑与水面有着明显的边界，勒脚和阶梯的高度随着地形趋势和建筑布局的变化而变化，适应防洪、防渗、防潮和防冻的要求。基于寒地地貌语境的建筑创作可采用模糊建筑与滨水陆岸的相接边界的方式，将水体、绿化、景观连接起来，建筑如同从地面延伸出来的地毯，自然与建筑形成不可分割的整体。法国后现代哲学家德勒兹的“平滑”思想形容自由、开放、不受理性束缚的思想，与之对应的则是“游牧空间（Nomadic Space）”[48]。建筑可以通过对滨水地表面域的整合，打造自由、开放的建筑形式，形成平滑过渡的建筑空间。从建筑形式上看，建筑的边界与地貌、水体是相互连通的，建筑与自然环境之间具有平滑过渡的连续性；从建筑空间上看，建筑形成的空间也是不规则和非标准的，各功能空间没有严格的边界，人在建筑空间内的活动路线也是不确定的。

从挪威峡湾中匍匐而起的奥斯陆歌剧院，处在港口城市的陆地与海洋水面的分界线上，通过消解建筑的体量，模糊了自然与建筑的边界。作为重要的标志性建筑，并没有通过凸显高度表达其纪念性，而是进行了横向的延展，并逐渐从高点向水边缓坡下降，将建筑与水岸、水体联系起来，成为一体化的城市与自然的过渡带。建筑用简洁明确的体量，减少了寒冷地区的热量损耗。建筑界面通过折叠、倾斜、割裂，形成了一个向全体市民开放的多层次城市广场，人们可以从岸边漫步到广场上，享受阳光，休闲交流。白色的建筑主体大屋顶如同大海上的冰川一般静静地漂浮于水边，在保留峡湾自然语境特质的同时，为人、城市、自然的对话提供动态的平台。建筑主要材料的选择也突出对自然环境的考量，外墙材料为意大利白色大理石，这种石材即使在湿寒的环境下也能保持光泽度和色泽；内部大堂的“浪墙”则采用橡树木材，这种木材不仅形成了具有丰富肌理的表面，而且具有温柔的触感。同时，考虑到节能，建筑正面采用了大面积的太阳能电池板，这是挪威最大的依靠太阳能满足供电需求的建筑（图3-65）。

位于中国西藏自治区林芝市雅鲁藏布江的江边码头建造于湍急的河流与连绵的雪山之间的河滩坡地上，处于优美的自然语境中，为恶劣天气通过江上的游人休息和住宿提供场所。建筑顺应场地趋势从水边升起逐渐延伸到岸边坡地上，体量简洁并形成坡状的观景屋面。建筑转折的一侧伸向水面之上，如同观景的瞭望台，与江面空间形成呼应。建筑只有一层，总建筑面积430m²，以充分尊重自然的姿态融入自然之中。从远处看，建筑与河岸融为一体，成为大地景观的一部分。建筑材料取自当地，由工匠按照当地的方式建造完成，厚重自然且经济节约。面山一侧只开启了少量窗户，减少江上寒风的渗透，面江一侧开启了适度的幕墙窗户，为人们观景提供方便（图3-66）。建筑最大限

（a）整体鸟瞰

（b）城市平台

图3-65　奥斯陆歌剧院

（a）整体鸟瞰

（b）局部空间

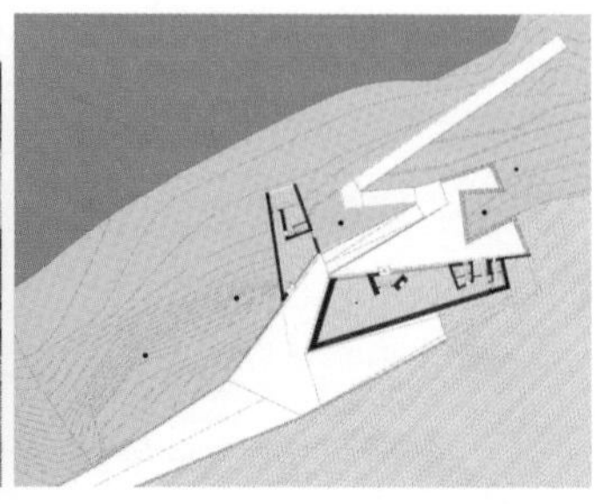

（c）延续地表动线的平面

图3-66　雅鲁藏布江江边码头

度地减少了对峡湾自然环境的破坏，营造出一种内在的场所特征。

寒地建筑用这种方式在新的层面探索建筑与自然之间的微妙关系，建筑与大地、水岸的边界变得模糊，成为统一的整体，激发整个环境的内部动能，促使人们亲近自然，人们可以随时从建筑走到自然，轻松地接触自然水面的活力。

3.3.3　环境叠构激活滨水地貌

地貌和地形作为生态流动和人类生存体验的发生器，在人工干预之前就有着自身的结构特征，而人类的干预可以使结构增强或建立新的结构[49]。在极端气候的影响下，我国大多数滨水环境中的寒地建筑常采用单一或封闭性强的建筑形式，缺少空间的层次性，环境与建筑相互隔离，只在夏季提供人们室外活动的场所，而在冬季往往萧条冷清，缺乏场所感的营造。今后的寒地建筑创作应提倡使地表、环境与建筑共同层叠交融的空间，用具有厚度和层次上的复杂性来创造接近自然的宜人空间（图3-67）。

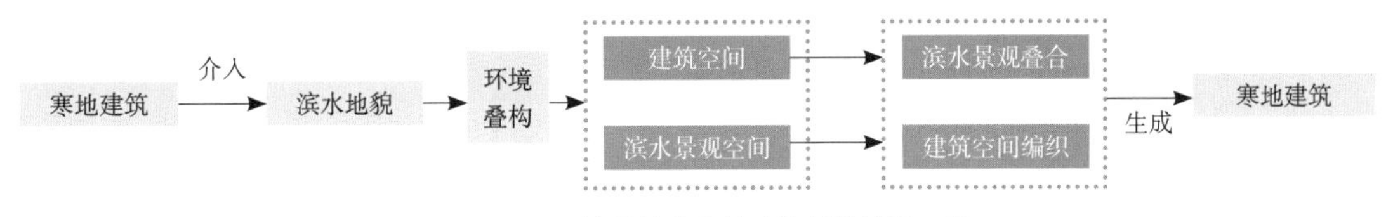

图3-67　环境叠构的寒地建筑创作过程示意

3.3.3.1　建筑空间中的滨水景观叠合

寒地建筑创作应采用使空间与自然元素交织叠合的方式，建筑与水体、绿化不再分开设置，共构在同一个网络之下，具有一定的厚度和复杂性，提供人们生活的丰富场景。这种方式加大了水体的景观价值，并能够结合多重节能措施形成可持续发展的生态系统；增加了夏季寒地建筑与水体的互动性，创造了更加丰富的亲水界面；并促进冬季冰雪景观的融入，打造适宜人们活动的亲近自然的空间。由于寒地冬夏温差很大，寒地水体会有结冰和消融的变化，建筑空间与水体相互交织叠合设计时，应采取防冻胀措施。

LMN建筑事务所（LMN Architects）设计的温哥华会议中心，建筑40%的基地处于海面之上，并利用人工礁石作为基础（图3-68）。设计注重建筑与自然水体、绿化等网络共同生成，使建筑外部与内部及周边环境共同形成充满活力的城市生态系统，并采取了海水淡化、雨水利用等多种生态措施，获得了LEED加拿大白金认证。建筑将海边景观带的地貌直接延伸到建筑屋顶之上，形成寒地地貌语境的整体延续，屋顶上种植了将近40万株原生植物，调节建筑内外部的空气温度，并促进滨水景观生态系统的雨水整合利用。建筑空间经过折叠交错等多种变化，结合屋顶绿化体系和通透的玻璃幕墙，形成从地貌到屋顶的多层级的休闲观景空间，海景和绿色景致的室内外空间多重渗透，也将沿海绿色景观带联系起来，使人们可以随时观赏到美丽的景色，为城市提供了聚集人气的活力场所。

ADEPT建筑事务所和MANDAWORKS建筑事务所在斯德哥尔摩皇家海港新城滨水区规划设计竞赛中的方案，注重建筑与绿化、水体的多层次性融合，形成多层次的空间网络。方案由三个功能

图3-68　温哥华会议中心

部分组成：科尔卡扬（Kolkajen）滨水露台区、阶梯广场区及罗普斯滕（Ropsten）车站平台区，三个不同的区域由一条运河联系起来，并与海岸线互动，形成丰富的城市空间和多元的建筑单元模式。设计将交通、地形、绿化、水体等多元素通过不断叠加形成多层而繁复的空间，形成城市与自然融合的三维立体的环境，如同一个有厚度的地表。自然没有明确的边界，从外部环境渗透到空间的各个角落，形成整体有机的人工生态环境，在不同季节创造具有活力、阳光、绿化和水的宜人小气候（图3-69）。

3.3.3.2　滨水景观中的建筑空间编织

编织是指当今的建筑创作中建筑表皮的一种形成过程，建筑通过材料的交叉排布形成丰富的界面。这种方式在自然界早已存在，如蜘蛛织网、春蚕作茧等。作为一种制作过程的存在，编织具有两种本质性的目的：围护和容纳，前者更多地强调遮掩与围合，后者更多地强调承载与受力。在建筑生成过程中，滨水景观作为一种丰富的界面，也可以借鉴建筑表皮的编织生成方式，并结合参数化建构方式，将建筑空间作为辅助，编织进景观环境，使形体、空间与绿化水体环境形成一种模糊的状态，建筑与环境边界消融。这种方式能够减少寒地滨水环境的冬季消极性，形成生动灵活的寒地亲水空间环境，并可以结合运动休闲、生态体验、商业等功能空间使地貌具有一定的厚度和多层次性，形成人与自然和谐相处的城市边际空间。

（a）整体鸟瞰

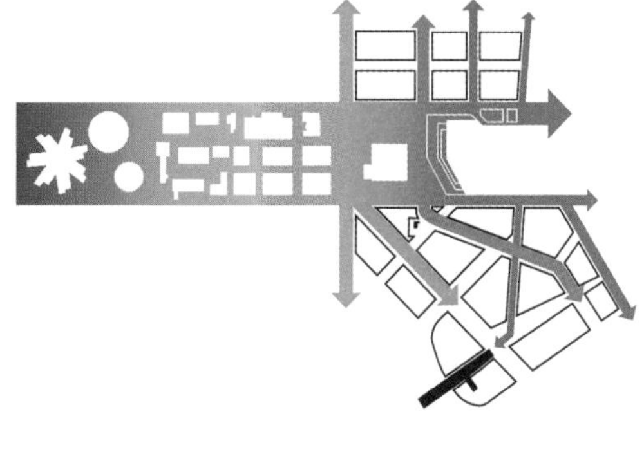

（b）由中轴向两侧渗透的空间

（c）局部空间

图3-69 斯德哥尔摩皇家海港新城滨水区规划

巴塞罗那东南海岸公园设计用连续拓扑变化的方式对大地表面进行形式生成，将大地景观与建筑功能编织起来，形成丰富的地貌景观环境。群体建筑与自然环境融为一体，建筑从大地中生长出来，同时给人们知觉和心理上的归属感，并为人们提供与自然积极互动的空间［图3-70（a）］。遂宁河东新滨江景观带规划将绿化、水体与多种功能产业空间联系起来，建筑利用场地空间的落差，掩映于环境之中，起伏的地形将建筑与地表环境编织起来，建筑与大地环境以蔓延、扩散的态势辐射开去，功能空间和自然环境相互交叉、环绕，打造出具有动态性的空间体验界面，形成多层次的立体生态空间［图3-70（b）］。

随着城市的快速发展，寒地内陆原生自然空间面临枯竭，濒临消失。位于国家公园、湿地公园的寒地建筑应通过低调的方式将建筑与景观融合起来，建筑为环境的配角，突出环境的原真性。绿化与水体作为主体，共同编织出空间脉络，建筑只提供观赏的路径和少量空间。雷乌夫·拉姆斯塔建筑师事务所设计的特罗斯蒂根国家旅游线路位于挪威特罗斯蒂根高原的自然环境中，保留了对地域性和天然性的体验，强化自然环境的特征。水体成为整个区域内的动态元素，从皑皑积雪到奔流而下的瀑布，素混凝土主体建筑处于水面之上，成为联系水体和岩石山脉的交接点；荒凉寂冷的深色岩石为自然语境的静态元素，步道将景区参观路线串联起来，并形成多个节点，增强了访客对自然的体验。整体规划布局如同北方山地冻土苔原里的点睛之笔，恰到好处地诠释出人工的痕迹，也表达人对自然环境的尊重，抽象的线条和有力度的转折回应了寒地自然界山体和水体的力量感（图3-71）。

（a）巴塞罗那东南海岸公园　　　　（b）遂宁河东新滨江景观带

图3-70　滨水景观空间脉络

图3-71　挪威特罗斯蒂根国家旅游线路

3.4 本章小结

在原生寒地自然环境中，自然地貌语境是寒地建筑生成的根基所在，寒地地貌在寒地气候的作用下，具有广袤质朴、浑厚豪迈的性格特征，建筑应该对地貌语境做出积极回应，顺应地貌环境多方面因素及与气候环境的共同作用，由强度干预走向趋势演化。主要从以下三个方面具体论述基于地貌语境的寒地建筑创作方法。

（1）起伏地貌的坡度整合方法。寒地建筑应整合起伏地貌的地形坡度，结合山位趋势特征、肌理走势、气候影响因子等环境特征，并利用地形与光照、气流等气候因子适应寒冷。随势成形整合缓坡地貌、高差跌落整合中坡地貌、山屋共融整合陡坡地貌是起伏地貌坡度整合的三个具体方法。

（2）平坦地貌的生境策动方法。寒地建筑应与平坦地貌的地形走势、边界、景观等自然要素互动，并利用形体、格局、群落的生成驱寒防风减少冬季能耗，提升建筑内外生境的舒适度。地表掩土还原地上自然、地形因借调节外部生境、地貌聚构互动多维要素是平坦地貌生境策动的三个具体方法。

（3）滨水地貌的筑景共构方法。寒地建筑应与滨水岸形、动势、景观环境互动，注重建筑与环境的开放共融，激发寒地滨水空间活力。岸形衍生结合滨水地貌、动势演化延续滨水地貌、环境叠构激活滨水地貌是滨水地貌筑景共构的三个具体方法。

第4章

基于气候语境的寒地建筑创作

气候作为原生自然环境中最敏感的影响因素之一，影响着当地的社会文化、人们的生活习惯及地域生态系统，不同气候环境特征下的建筑形式有着鲜明的特征差别。受到气候环境急剧恶化以及能源危机等因素的影响，建筑对气候环境的回应于20世纪70年代得到了人们的逐步关注，特别是随着碳达峰、碳中和“双碳目标”的提出，我国建筑提倡用更生态的方式减少能耗的同时提供更舒适的生活空间。关于建筑形式的生成，地域与环境主义者强调形式的表达直接受到气候因素的影响与制约，气候是建筑设计产生的本源。阿摩斯·拉普普特曾表示，尽管住宅形式的多样性很难在气候决定论中得到阐释，但是必须要认识到，建筑形式的形成必然会受到气候因素的重要影响，这是毋庸置疑的[50]。气候环境的变化给人类的生存发展带来巨大的挑战，特别是寒地气候具有低温、短日照及风雪作用等严苛的特性，建筑作为人们生存环境的承载体，与气候环境的矛盾更加突出。

建筑大师赖特在谈到有机建筑时强调，“建筑与一切生命体相似，总是处于不断的发展进化之中”。在科技欠发达的时期，寒地建筑常用单一的科学模型来回应气候影响，应变措施由于过于简化，与气候环境动态多变、复杂多元的特征是彼此背离的，并导致环境信息的大量遗失。在飞速发展的现代科技冲击下，自然环境的参数模型越发清晰，建筑师的数据分析能力有了质的飞跃，建筑创作可以从偏向主观判断转化为基于气候环境的生成，建筑师能够更加客观地解读建筑与环境的复杂关系。本章将阐述寒地建筑创作适应自然气候语境的方法，使建筑所处的风、光、热等环境影响因子和参数能够直接地应用于布局、形体、空间等建筑生成，并充分利用当今的数字化技术和计算机模拟技术，改善和创造舒适的建筑环境，建筑形式生成更加具有逻辑性，更加具有类生命体特征，这是建筑与自然气候关系的一种进化。本章将针对建筑应对寒地气候环境的创作方法展开讨论，即温度影响的主动适应、光照影响的动态适变、风雪影响的趋利避害。

4.1 温度影响的主动适应方法

建筑大师科里亚曾经提出“形式服从气候”的设计理念，他认为：在本源的意义上，气候乃是神话之源。寒地建筑所处的气候环境虽然与科里亚所处的热带气候环境截然不同，但是设计理念却可以一脉贯通[51]。对寒地建筑形式产生重要影响的气候因素就是温度，我国寒地温度环境主要有三方面特性：第一，冬季温度低；第二，冬夏季温差很大；第三，昼夜温度骤变。中国北方以及青藏高原的广大地区，冬季气温低，持续时间漫长，这些地区也可以称为采暖地区，约占中国国土面积的70%。这些地域的建筑有的处于严寒地区、有的处于寒冷地区、有的则处于寒冷和炎热地区的过渡带，都需要注重建筑的保温性能，但不是一味地强调厚重封闭，应该利用自然气候的有利因素，克服不利因素，保证舒适的室内热环境。寒地建筑应以人的基本使用要求与舒适要求为准则，少用或不用机械来调节室内物理参数，充分利用建筑的体形变化、空间组成、构造设计、材料选择等要素来动态调适温度变化，达到生理与心理舒适度的基本要求[52]。因此，寒地建筑应促使建筑对寒地低温环境和骤变温度做出创造性的适应，从被动抵御低温到因势利导，从低层级的应对走向高层级的反馈。本节将从形体构成、界面优化、空间组织、腔体置入四个层面来阐述寒地建筑适应温度影响的创作方法（图4–1）。

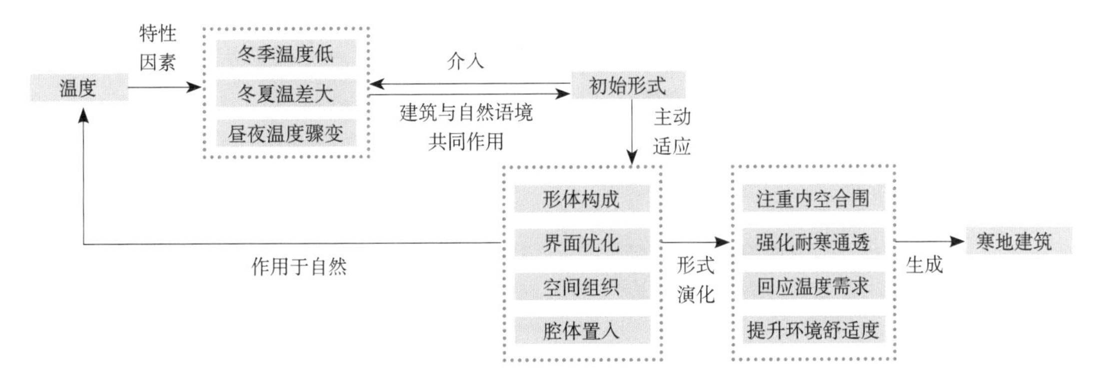

图4–1　基于温度影响的寒地建筑创作过程示意

4.1.1　注重内空合围的形体构成

寒地建筑为了寻求宜人的室内环境，需要不断抵抗巨大的冬季室内外温差，这就要求寒地建筑创作在形体构成上尽可能地减少能耗。在体积相同的条件下，较为紧凑集中的形体比外露表面较大的多面体得热和失热较少，体形曲折过多，外表面积越大热量损失越多[53]。因此，寒地建筑应该控制好体形系数，尽量选择内聚紧凑而非离散的体量，《公共建筑节能设计标准》（GB 50189–2015）规定严寒和寒冷地区公共建筑单栋建筑面积$300m^2 < A \leqslant 800m^2$时，其形体系数应$\leqslant 0.50$，单栋建筑面积$> 800m^2$时，其形体系数应$\leqslant 0.40$。

控制好体形系数并不是寒地建筑减少能耗的唯一方式，适当增加建筑南向界面获得光照的面积，可以使建筑获得更多的太阳辐射；同时寒地建筑也不能为了单纯集聚形体而放弃对自然语境的回应，因此寒地建筑多采用外实内空的模式，在内部形成保暖舒适的中庭空间或内部小庭院，既能抵御外界不利温度环境，又能营造舒适的微气候亲近自然环境。

4.1.1.1　外实内空的单体量内聚

单体量的寒地建筑形体，应采用内聚的方式，减少外界面能量的损耗，建筑成为一个整体。然而完全封闭的、内聚的建筑形体会令内部空间过度隔离自然环境，降低生活环境的品质，因而寒地建筑可将联系外界的开放空间置于整体围护体量内部或采用围合的方式形成中庭、院落及L形或U形围合，延续中国建筑传统空间的物理属性，营造较为舒适的内部微气候空间，提供人与自然、人与人互动的空间。

研究发现，L形围合体系的外角正对主导风向时，挡风区域最大。U形围合体系的开口一侧面向下风向时，挡风面积最大。口字形的四周围合体系建筑会在与风来向相对的一侧形成较大的挡风区域，围合区域的空间尺度应适宜，尺度过大会导致庭院内无法形成挡风的区域，尺度过小又会导致南侧建筑对阳光的遮挡，导致庭院环境阴冷（图4–2）。因此，寒地建筑形体应因地制宜，合理创造围合形式。当建筑所处地区的寒风主导风向比较单一，可以设计L形或U形，而当建筑风向随季节变化较

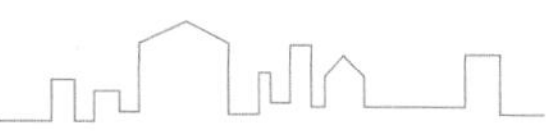

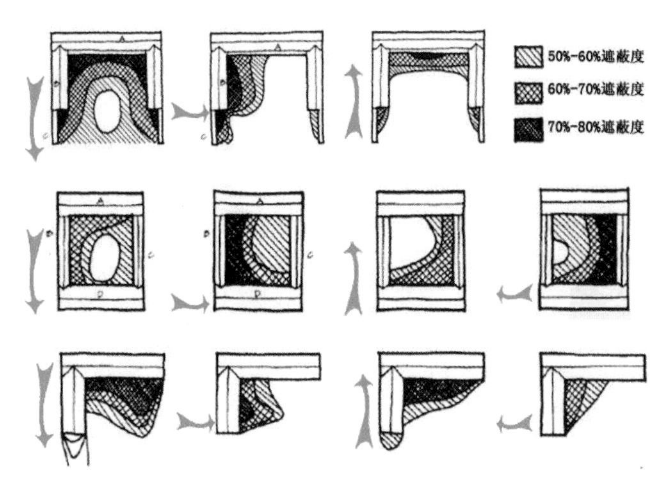

图4-2 不同风向在不同围合方式中的挡风模式

大时，可以设计成口字形全围合布局。对于围合的建筑形式，在抵御寒风的同时还应该注意南侧建筑对北侧建筑的遮挡，将较高的形体安排在北侧，较低的形体安排在南侧，有利于阳光的获取[54]。

开放空间内置的寒地建筑外部围合体量应尽量整体、封闭耐寒，避免为了追求造型美观而盲目吸取南方建筑过多变化转折的形体特征，以降低能量的损耗。在设计中应主要注重以下两个方面：①控制形体的凹凸复杂变化。寒地建筑多采用墙体外保温构造，建筑形体的凸出部分会产生保温薄弱部位，使建筑外部局部形成无保温层覆盖区，导致冷空气的渗透。凹进的洞口容易形成风口，并容易形成冬季积雪堆积冻融，导致外界面保温性能的减弱；②减少屋面高差变化。高低变化过于复杂的屋面也会产生保温薄弱部位，并使积雪难以排除，导致保温性能降低甚至雨水渗透。寒地建筑为了形体的丰富，模仿南方常用的架构屋面、蓄水屋面，同样会导致建筑外部保温性能的下降。

位于瑞典中部海拔1420m高的雪域森林是欧洲最受欢迎的滑雪胜地之一，铜山（Copper Hill）山顶酒店选址在靠近山顶的平缓区域，建筑东西向布置，体量简洁，酒店外部区域为整体的实体体量，开窗面积较小，形成耐寒的外围。酒店客房两个实体体量的中间设置了大厅，通过南向入口大面积玻璃幕墙迎接冬季光照，形成温暖舒适的内部开放空间。同时考虑到冬季冷风的影响，建筑短边朝向北向，减少北向寒风对主要客房区域的侵袭。主要客房还可以通过东西向欣赏远山雪景（图4-3）。

图4-3 瑞典铜山（Copper Hill）山顶酒店

在长春市政务服务中心的创作中，建筑体量萃取中国传统文化中“合”的精髓，四部分通过中央大厅合为一体，形成内聚的长方体体量。建筑外部实体庄重朴质、简洁大气，形体避免凸凹变化，以实墙面为主的开窗简洁明确，减少能量的损耗，成为内部大厅空间的实体御寒围护。中央大厅既是集合各个功能的城市客厅，也为处于寒地的建筑提供舒适的内部开放空间，避免建筑过于封闭，能让人们充分享受冬季阳光（图4-4）。

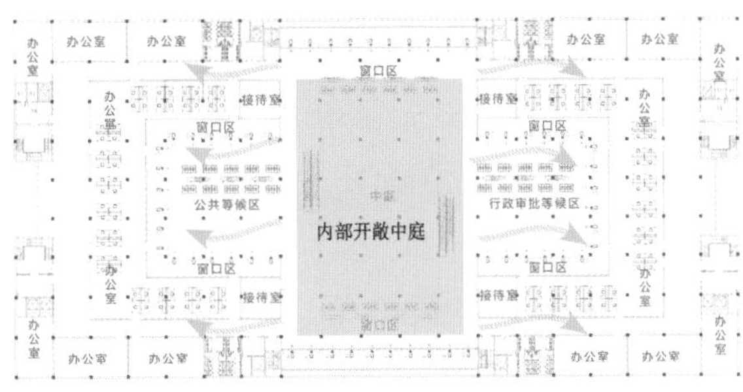

图4-4　长春市政务服务中心

4.1.1.2　开放空间内置的多体量组合

有时候紧凑的单一体量建筑不能满足复合的功能要求，寒地建筑也可以采用多个体量组合的方式，将公共开放空间内置，实体空间围合在内部开放空间周围，抵御外部寒流和冷风，形成适应严寒气候的建筑集群体量。GMP建筑事务所设计的长春科技文化综合中心由三座立方体建筑体量组合而成，整体形式厚重端庄。三个建筑体量紧凑地围绕核心大厅U形展开，成为中央大厅多个方向的竖向防风屏障，能够有效地减少寒风对室内空间的侵袭。同时，每个建筑体量内部都有各自的中庭空间，形成各自的局部微气候，每个中庭空间向四周延伸，将实体体量切成四个部分，利用中庭上部天窗和延伸出来的玻璃幕墙获得有效的室内采光。建筑体量厚重，除了少量玻璃幕墙之外，立面只开启面积非常小的竖条窗，既符合展陈空间的封闭要求，又最大化地减弱了能量的损耗（图4-5）。

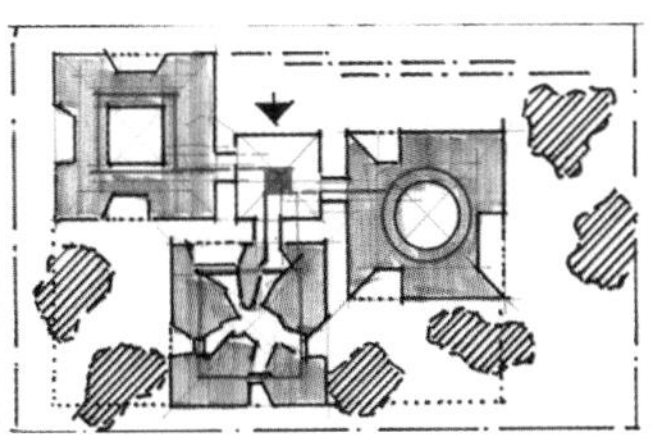

图4-5　长春科技文化综合中心

在工程实践中，内空合围的布局形式可以通过适当组合和变形应用于北方的项目中。工业和信息化部综合办公业务楼位于北京西长安街13号院（图4-6），在用地局促的条件下，建筑需要满足多个办公空间的日照要求。项目采用了传统围合内院的变形组合，主要建筑形体呈围合状布置，办公

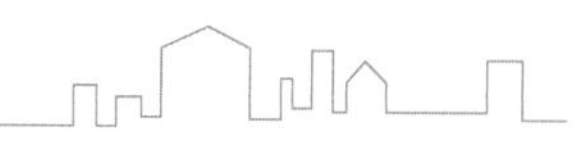

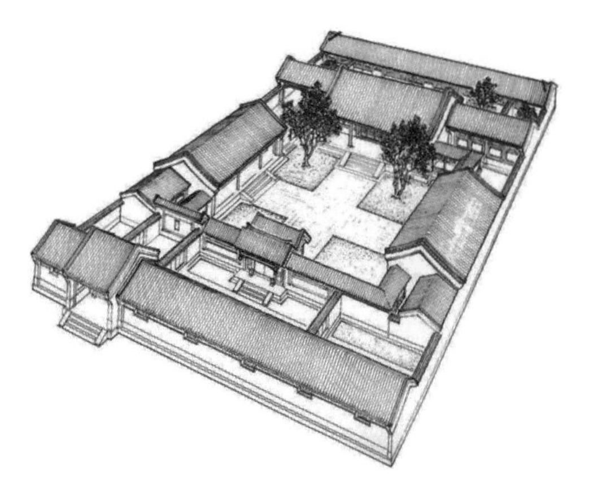

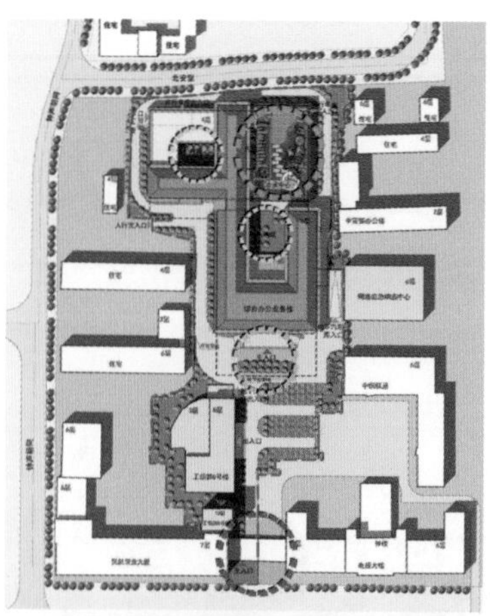

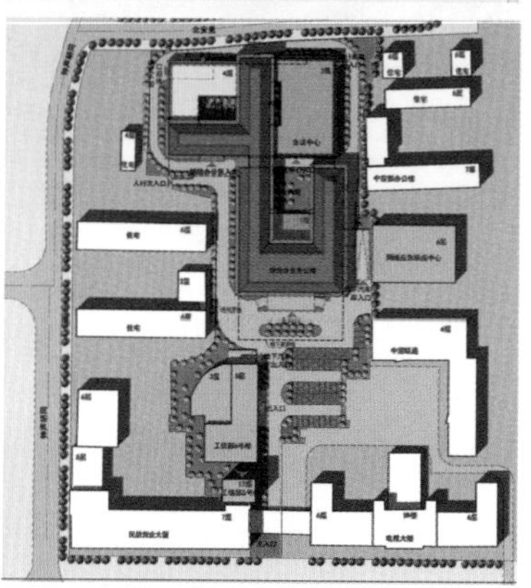

（a）由合院衍生的建筑形体　　（b）建筑布局

图4-6　工业和信息化部综合办公业务楼

空间沿着内院展开以保证多个办公空间的采光，防止黑房间的产生。围合的空间布局使建筑在基本形制上延续了长安街的建筑风格，并有效阻挡了内院空间冬季冷风的侵袭，为工作人员提供防风御寒的冬季微气候空间，以及其他季节人们与室外环境交流的场所。结合日照分析降低北侧部分体量，避免对基地北侧5、6号住宅及东侧8、9号住宅形成遮挡，同时降低的体量顶部形成两个屋顶花园，为办公人员提供丰富的室外休息空间。

4.1.2　强化耐寒通透的界面优化

处于低温环境及骤变温度环境的寒地建筑，低温寒潮作用于外围护体系上，对流换热系数变大，外表面的散热量增加，导致室内热量损失，因此建筑外围护体系的性能会直接影响建筑内部环境的舒适度。我国现阶段的寒地建筑外界面主要采用混凝土加保温层的传统模式被动保温，缺乏新型技术的引进，导致建筑界面成为没有人情味的隔离带。本节主要探讨寒地建筑外界面如何在保证耐寒的同时通过应用先进技术优化界面特性，减弱对自然环境的隔离，增强室外空间的自然渗透。

4.1.2.1 耐寒界面的复合提升

我国北方传统寒地建筑常用的“四九墙”是较为落后的经济技术条件的产物，单一的砖砌墙体通过砖、石等的加厚砌筑，达到保温的功效。随着建造技术水平的提升，建筑开始摆脱厚重的砖墙，出现了复合墙体，在不加厚墙体的同时提高墙体的保温隔热性能。

如今复合墙体已经在大多数寒地建筑外墙界面构造中得到应用，按照保温层位置的不同，可分为三种类型的保温：夹心保温、外保温、内保温。外保温形式起源于20世纪70年代的瑞士，现在已经成为应用最为普遍的保温形式，可以有效地避免热桥产生，避免墙体结露，有利于改善室内热环境。外保温多用于规模不大、需要持续保持室内温度的建筑物，如住宅建筑。而大规模的建筑，如办公楼等因其内部墙柱量大，热容较大，且有各种设备参与调节室内热环境，因此可以不用外保温围护体系。夹心保温是在两层保温能力较差的墙体中间夹一层隔热能力好的保温材料，多用于低层建筑。内保温是在外墙内部加保温层，取材方便，施工速度快，但不能解决热桥部位的保温问题，热损失较大，多用于体育馆、剧院等只需要瞬时供热的间歇使用的建筑。

在常规的保温围护体系上，由于保温层厚度的增加，施工会越发复杂，容易产生冷桥，因此必须要加快新型保温材料的研发，开发更为高效的保温体系。HS-EPS模块保温外墙体系成功地应用于哈尔滨辰能·溪树庭院项目，200mm厚度的保温模块能使外墙体达到0.29W/（m^2·K）的综合传热系数。在混凝土剪力墙浇注前后，HS-EPS模块承担了不同的作用与功能，从外侧免拆模板过渡到外墙外保温层，这是对复合墙体构造的有效优化。这种方式的优越性突出表现在两个方面，一方面提升了外保温层的使用性能，一方面有效提升了施工效率。

除此之外，双层保温墙体可以利用流通的空气层增加保温性能，帮助建筑抵御寒地低温，由于造价较高，只存在于欧洲和日本的少数建筑中。双层墙体的生成可以通过多种技术措施的综合应用来实现对环境的调控，使建筑能够在不同的温度、光照条件下采取不同的措施，实现建筑对环境的灵活适应。芬兰赫尔辛基市的维基科技园总部办公楼是一座零碳建筑，基于当地寒冷的气候特征应用多种先进的技术措施。建筑南侧为双层外墙，内层为墙体而外层为太阳能电池板。双层墙体的夹层工程做法能够提供空气夹层，这在很大限度上降低了热量传导速度，能有效提升外墙保温性能。同时电池板吸收的太阳能可以为整个办公楼提供20%的能源，而且夏季可为室内遮阳，冬季将双层外墙封闭起来又能增强保温性能。这种墙体不但能够实现建筑的保温效果，还能利用太阳能实现建筑的自给自足，取得了双重节能效果。同时，建筑所有窗户均采用双层窗扇，且每层窗扇又采用双层玻璃，玻璃之间充有氩气，能有效防止室内热量散失（图4-7）。

图4-7 维基科技园总部办公楼

4.1.2.2 耐寒界面的轻薄优化

随着科学技术的发展和生态环境保护意识的增强，建筑表皮不再是简单的室内外分隔界面，而应成为内部与外部的过滤器；也不应只是被动的强调厚重耐寒，而应利用各种技术使其具有可调节气候的能力，即有能力通过改变其自身位置、形状、密度、颜色来增强、减弱、拒绝或引导通过建筑表皮的自然气候资源；并且形式更加轻薄、通透，加强外部环境与内部空间相互联系，减少对自然语境的阻隔。

（1）渗透自然的轻薄界面

随着建造技术的提升和建筑材料的拓展，建筑外界面已经可以摆脱承重结构的强制约束，成为独立的内外界面分隔，并向着更加坚固、轻薄、致密和通透的方向发展，这样的建筑界面可以在满足保温御寒功能的同时将自然语境引入建筑中来，人们可以在建筑内直接观赏外部景致。西班牙毕尔巴鄂室内运动场沿着环廊的立面是通透的，由镀锌铁网结合涂有各种绿色的钢制百叶组合而成，将室内外连通起来［图4-8（a）］。瑞典法伦市达拉娜大学多媒体图书馆采用了独特的双侧外立面表皮，内层为本土生产的西伯利亚落叶松木镶嵌的表皮，这种木质外墙使建筑与自然环境融合起来，形成本土文化场所感；外层表皮则是水平的反光薄片，用高度打磨的不锈钢制成，如镜子一般倒映出周边景物，横条之间的缝隙能够透出内层的木质材料，两种材料与自然渗透，丰富而不失整体感［图4-8（b）］。韩国高阳市半透明音乐厅之家，建筑外部围合了白色铝制网络表皮，从韩国传统“Cheoma”屋顶演化而来，半透明的网状表皮既能够过滤夏季阳光，又能够隔离外界噪声，保护住户的安全和隐私。整个外界面宁静自然，成为内部空间与自然之间的渗透过渡带［图4-8（c）］。

（a）毕尔巴鄂室内运动场　（b）达拉娜大学多媒体图书馆　（c）半透明音乐厅之家

图4-8　渗透自然的轻薄界面

（2）生态调温的幕墙界面

随着幕墙技术的发展，寒地建筑可以逐渐摆脱封闭厚重的实体外墙形式，引导自然气候的幕墙外界面能使寒地建筑更加生态灵活地调适自身，在抵御寒冷的同时动态调节室内的温度。为了减少能量损耗，大面积的高反射镀膜玻璃应用量正在减少，高透明度的中空玻璃应用量正在增加，同时玻璃幕墙逐渐从单层玻璃、单层幕墙逐渐向双层中空玻璃、双层通风幕墙发展，大大提高了界面的耐寒性能。双层幕墙表皮的主要优点为：外层幕墙能够有效抵御风雨侵袭；在恶劣天气下内层可以开启窗户进行通风换气；能改善墙体热工性能，缓冲层、通风层可以在冬天充分利用太阳辐射；屏蔽噪声，改善内部声环境；减少空气中的污染物进入室内；丰富建筑立面的层次性。更重要的是，通透的幕墙能够联系建筑内部与外部环境，建筑表皮不再是隔离人与自然的实体，自然语境可以渗透到建筑内部。

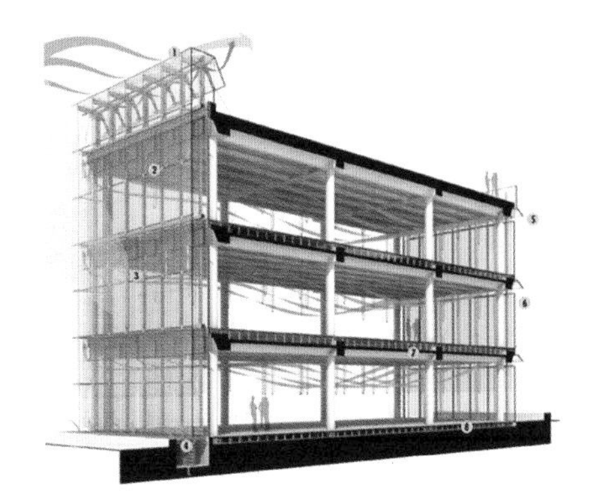

图4–9　开敞内外循环式通风幕墙

双层幕墙也常指双层通风玻璃幕墙，主要包括封闭内循环式和开敞内外循环式两种模式。封闭内循环双层幕墙一般适用于采暖的寒冷地区，幕墙体系以封闭的方式覆盖于建筑外界面，气流的循环方式主要是机械风机循环。这种幕墙外层采用热工效能好的封闭式中空玻璃幕墙，内层则为单层玻璃，能有效减少冬季的室内热损失，不足之处是不能提供自然通风。开敞内外循环式双层幕墙两层玻璃之间一般有200～600mm的空间，通过控制进风口的开合，利用气流的"烟囱效应"设计成不用电能的自然气流循环。在冬天适当关闭进风口，尽量减少换气次数，增加幕墙间的太阳能辐射量，玻璃幕墙中间被加热的空气形成室内外的温暖缓冲层，抵御冬季的寒冷低温；在夏天则增加换气次数，促进空气流动带走幕墙间的热量（图4–9）。这种双层幕墙系统包括走廊式、箱–箱式、井–箱式、双制模块式等多种构造模式。双层幕墙的两层玻璃之间保留的距离内，可以设置不同颜色的遮阳百叶窗，在调节建筑进光量的同时形成丰富的立面形式；甚至可配合绿植的栽种形成局部小气候空间，提高室内环境的舒适性（图4–10）。

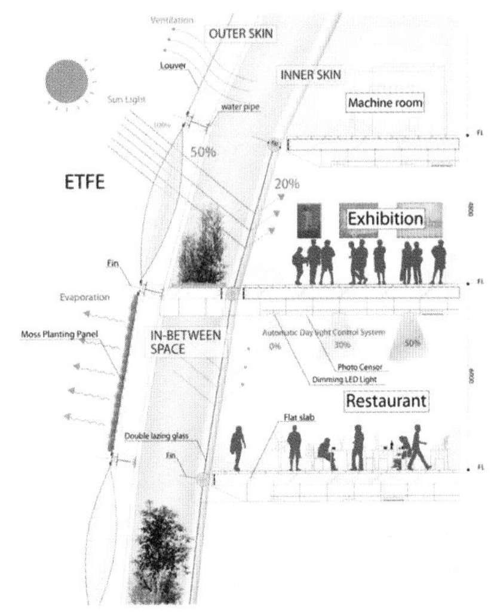

（a）百叶窗置入

（b）绿植置入

图4–10　双层玻璃之间的空间利用

4.1.3　回应温度需求的空间组织

寒地低温的侵袭最直接的影响是建筑内部环境的舒适度，然而不同功能的建筑空间对温度的要求不尽相同，如果建筑空间布置忽略不同功能空间的舒适性要求，视为均质化温度布置，将加重建筑外部界面的御寒需求，增加建

筑能耗。因此寒地建筑创作的空间组织应根据不同功能对于温度的需求进行分析，再针对建筑不同区域的温度情况合理组织调配。

4.1.3.1 原理

传统寒地建筑已经开始注重根据温度需求对不同空间进行初级调配，如传统住宅将舒适性需求高的卧室和起居室布置在南向，以获得光照，将厨房和次要房间布置在北侧，为其他空间抵御冷风。这种调配方式如今还停留在粗放的初级阶段。适应气候语境的寒地建筑创作应该注重空间调配的精细化。

应从以下两点入手进行寒地建筑区间适温的功能空间组织。第一，对不同功能空间的温度需求加以合理的划分。关于不同建筑类型功能空间的计算温度，在《公共建筑节能设计标准》（GB 50189—2015）中有着明确的规定，处于集中采暖系统下的建筑内部使用空间对温度的需求不尽相同。经过归纳，可以将建筑功能空间的温度需求大致分为五类：第一类为特殊功能房间，如游泳馆、博物馆的珍品储藏等，温度要求较为固定精密，温度应具有稳定性；第二类为主要功能房间，如办公室、卧室、客厅、阅览室等，温度需求一般为18～20℃；第三类为公共功能房间，如会议室、接待室、多功能厅等，温度需求一般为16～18℃；第四类为辅助房间，如门厅、楼梯间、走廊等，温度需求一般为14～16℃；第五类为储藏功能房间，温度需求较低，可以低于14℃，并且没有稳定性需求。第二，分析不同日照对室内温度环境的影响。根据标准模块建筑内部的日等温线分布图能够发现，室内温度受到太阳辐射量的直接影响，朝向不同的房间因获得太阳辐射的差别存在温度差异。在夏季，南向与东西向房间获得的太阳辐射差别不大，温度环境也较为均衡；而在冬季，南向太阳辐射明显高于东西向太阳辐射，北向空间获得的太阳辐射最小，导致室内温度环境具有明显差异。同时，在靠近外墙的部分受到外界辐射影响大，温度变化较大；而在靠近建筑中心的部分受外界太阳辐射影响较小，温度变化较小（图4-11）。还可以借助生态建筑大师托马斯·赫尔佐格的温度洋葱策略，合理安排功能区，帮助空间和形体的生成。根据温度洋葱策略，建筑各个功能空间应该根据其所需的冬季室内温度和太阳辐射引起的不同朝向的温度差异来布置，由内而外如同洋葱一样合理设置[55]。

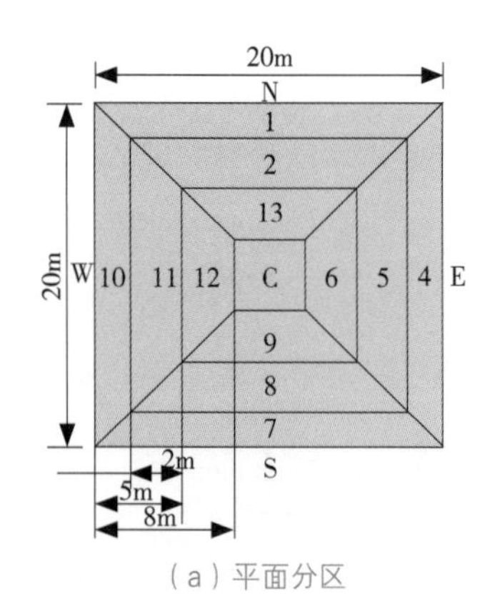

（a）平面分区

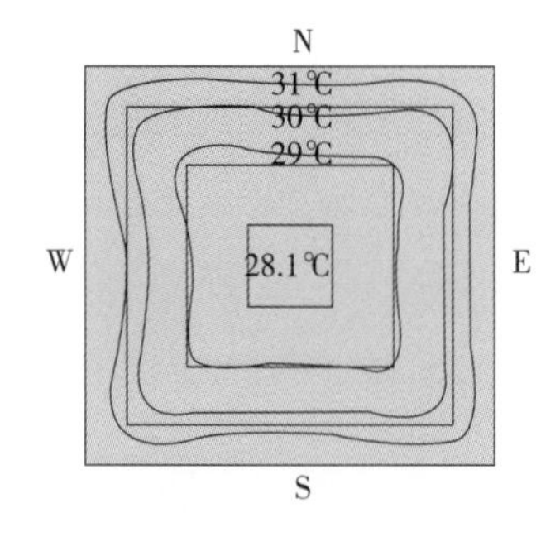

（b）夏季温度分布曲线

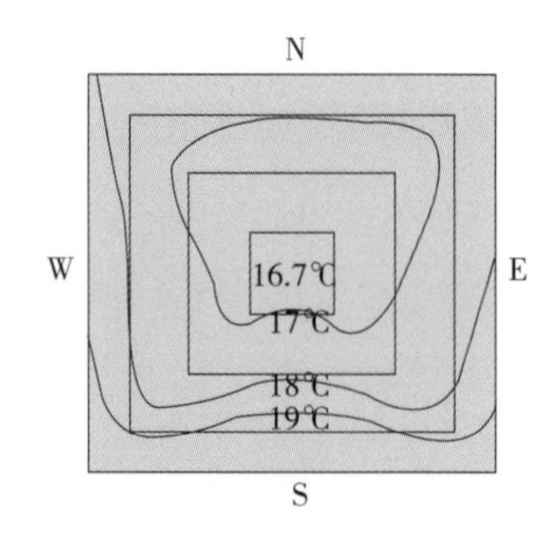

（c）冬季温度分布曲线

图4-11 标准平面模型不同季节的室内温度分布
（来源：《大空间建筑分区空调负荷的研究》）

4.1.3.2　应用

基于以上适应温度需求的空间组织的原理阐述，在创作寒地建筑的实践中，主要应用方法可以概括为：

（1）将辅助和储藏功能空间作为温度缓冲空间设置于外层，有效抵御寒冷气候，提高其他区域的温度舒适性；

（2）将第一、第二、第三类空间放置在南侧、东南侧及西南侧容易获得太阳能的区域，或根据功能需求设置在对气温稳定性要求较高的中心区域；

（3）在同类别的功能空间中，将核心功能空间放置在温度舒适性高的区域，将次核心功能空间放置在温度舒适性较低的区域。

在东北大学浑南新校园风雨操场的创作过程中，我们通过分析不同功能空间的热环境需求，将需要热环境稳定的大空间运动区如篮球运动空间、羽毛球运动空间等设置于建筑中心的二层，其他次要空间围绕其展开，其下的一层设置了停车空间，减少寒地建筑一层冷环境对运动空间的侵袭，北侧则设置了辅助房间，抵御北向的低温环境。同时设计将入口大厅和南侧运动长廊空间联系起来，充分利用南向采光，形成具有寒地特色的运动交流空间——“运动之廊”，为冬季及雨季的室内慢跑及其他室内交流活动提供了较为温暖的场所［图4-12（a）］。

郑州市民公共文化服务区郑州博物馆新馆的设计为了满足文物展陈对温度环境的稳定性要求，将各个展厅置于四个体量的中心，减少外界气温变化对展示空间的影响，周边辅助的过廊空间成为内外空间的气候缓冲带，并且四个建筑体量都围绕在一个借助天窗采光的公共入口大厅周围，减少寒风对主要大厅的侵袭。在功能组织适应温度区间变化的基础上，生成具有当地独特地域文化的建筑形体，四个主体形成“鼎”的形式，延续当地传统文脉，使建筑形体与空间形式相互联系，避免脱节［图4-12（b）］。

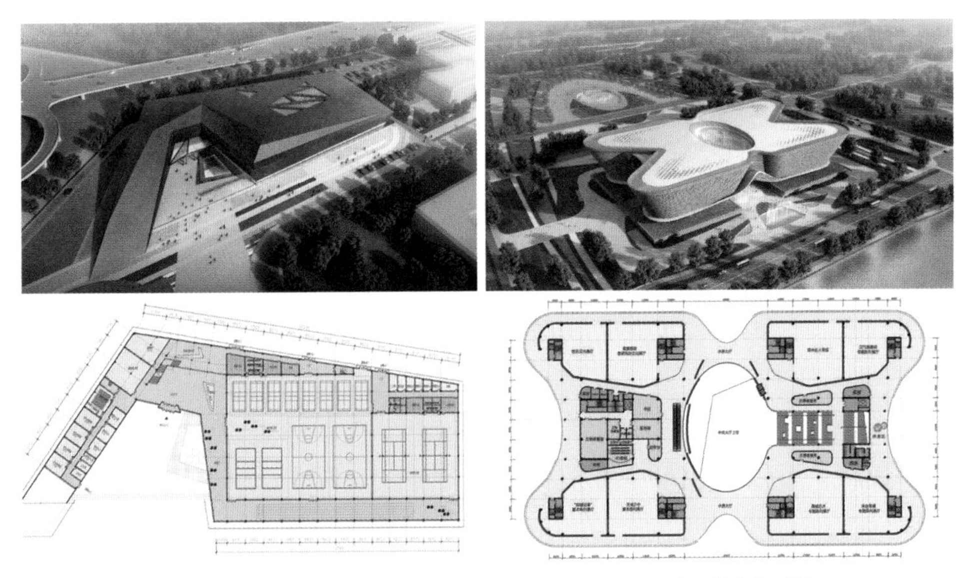

（a）东北大学浑南新校园风雨操场　　（b）郑州博物馆新馆

图4-12　根据温度空间的形体应变

（来源：《建筑环境学》《可持续设计要点指南》）

4.1.4 提升环境舒适度的腔体置入

古罗马的万神庙已经通过设置在穹窿上方的圆孔形成低气压，运用气压原理使外部空气通过门洞流入室内。而如今由于寒地采暖、空调等人工技术的发展，建筑往往只以被动的方式应对严寒与骤变的温度，没有充分利用气候环境本身来增强舒适度。复杂的动物形体除了具有完善的表皮功能外，还具有精密的内部器官，形成适应环境的内部腔体结构[56]。寒地建筑应该借鉴生物体的“脏体器官”，使内部空间像腔体一样实现建筑与能量的交换，减弱寒地建筑内部空间的保温性和舒适度的矛盾，并与建筑形体、表皮功能共同作用，积极推进建筑的不断进化，实现更加适应环境的舒适空间。

4.1.4.1 利用风压环境调控温度变化的腔体置入

过去我国北方的寒地建筑由于过于重视室内环境的封闭保温，而忽视通风换气对室内舒适性的作用，室内空间大多采用封闭型的通风方式，即通过门窗换气，导致室内环境易形成污染，舒适性不高。在满足功能流线的情况下，利用风压环境形成空间腔体调节建筑内部气候环境，有利于室内气流畅通，已经应用在当今的很多地区的建筑中。利用自然风能环境调节室内舒适度的寒地建筑腔体设计大多会融合多种通风方式的优势，实现热压和风压二者特点的结合。

（1）风压通风

处于风环境中的建筑，迎风面会形成正压力而背风面会形成负压力，正负压力差会形成空气的自然流动，风压通风就是运用这种原理实现建筑内部的通风。建筑环境的风来向、速度，建筑的形体、朝向，通风口的位置、大小都会影响室内风压通风的效果。为了防止冷风过度渗透，寒地建筑不能向南方建筑一样开启面积过大的通风口，而应根据主导风向确定建筑物的形状和朝向，设置合适的通风口，使建筑利于接收或回避不同季节的风气流，避免建筑过度暴露于强风之中。同时还应注意以下几点：为了增强通风效果，应该合理处理通风口间的位置关系以及距离关系；尽量减少压力中和面周围的通风口；确保通风口的通畅。

（2）热压通风

热压通风是指建筑在底部通风口吸入冷空气，利用热空气上升原理，带动室内空气向上流动，在建筑高处区域的排风口将热空气排出，即通常所说的“烟囱效应”。建筑设计应注重竖向空间组织，合理设置竖向空腔，充分发挥拔风井、中庭以及楼梯间的通风作用，将室内的污浊空气逐渐排出，确保建筑内新鲜空气的自然流通。从热压通风的角度来分析，建筑竖向腔体组织可以利用多种空间形式，如建筑整体体量形成单一的大空间，利用低处的通风口进风，高处的通风口排出热风；在建筑一侧或中心部位设置中庭空间，利用热压带动各层的空气流出；借助竖向管井或风塔形成通风构件，实现建筑内部的通风；借助能够高出屋面的楼梯间形成吹拔空间，实现空气的流通［图4-13（a）］。下面两类因素会对热压通风产生关键性的制约作用：其一为通风进出口的高差，设计时应该尽量增加上下通风口的高度差，通风口高度差越大作用越明显，并且越大面积地改善建筑内部空间舒适性；其二为建筑内部空间上下部温差，上下部温差越大热压作用越明显，可以在建筑上部设置蓄热墙或温度较高的房间，增加热压通风［图4-13（b）］。宾夕法尼亚的大卫·劳伦斯会议中心的建筑形式就是应用了热压通风。建筑用钢索结构形成南高北低的屋顶形式，屋顶南侧拉高导致大厅内高处空气温度上升，北侧降低，利用热压通风使大厅内空气从下部流动到上部并配合屋顶的机械阀门排出室外，使大尺度的整体大厅处于空气流动的舒适状态中，减少建筑空间由于密集人流产生的空气污浊感（图4-14）。

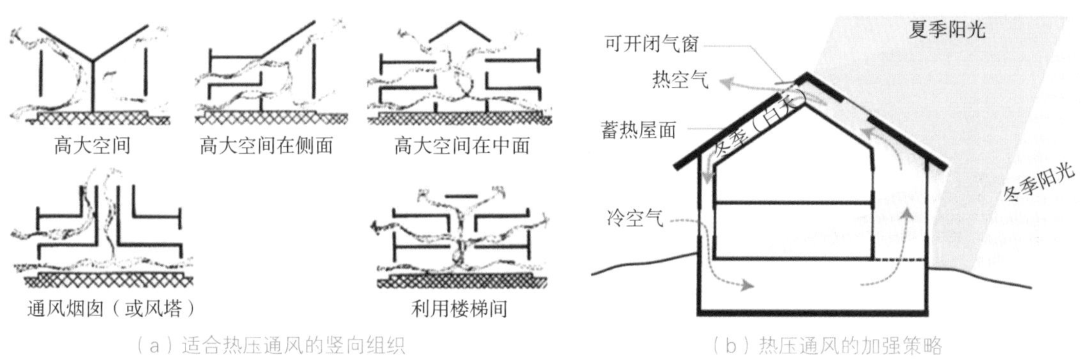

（a）适合热压通风的竖向组织　　（b）热压通风的加强策略

图4-13　热压通风的空间组织

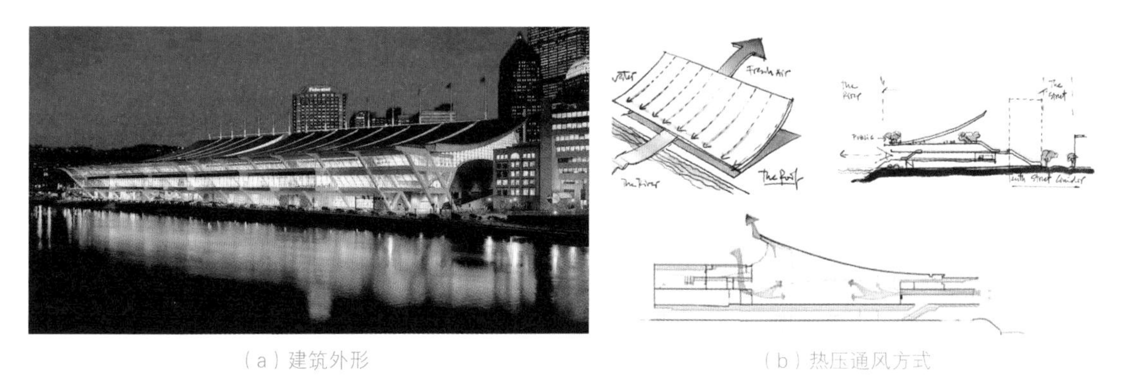

（a）建筑外形　　（b）热压通风方式

图4-14　大卫·劳伦斯会议中心的热压通风

（3）风压热压结合通风

随着建筑技术的不断发展，热压通风以及风压通风的优势被有效发掘，二者多以相互结合的方式来共同调节室内环境。柏林自由大学图书馆没有设置常规的加热系统，而是采用热压通风、风压通风结合其他技术完成建筑内部温度的自调。建筑用整体的气泡状双层外表皮将内部空间围合起来，内层主要作用为阳光过滤层，外层由高度绝热金属板、双层玻璃以及可开启的金属百叶窗组成，外部气孔可以根据气候温度进行调节是否开启和开启数量，调节室内舒适度。建筑首先借助在曲面表皮东南和西北方向上的风压差异产生风压通风，并借助太阳能动力形成热压通风。在夏季时，空气会从建筑表皮以及底部气孔中进入，在顶部的气孔中排除，在循环过程中为建筑的每层空间提供通风，保证适宜的室内温度环境。值得一提的是，在外界空气不适宜进入建筑内部的严寒冬季及炎热夏季，中央核心的排气口能实现冷却夏季空气以及预热冬季空气的功能，实现自然通风的补充（图4-15）。整个建筑与同期建造的德国图书馆相比，其平均运行费用减少了35%，一年中有60%的时间可以拥有免费的自然通风。

一般来说，风压通风和热压通风各有优缺点，建筑应该根据实际情况来选择。建筑进深不同的部位，采取的通风机理也有所区分，热压通风多应用于进深较大的部位，而风压通风则多应用于进深较小的部位。在经济条件允许的情况下，可以同时应用多种通风方式，相互补充，使建筑空间更加灵活地应对各种季节环境。表4-1中分析了风压通风、热压通风和结合通风的优缺点。

（a）建筑外形

（b）通风方式

图4-15　柏林自由大学图书馆

表4-1　自然通风的主要方式比较总结

类型	原理	优势	劣势
风压通风	充分发挥通风口的作用，巧妙利用风力以及建筑围护结构的作用，实现空气的流通	绿色高效，节能环保，不会受到电力等因素的制约，随时可以使用	很难把握室外空气质量，无法稳定地控制风向以及风速
热压通风	充分发挥空气温度以及空气密度的物理性质，利用空气上浮作用为通风提供原始动力	主要借助通风口把控通风活动，相比于风压通风，其稳定性更高	表现出较强的温度依赖性，且会受到纵向空间的制约，相比风压通风，效果相对较弱
结合通风	实现上述两类通风方式的有机结合	对空间条件的适应性更强，通风效果较好	

（来源：《世界绿色建筑——热环境解决方案》）

4.1.4.2　利用风压结合多环境参数调控温度变化的腔体置入

随着计算机设计手段的不断发展，建筑设计分析和改写数据的能力不断增强，寒地建筑腔体置入必然会在利用风压环境所导致的气流运动基础上，结合光能、风能乃至其他物质能量等多重环境参数的共同作用，生成利于通风、温度舒适并适应其他气候环境的复杂系统。通过计算机模型设计手段可以对多方面复杂因素进行组合和分析，并描述以往难以描述的动态关系，找到更加细致具体的环境反馈方式，满足某些特定要求，而不仅仅是根据笼统的经验法则进行响应。

近些年很多建筑师已经开始了这方面的探索，如日本建筑师伊东丰雄在建筑设计实践中多次采用管道状的“腔体”，形成光、风、热量的流通空间，建筑拥有通透的表皮，如同大地上生长出来的生命体。UNS建筑事务所设计的德国斯图加特的梅赛德斯奔驰博物馆，通过计算平衡多种气候因素，采用三叶草形的混凝土建筑外围护体量，在中心置入垂直的中央腔体，通过烟囱效应配合屋顶的复杂百叶窗体系，使室内形成气流循环，并结合厚重混凝土的外围护体系形成稳定和适宜的内部温度（图4-16）。

随着计算机技术的不断加强，寒地建筑腔体的生成，将更多地融合计算生成，建筑腔体空间可以与形体、界面共同生成，形成复杂的有机体。伊斯坦布尔航空博物馆新馆主要功能为陈列和展示飞机，并提供教育、讲座、研讨的空间。建筑结合飞机的陈列方式，并结合人的观察角度，形成多个能够组合起来的空间模块，方便将来博物馆规模扩张。每个模块单元都与另一个室外空间“风口袋”模块结合起来，室内外空间生成有机复杂的建筑空间体量。设置多个室外“风口袋”腔体空间，既方便风机的停放运输，也能促进室内气流循环，调节温度，并增加室内光照，建筑成为有机的整体，具备智能适应和沟通自然环境的能力（图4-17）。

随着人们对生态环境的关注与日俱增，寒地建筑内部腔体空间的生成，还增强了对植被等物质能量的循环利用，形成更加生态有机的建筑空间。加之利用数字化技术，使设计模式超越以往的局限，形成可以自主调控室内温湿环境的类生命体腔体空间。米兰世界博览会的奥地利馆引入了“森林”的概念。森林本身就是一个高熵的多种植被形成的有机整体，以当今的人工手段还不能完善地模仿其复杂的调节功能，奥地利馆直接在其内部置入了一个560m²的“森林”腔体，将森林复杂的生命气候调节能力整体安置到建筑中。利用森林中的灌木、苔藓等植被进行内部气候调节，与自然全

（a）建筑外形　（b）内部腔体

图4-16　德国梅赛德斯奔驰博物馆

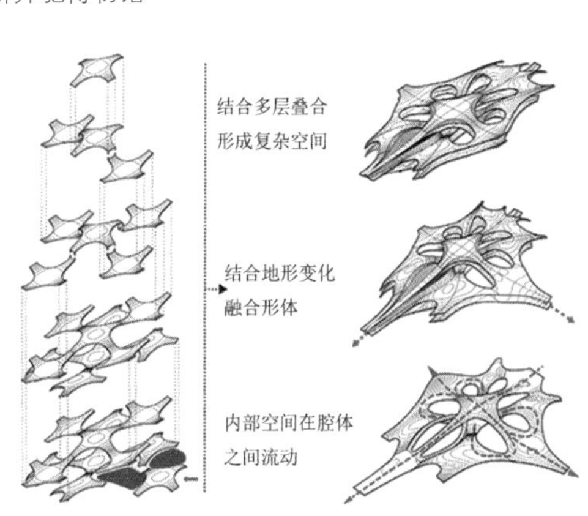

（a）建筑内外部空间　（b）多模块组合形式

图4-17　伊斯坦布尔航空博物馆新馆

方位地融合起来，建筑成为一个复杂的有机类生命。以“呼吸”为主题，多种植被成为活的气候调节机器。植被的覆盖形成了大约43000m²的树叶蒸发面积，加上地表水的蒸发，调节空气的温湿度；通过植物光合作用产生氧气，为参观者提供新鲜空气；温度湿度的调节营造了风的感觉，形成凉爽清新的小气候环境。同时建筑还通过多种技术的应用，达到碳中和，使消耗的能量和产生的能量相等。建筑将技术与气候、自然能量结合起来，形成舒适的自动调节气候的空间（图4-18）。

建筑主动适应温度影响的根本就是控制自然物质和能量的输入、输出以及运行，虽然复杂智能的建筑腔体空间生成还大多处于方案阶段，但通过计算过程来响应环境负荷、生成复杂空间系统的方式将应用在越来越多的建筑空间生成中，为人们营造与自然共生的生存环境。寒地建筑也应该从这些具有前瞻性的建筑创作中得到启发，为当今的能源问题、健康问题及生态环境问题提供更加先进的解决思路。

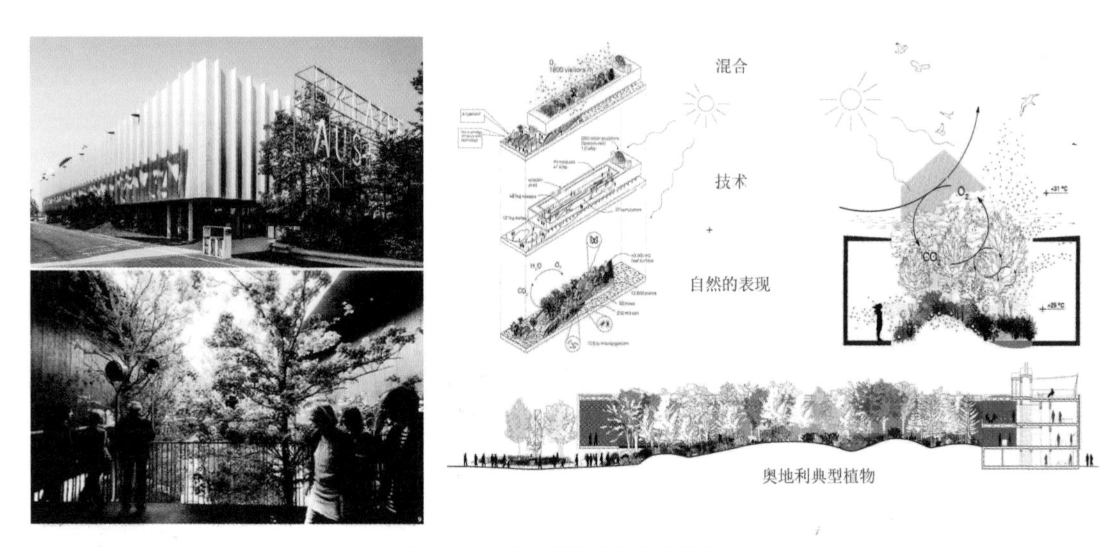

图4-18　米兰世博会的奥地利馆

4.2 光照影响的动态适变方法

一直致力于北极地区建筑与城市设计研究的英国建筑师拉尔夫·厄斯金认为，严寒地区建筑最重要的就是获得阳光、避免寒风侵袭。大多数寒冷地区和严寒地区冬季太阳高度角小、日照时间短，建筑获得的太阳辐射量较少，而对处于低温环境的建筑来说冬季采光的获取非常重要，充足的冬季采光不仅能保证建筑空间的温度，减少采暖能耗，还能提升空间光环境的舒适度，营造良好的室内氛围。日照变化规律有着明显的当地特征，在逐渐清晰和系统的建筑日照环境参数应用中，寒地建筑创作应该从形体推演、屋面理光、界面调控、空间演绎等方面改善原来粗放式的光照适应设计，从简易模式的光照获取转化为多维度的调适和利用，衍生出更加适应光照变化的建筑，有效提高建筑空间获得光照的效率，提升人们生存环境的质量（图4-19）。

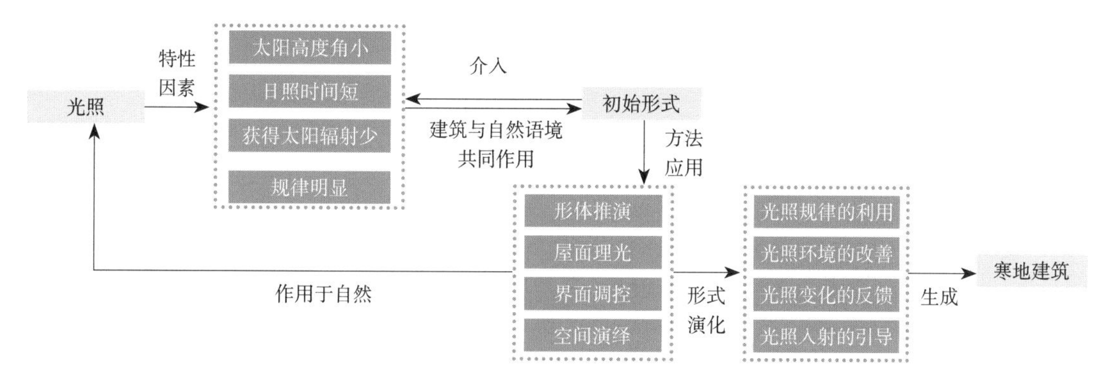

图4-19　基于光照影响的寒地建筑创作过程示意

4.2.1　利用光照规律的形体推演

寒地建筑形体生成应满足当地基本建筑规范的要求，即朝向要求和日照间距要求，在间距、朝向、空间组织上最大限度地让建筑内部获得南向冬季阳光。传统寒地建筑创作多以控制形体间距、避免遮挡、保证日照时数来满足规范条文，这只能从基本的层面上满足寒地建筑获得日照的要求，并没有在动态适应光照规律层面更加灵活地获得光照。本节从建筑对日照环境的动态适变出发，提出利用光照规律的形体推演方法，为寒地建筑创作提供基于光照规律的形体生成方式。

4.2.1.1　对当地光照规律的直接利用

常规的建筑形体生成方式是以建筑为主体，通过建筑师主观造型来满足较为简化的设计条件，而不是因环境而成形，往往其空间比例失调、空间呆板、微气候环境缺失，造成人与环境的脱离。寒地建筑形体生成应更加灵活地适应寒地自然光照的变化，根据当地日照环境特征调节建筑的高低、体量大小等的变化，并调节空间密度形成适宜人们活动的室外微气候。

寒地建筑创作对当地光照规律的直接运用，可以从较为简化的光照规律着手，分析阳光的采光遮挡区域，以此为依据形成避免日照遮挡的形体，优化建筑体量，在充分利用阳光的同时减少土地的浪费。位于芬兰的约恩苏小学，建筑采用风车形平面，既将各个教学功能组织起来，也使各个空间体量都能直接获得阳光，避免互相遮挡（图4-20）。BIG建筑事务所设计的瑞士巴塞尔工业区改建艺术区工程，建筑没有采用传统的线性空间，而是形成错落的折线形，使阳光能够进入每个工作空间，并将室内与室外绿化小庭院结合起来，使空间灵活生动（图4-21）。

BIG建筑事务所设计建成的8字形住宅，建筑面积61000m^2，建筑呈8字形，形成两个底部贯通的室外庭院，整个空间辗转相连，高低起伏，使人联想到连绵的山脉。建筑基地南北较长，东西较短，如果采用单纯的围合式会使大量居住空间难以获得南向阳光。建筑设计通过分析当地的日照情况，将建筑形体扭转交叉形成8字，这样就在不增加遮挡的情况下获得大量南向的住宅空间，并利用高低起伏的建筑形体适应日照调节，将东北角体量拉高，西南角压低，使东北区域的住宅能够更多地获得阳光，而西南方向则减少对光线的遮挡，使更多的光线进入内部庭院。建筑与自然环境融合在一起，一条公共街道直通屋顶，绿坡屋顶从地面一直延伸到屋顶，人们能随时漫步于自然之中，享受阳光（图4-22）。

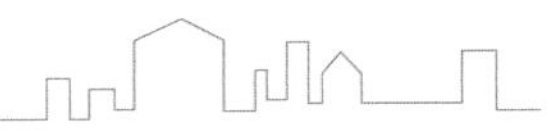

（a）建筑外观

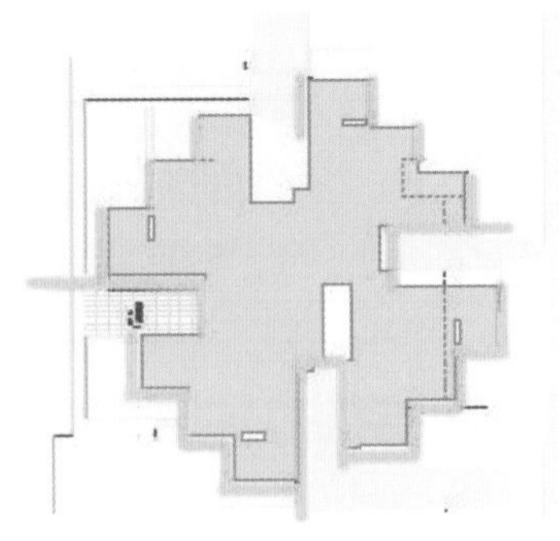

（b）获取阳光的建筑立面区

图4-20　芬兰约恩苏小学

（a）建筑外观

（b）错动的建筑形体便于阳光获得

图4-21　瑞士巴塞尔工业区改建

（a）建筑鸟瞰图

（b）建筑透视图

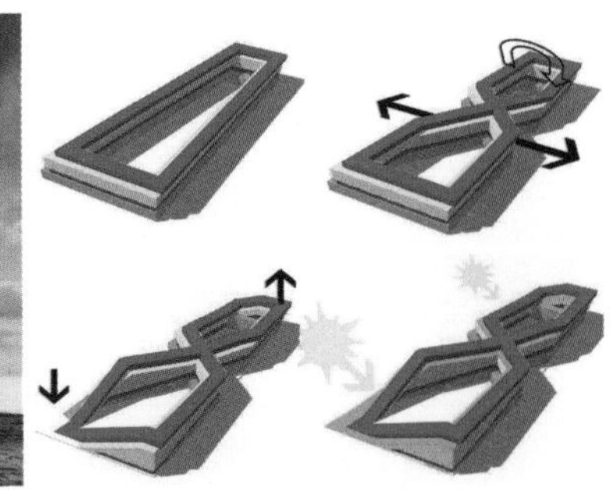

（c）建筑体量生成

图4-22　BIG顺应日照的建筑形体生成

寒地建筑创作对当地光照规律的运用，还可以通过更加深入地分析该地区年光照情况，计算出最佳建筑倾角和形体构成，使建筑不同的采光方位获得较多的太阳能量。BIG事务所设计的丹麦概念住宅方案打破了传统的住宅形式，形成大小不一的倾斜形体。建筑通过分析哥本哈根的日照特征生成建筑形体，由于南侧建筑太阳高度角较高，建筑形体南向界面形成45°的倾角，以最大限度地获得阳光；而东西向太阳高度角较低，建筑界面的倾角较小；北侧基本没有直接光照，采用垂直的建筑界面。建筑还避免了对周边住宅建筑形成遮挡。方案经过多方面的优化，使每个空间的形状和彼此之间的关系都与光照环境密切结合起来，并切掉了少量仅存的遮挡部位，最大化地利用土地和空间。同时建筑形体合理的倾角也能方便太阳能电池板和PV板的安装。虽然这个项目只是概念设计，却值得寒地建筑创作借鉴（图4-23）。

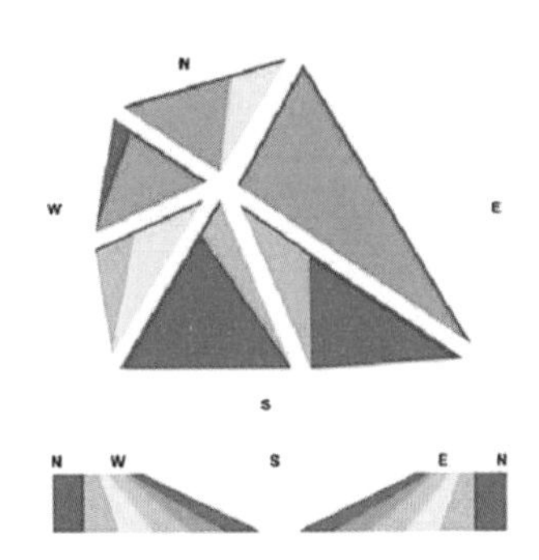

图4-23　基于日照分析的建筑形体生成

4.2.1.2　模拟趋光机能的光照规律利用

寒地冬季大多白昼时间短，昼夜温差较大，传统寒地建筑一直以来都很难通过一套固定的模式来协调白天吸收光能、晚上抵抗外界低温的矛盾，因而建筑综合效益始终停留在较低水平。为了解决这个问题，寒地建筑可以从动植物对自然光的趋光机能获得灵感，塑造灵活应对光环境参数变化的建筑形体。

（1）向光的形体生成

为了最大限度地获得阳光而进行光合作用，很多植物的叶片、花和种子都是错开排列，叶片、花瓣和球果的排布表现出一种自组织的冠状叠层簇生形态。植物的枝干生长过程会遵循黄金分割角法则：植物新生叶片会按照黄金分割角来排列，这种模式能够在降低叶片重叠面积的前提下完成最合理的镶嵌（图4-24）。同时每种植物的生长涌现出独自的数学模式，符合不同的斐波那契数列（图4-25）。如榆树的叶子呈180°在树枝处轮生，榛树树叶120°在树枝处轮生，杨树树叶呈135°在树枝处轮生……在多种不同的叶序模式中，螺旋状、多裂叶和轮生最为常见，将这些形式生成模式应用在建筑中，能形成复杂的建筑形式。模仿植物的向光性生成建筑形体，有利于寒地建筑获得更多的阳光。坐落于荷兰鹿特丹的住宅高层“城市仙人掌”，通过模仿植物叶片的生成方式交错旋转布置室外平台，尽量使上下平台不遮挡，使建筑内部最大限度地获得自然光。

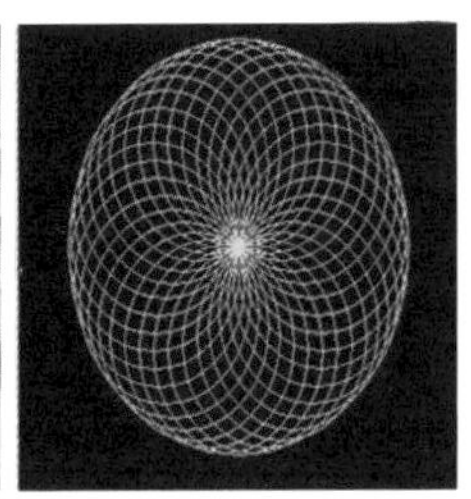

图4-24　植物的向光生长模式

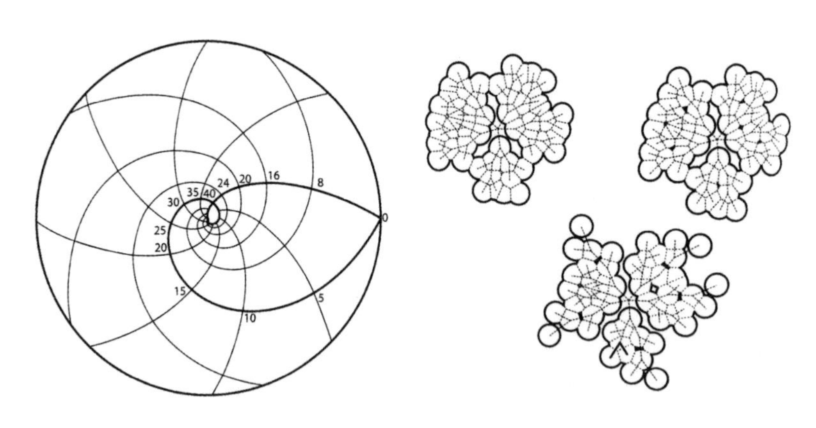

图4–25　叶序

（2）趋光的形体移动

植物的趋光性是指光源会对植物的生长产生影响，植物能够通过自身的细胞受光体来读取光信息，使形体在生长发育过程中更多地汇聚于向阳面。如向日葵、花生和棉花等植物的叶片，可以随着太阳光的转动而移动，获得更多的阳光；在夜间花生、大豆和合欢等植物的叶片会成对地合拢起来，用自身形体的调节达到对自然光照的趋利避害。

当今和未来的寒地建筑可以采用集约灵活的可移动建筑体量模拟植物的趋光性，适光转换、趋利避害，获得更多的适宜空间。考察站、应急屋、避难所等是最初形式的可移动建筑，主要应用于极端环境中。20世纪60年代后，很多先锋建筑师的探索使可移动建筑研究取得了阶段性的进步，可开合房屋、空间移动胶囊住宅等建筑形式相继诞生。不过这一阶段的建筑大多属于实验阶段，难以大批量建设，很少真正应用于人们的生活中。不过近年来随着数字技术的进步，形体可移动建筑的形式更加多样性，与人们日常生活的距离也在逐渐缩短。美国波士顿生态吊舱项目充分利用了光照变化的规律，吊舱模块的移动不仅使不同的建筑空间获得适宜的天然光照，还能产生生物燃料。建筑的移动过程推动了藻类等生物的光合作用，为大楼提供源源不断的生活能量，产生的能量又提供给机械手臂完成吊舱位置的调节，为藻类提供最适宜的光生长条件。建筑将生物的趋光性和建筑空间的光照获得统一起来，形成了类生命体的系统建筑形式。如伊朗的Nextoffice建筑事务所设计的可移动居住建筑借鉴了植物的趋光特性，将可直角旋转的三个房间安排于南向方位，一方面能够扩展空间，另一方面能够强化对光线的调控能力。在不同季节和天气环境下，空间模块可以通过转向来调节室内环境的舒适度。如在温度适宜的春秋季节，建筑将玻璃转向外侧，获得通风；而在炎热的夏季，将玻璃面收起，躲避阳光；在冬季则扭转适当角度，获得最多的冬季采光，打造了按照季节调节的双客厅建筑特色。

4.2.2　改善光照环境的屋面理光

寒地建筑在立面采光不能满足内部空间光照要求的情况下，可以通过屋顶开窗获得自然采光的补充及冬季能耗的补充。随着技术的发展，寒地建筑天窗形式不再只是传统的天窗形式，而转化为更加主动的屋面理光，并结合太阳能设施及其他先进技术，改善室内光照条件，缓解自然气候变化带来的室内环境波动，提高寒地建筑室内空间的光舒适性和热稳定性。

4.2.2.1　传统天窗的合理设置及优化

设置传统天窗是在经济技术条件有限的情况下，最适宜采用的调节室内光照条件的方式，对传统天窗进行形式改良，将优化天窗的采光性能及对雨雪环境的适应性。

（1）传统天窗的合理设置

大进深寒地建筑的内部房间经常无法得到南向采光而昏暗阴冷，建筑可以借助传统的天窗采光的设置，直接将阳光引入建筑内部。北向光线属于漫射光，建筑天窗通常面向北侧，能获得柔和的光线。洛杉矶州立艺术博物馆扩建工程一期二期都采用了带有北向垂直玻璃窗的锯齿形屋顶，为博物馆展示空间提供了柔和的采光补充（图4-26）。寒冷地区由于高纬度，太阳高度角小，天窗不一定必须面向北侧，也可以面向东西向，有局部的直射光能增加冬季室内温度。哈尔滨工业大学设计院办公科研楼建筑进深较大，通过控制中庭尺度结合屋顶天窗为室内引入了充足采光。顶部天窗东西向坡面设置，避免夏季直射阳光，避免眩光现象，营造柔和的中庭光环境。

（2）传统天窗的形式优化

随着技术的进步，适应自然语境的寒地建筑天窗形式不仅具有引入光照的功能，还可结合寒地气候环境进行改进，将天窗与屋顶形式结合起来整体设计，赋予更多的功能。如提升天窗的利用效率，为室内提供更加舒适的光环境；利用天窗形式避免寒风侵袭，减少冰雪沉积和雨水渗漏；天窗结合建筑通风换气的功能，调节室内热环境。位于美国纽约的罗伊·李奇登斯坦（Roy Lichtenstein）住所及工作室，建筑由两座低矮的加工车间改造而成，屋顶设置了起伏的植物花圃。绿化屋顶上方的采光屋顶天窗设计成柔和的曲线形状，如同草地中的褶皱，与景色融为一体。单面坡起的屋顶不

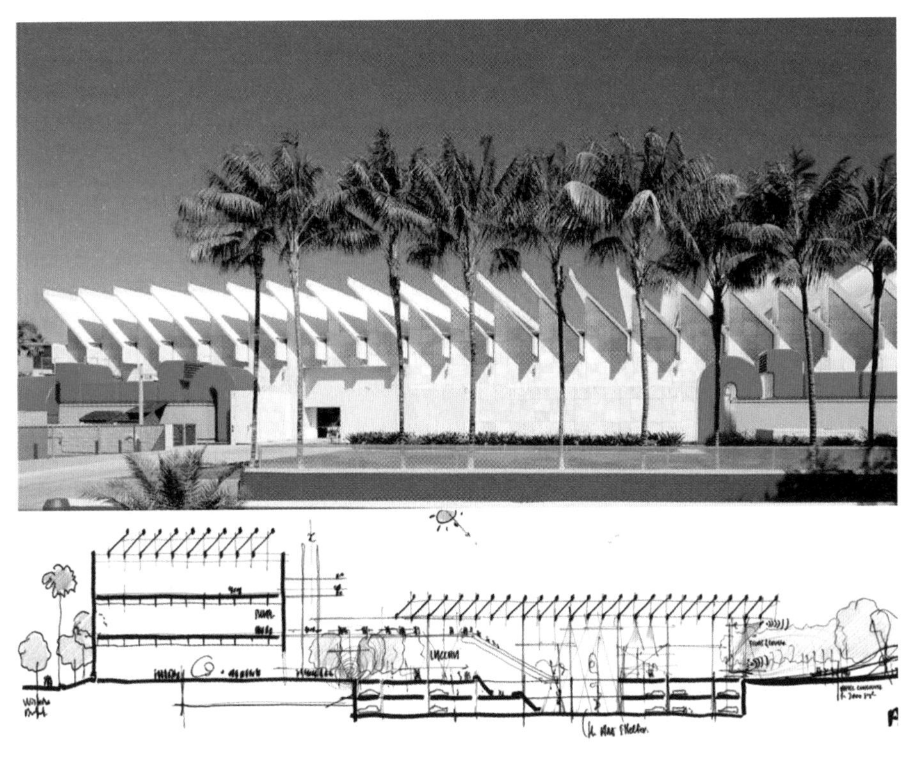

图4-26　洛杉矶州立艺术博物馆扩建工程

仅将光线柔和地引进建筑内部，还结合通风换气设施引入新鲜空气，同时半坡平滑过渡的形式有效减少了天窗边缘的冰雪沉积，降低雨水渗漏的可能（图4-27）。由弗赖雷·奥托设计的斯图加特火车站圆形的光眼采光的设计理念源于肥皂膜，钢结构和混凝土组成的建筑支撑体系与膜状的天窗完美融合成一体，形成了优于传统天窗的采光形式。经过照度测试，平均有5%的日光能直接到达建筑内部，每个光眼下部能获得10%～15%的日光，大约每隔60m设置一个光眼，白天日光能均匀地洒向大厅，夜晚地面上的光照也能通过光眼进入大厅。同时光眼在夏季还可以自动交换室内外空气，冬天则通过自动装置来阻挡室外低温气流的流入，调节室内环境的舒适度（图4-28）。

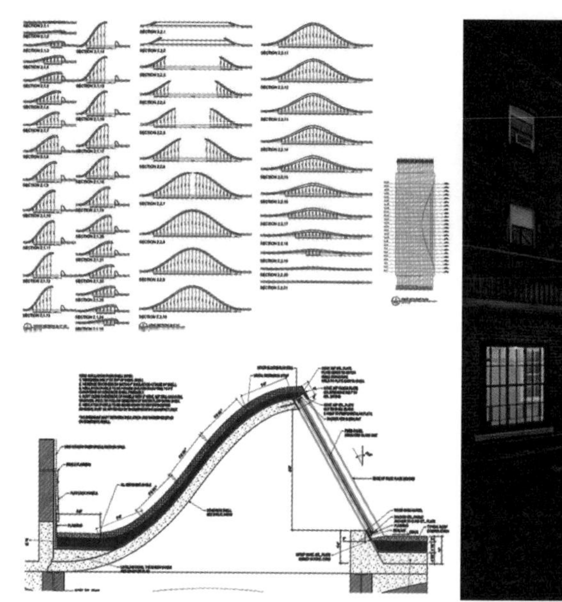

图4-27　罗伊·李奇登斯坦住所及工作室的天窗改进

图4-28　斯图加特火车站的采光眼

4.2.2.2　先进技术的屋面理光

寒地建筑采用先进的屋面天窗调节技术，能超越传统天窗对光线的简单引入，更加主动地调节光线的进入。随着建筑技术的发展，关于寒地建筑的屋顶采光方式也不断更新，选择较为实用高效的天窗调节模式进行介绍。

（1）采光与遮阳的协调转换

寒地建筑应该最大限度地获得南向日照，这是室内空间主要的采光和得热来源，但过多的日照也会影响舒适度，在夏季有时候甚至需要限制日照的进入以保证室内凉爽。因此，屋面采光和遮阳应根据不同季节和气候进行协调转换[57]。伦佐·皮亚诺设计的芝加哥艺术学院现代馆屋顶设置由铝制百叶窗制成的软装置，能够与太阳位置同步实时调节光线，为博物馆内部创造理想的自然光条件［图4-29（a）］。间舍私人美术馆采用智能感应的电动百叶天窗，与室内发光灯带以及展览射灯共同构成人工照明与自然光照明的混合系统，为展览提供不同的照明方案［图4-29（b）］。

（a）芝加哥艺术学院现代馆屋顶及室内

（b）间舍私人美术馆室内

图4-29 采光与遮阳的协调转换

（2）电动可开合屋面的应用

在大型场馆建筑中经常能看到电动可开合屋面的应用，不仅能够根据天气变化调节内部光照，还能促进空气流通，调节环境舒适度，同时可以使寒地建筑与外部环境相互结合，打造一定的环境氛围。可开合屋面在寒地建筑中应用还比较少，其难点主要有以下三个方面：运动机制、内外组件连接、在不同状况下的运作。由于寒地冬季经常伴有降雪天气，导致常年大部分季节开合都难以实现，同时寒地可开合屋面还需要处理开合缝的防雨雪渗漏问题。随着新型技术和材料的使用，寒地建筑屋顶的可开合技术将日趋完善。由甘建筑工作室（Studio Gang）设计的本特·斯约史特罗姆星光剧场就采用了开合屋面，三角形的面妆体组合成屋面的可开合系统（图4-30），建筑能够根据天气情况选择是否开启及开启角度。建筑位于美国伊利诺伊岩谷学院校园内，形成一个聚集人气的户外会场，营造具有活力的校园氛围。

（3）多种方法综合运用

在寒地建筑创作中，多种建筑屋顶设计方法共同使用，能够更加动态灵活地调适建筑内部光环境与热环境。法国国家太阳能研究所就将多种屋面动态调节光照的方法综合应用于屋面上，使建筑能够根据不同的季节和天气情况智能调节进入内部空间的自然光。建筑设置了大型的可以调节角度的太阳能集热板，其角度可以根据四季太阳高度角的变化进行调节。在屋顶其他部分设置了可开启天窗，并在其下部室内设置遮光帘，冬季遮光帘被收起，关闭天窗，由于太阳光高度角较低，阳光可以直接照入室内大厅但不会形成眩光，形成温暖的室内空间；夏季则开启遮光帘，并开启天窗，减少光线射入的同时增加通风性，保证室内阴凉（图4-31）。建筑通过先进的屋面系统，调节室内光照环境，保证了室内热环境的舒适性。

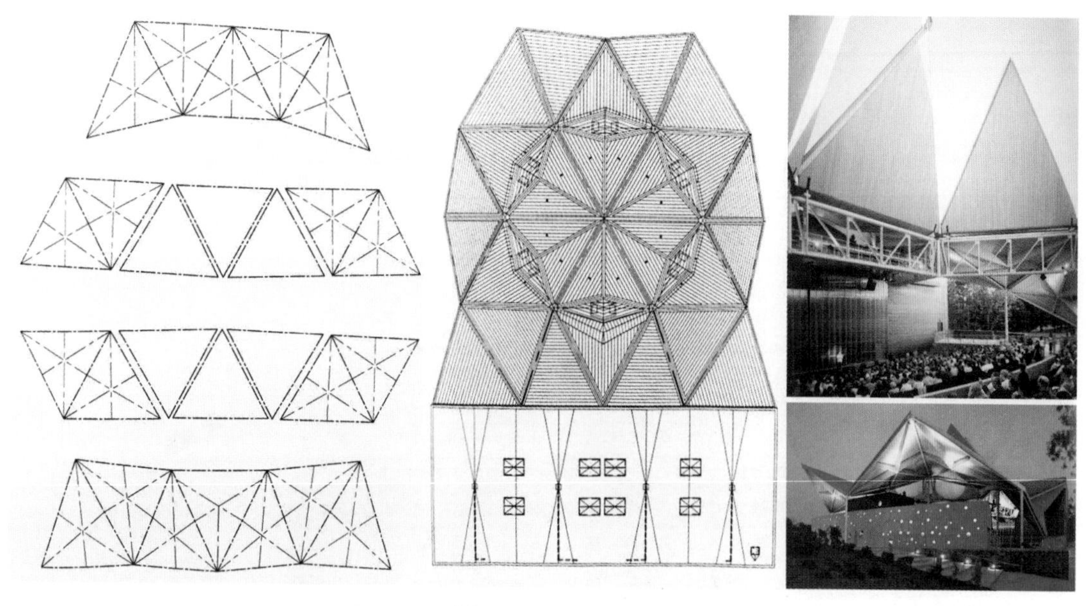

图4-30　本特·斯约史特罗姆星光剧场

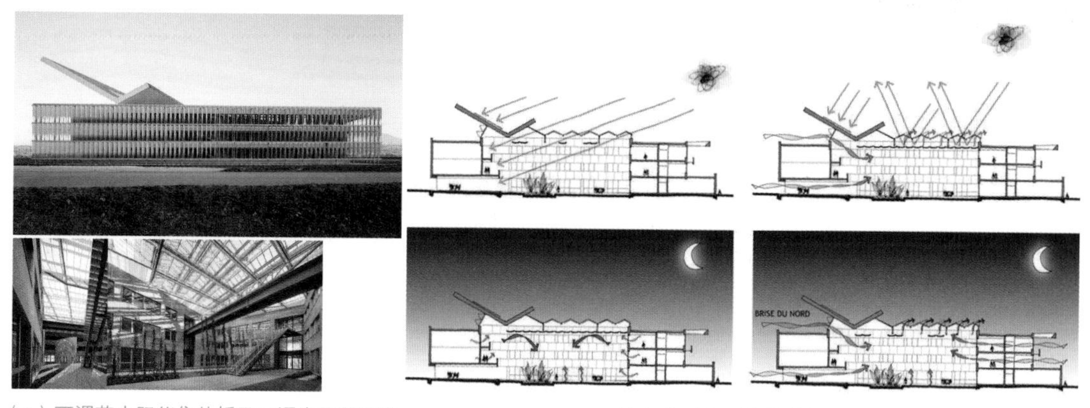

（a）可调节太阳能集热板及可调光照的天窗　　（b）应对多环境的建筑调节

图4-31　法国国家太阳能研究所

4.2.3 反馈光照变化的界面调控

数千年以来，寒地建筑厚重的围护结构一直在起着隔离人工环境和自然气候之间的屏障作用，使建筑成为“热水瓶”式的密封装置。前文提到建筑界面早已可以脱离结构体系，随着计算机时代的到来和建筑技术的提升，建筑外界面对光照环境的调控变得更加智能化和灵活化，可以根据环境状况调控建筑内部获得光照的尺度。同时随着数字科学的发展，人们开始借用算法设计、参数化设计以及多智能系统来直接反应环境对建筑围护界面的影响，形成诸多新型的建筑外围护体系，成为包络外界面的光照自适应的寒地建筑物外壳（CABS）[58]。

4.2.3.1　适应光照变化的界面优化

面对四季轮回、昼夜更替，寒地建筑外界面可以通过引进较为先进的技术，从原来的利用开关窗或内部遮阳的简单适应光照的界面模式，转化为建筑适应光辐射进行智能调控，其主要途径是将围护结构的被动式调控与设备的主动式调控结合起来，通过调节玻璃的光辐射率，最大限度地获得冬季阳光提升室内热辐射，并在夏季通过恰当的遮阳和通风防止过热。

（1）传统遮阳的应用　传统遮阳调节外界面自然光照进入室内的面积，是调节室内获得采光量的最直接措施。寒地建筑可以设置传统遮阳设施，控制外立面透明部分的透明度或阳光通过率，通过控制遮阳位置和面积调节建筑获得阳光的效率，同时使立面的形式更加多样化［图4-32（a）］。寒地建筑的传统遮阳系统主要有以下几种模式。①外部遮阳：在幕墙外采用传统的遮阳体系，如百叶窗、遮阳卷帘、格栅等，阻挡夏季太阳辐射，外部遮阳同时还能抵御风雨对建筑外界面的影响，提高建筑耐久性。②间层遮阳：在双层幕墙间设置机械控制的百叶窗、遮阳卷帘，这种方式可以使百叶窗及卷帘免受风雨侵蚀。③内部遮阳：在幕墙内侧采用传统的遮阳百叶窗、遮阳卷帘等。

外部遮阳是最常见的遮阳体系，合理应用能使建筑在冬季最大限度地获得阳光能，夏季则减少室内获得的日照辐射量，避免室内过热，甚至可以调整遮阳情况，在不同时间段获得舒适的室内热环境和光环境效果。建筑遮阳体系多种多样，不仅可以设置外部水平移动的遮阳构件，也可以设置竖向开合百叶窗、遮阳卷帘等的控制光照的构件，在遮阳的调节过程中，建筑能形成丰富的立面形式。丹麦哥本哈根的Fhi办公楼采用的是生态功能的复合表皮，墙砖、铝制百叶窗以及大玻璃窗组合完成外围护结构的构建，且上述三种材质的尺寸规格一致，百叶窗能够自由滑动，完成光热的调节与控制。冬季，滑动百叶窗将其与墙面相重叠，使建筑吸收更多的阳光；夏季，滑动百叶窗将其与玻璃窗重合，起到隔热作用。值得一提的是，遮阳板的位置不仅能够根据季节进行调节，还能够在同一季节的不同时段进行调节，以此满足使用者对室内舒适度的要求。在季节变化的过程中，百叶窗赋予了建筑立面多变的“表情”［图4-32（b）］。

（a）遮阳形成的丰富立面　　（b）Fhi办公的百叶遮阳

图4-32　调节获得光照面积的遮阳

(2)太阳轨迹的追踪

随着技术的提升，人们改进了传统的遮阳体系，形成了能够跟踪太阳轨迹的遮阳体系，更加智能和人性化地适应当地气候环境。寒地建筑可以设置可转动的百叶窗装置来调节遮阳角度，追踪太阳轨迹，适应当地的日照情况。这种情况需要对太阳轨迹与建筑之间的关系加以把握，太阳轨迹图标注建筑所处的纬度地区一年中各时辰的太阳方位角和高度角，通过分析太阳方位角、高度角与建筑的关系，判断建筑在一年不同季节及一天中不同时段能够获得天然光照的入射角度。分析太阳轨迹图，找到建筑所在地4个重要的太阳高度角临界点，来确定外遮阳合适的遮阳角度，从而最大限度地获取冬季温暖的阳光，遮挡夏季阳光。天津中新生态城滨海小外中学部设计达到国家绿色三星级标准，其表皮采用可调节的遮阳系统，冬季太阳高度角较低，遮阳板能将太阳光完全反射进入室内；夏季太阳高度角较大，遮阳板经过调节向下倾斜能将阳光反射回到室外，减少进入室内的阳光（图4-33）。在西方的很多节能建筑中都应用了追踪太阳轨迹的外遮阳，如丹麦的奥雷斯塔预科学校、英国的贝克斯利商业学院，都在玻璃幕墙外设置竖向可以转动的百叶窗装置，可以自动追踪太阳轨迹，调节冬夏季进入室内的光量，创造舒适的内部环境。

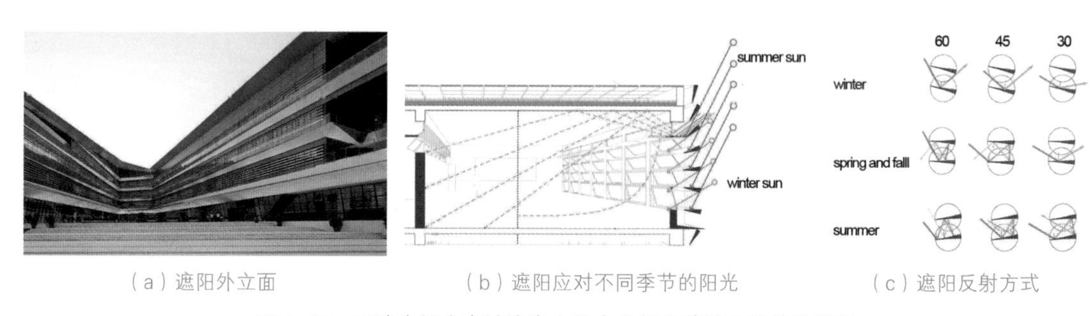

（a）遮阳外立面　（b）遮阳应对不同季节的阳光　（c）遮阳反射方式

图4-33　天津中新生态城滨海小外中学部的追踪太阳轨迹遮阳

(3)反射光线的利用

当寒地建筑内部房间远离天窗或侧窗光源，可以采用反射的方式，将光线引入室内所需的区域。反光板具备多种作用，能够提高光反射均匀度、降低眩光度、提高空间照度等。与此同时，建筑还可以通过反光板与遮阳板的共同作用，实现昼光照明。应用较为广泛的反光策略有两种，第一种是在建筑屋顶开启天窗，在合适位置设置反光板，阳光经过反光板的反射照射到室内需要采光部位或照射到墙体进行二次反射获得更加均匀的照明；第二种则利用立面层间金属板或格栅将阳光反射到室内，补充室内照明。位于美国科罗拉多温莎的警察局，建筑具有动感的倾斜屋顶如同自然环境中展翅起飞的鸟，轻盈地落于大地之上。倾斜的屋顶正好能将自然光线反射入大进深的室内空间提供采光补充［图4-34（a）］。挪威的斯瓦尔巴特群岛行政办公大楼，处于北极边缘，每年都有几个月的极夜，并且常年有积雪。建筑的玻璃窗外设置有开敞式的木质百叶窗，可以在整个极夜季节反射自然环境中的冰雪上的光线，为建筑内部提供光亮［图4-34（b）］。寒地建筑外界面还可以综合应用反射光线装置与遮阳体系，形成更加灵活的反馈光照体系。层间金属板具有向室内反射光线、补充室内光照的作用，当夏季太阳高度角较高时，阳光通过金属板反射后进入室内，会通过顶棚发生二次反射，提供柔化的室内补光；当冬季太阳高度角较小时，阳光可以直接反射入室内，没有二次反射，给室内增添热能。同时人们可以根据不同的时段和自身需要调节遮阳体系高度，从而获得舒适的光照条件（图4-35）。

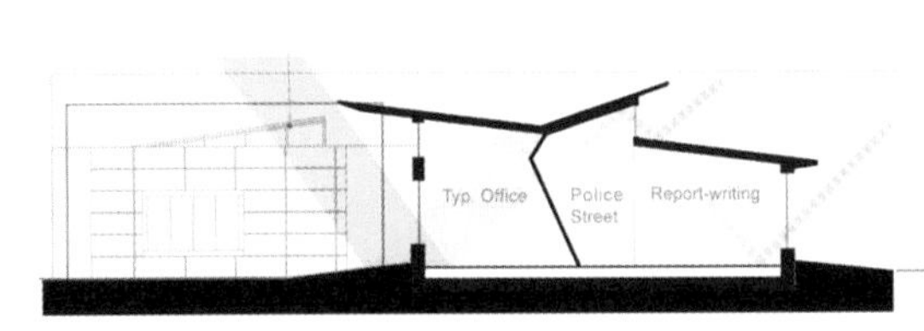

（a）科罗拉多温莎的警察局　　（b）斯瓦尔巴特群岛行政办公大楼

图4-34　反射光线的利用

4.2.3.2　利用光照变化参数的界面生成

近年来，建筑师开始尝试利用光环境参数化设计方法生成建筑外表皮界面，形成寒地建筑外包络系统，将具有生命体特征的能够自我调节光线的自适应外壳引入寒地建筑创作中，使建筑能够根据季节和天气的变化获得不断调适的太阳辐射。虽然目前这种理念和技术只有少数先锋建筑师在尝试应用，但相信不久的将来，将普遍应用于大多数寒地建筑。

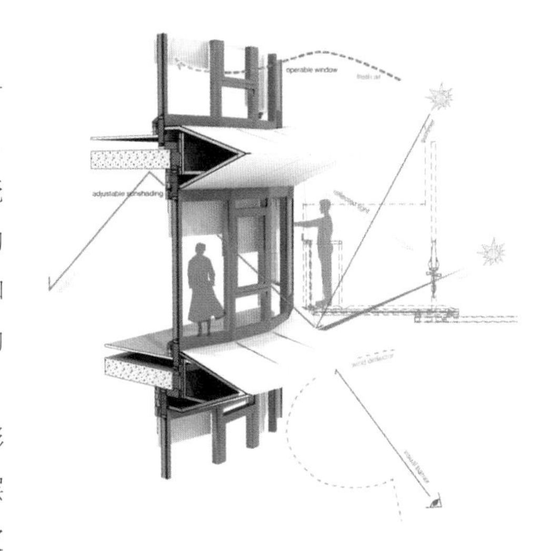

图4-35　反射光线与其他措施综合利用

美国洛杉矶艾默生学院的建筑采用雕塑般的门形形体回应日落大道，门形体量的内部界面围合了一层参数化设计的表皮，在阳光的映衬下波光粼粼，表皮可以根据外界光环境的变化自动调整百叶窗的角度，高效能地调节外部太阳能量的获取水平以调节室内温度，并最大化地调节室内自然采光度和视野开阔度（图4-36）。哈萨克斯坦阿斯塔纳国家图书馆外围护结构的窗洞设计就是利用参数化设计，将外表皮的开窗形式与自然光环境联系起来，调整建筑形体表面的开洞大小和面积，确保热辐射量能够均匀进入室内，提高能量的利用率。其主要设计方式如下。首先，将编程建模软件（Grasshopper）建立的模型转化为网格体，将计算机模拟软件（Ecotect）和编程建模软件（Grasshopper）连接起来；第二，将网格体导入计算机模拟软件（Ecotect）进行光环境模拟，再导回到模型空间显示出来；第三，借助Grasshopper完成网格面窗洞大小的设计与计算，其大小能够调节与控制，从而协调进入网格面的阳光热辐射量（图4-37）。

图4-36　美国洛杉矶艾默生学院

（a）建筑外立面

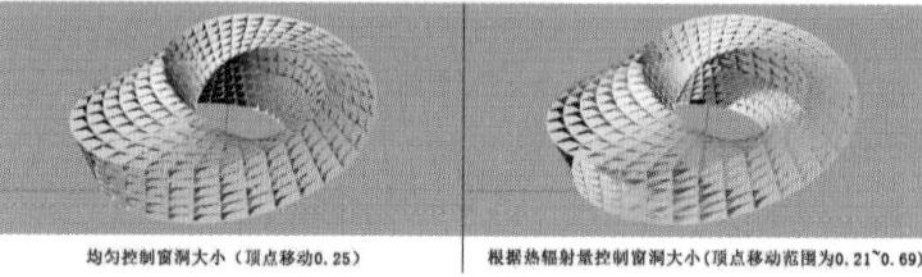

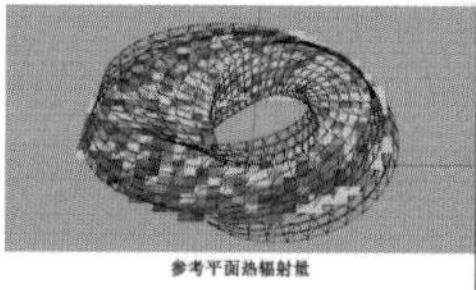

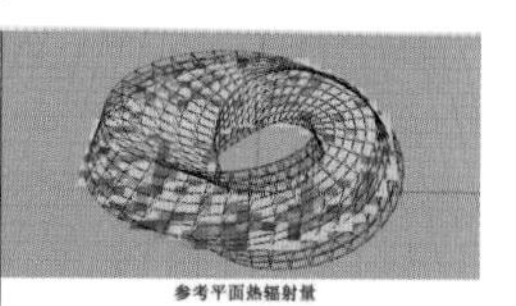

（b）根据光照变化生成的参数化表皮

图4-37　哈萨克斯坦阿斯塔纳国家图书馆

通过参数化的调控，建筑外界面能够在调整日照入射大小的同时调整人们观景的角度，将光照参数和自然环境的其他因素结合起来，共同生成建筑表皮，与建筑所处的自然环境相呼应[59]。UNstudio建筑事务所设计的德国汉堡哈芬新城的两座水边双塔高层的建筑外界面表皮根据自然光环境参数和观景角度结合生成，既为室内提供了观景的通透性，又增强了寒冷地区的室内舒适性。建筑通过分析一年四季的日照参数和观景角度，将表皮窗的折面根据遮阳形式划分为三种。在高度较低的楼层外，窗的折面较小，方便人们在室内平视室外景观，中部楼层窗的折面居中，随着楼层增加，顶部窗玻璃的观景界面倾角变大，方便人们俯视室外景观。与此同时，外表皮遮挡的调控也体现在建筑的不同朝向上，日照面积较大的区域采用遮阳面积较大的窗户，夏季太阳高度角较大，阳光通过在折面窗的顶部形成反射，降低室内温度，冬季太阳高度角较小，阳光能够直接射入室内，使室内获得更多的热量；日照面积较小的北侧则采用遮阳面积较小的窗户（图4-38）。

寒地建筑外界面的生成还可以从自然光环境和热环境共同作用中提取要素，结合气流循环来生成与光环境和热环境关联耦合的界面系统。如Evolo摩天楼竞赛中的沙漠的摩天楼建筑概念设计，就是根据当地的热环境的温湿度和光环境形成建筑围合界面。建筑选址位于智利阿塔卡大沙漠，沙漠东侧的安第斯山脉阻挡住亚马孙流域的潮湿空气，因此气候干燥多风，降雨很少，并且在来自南极的寒流作用下，空气中存在很多雾和云。当地人们经过长时间经验积累，常常用一张稠密的网幕捕捉山峰上的浓雾，使其凝聚成水滴，形成生活用水。建筑从当地自然气候环境出发，将主要体量深入山体内部，利用土地的热稳定性，打造温度较为稳定的舒适空间，避免沙漠地区的昼夜巨大温差和冷风环境对建筑内部空间的侵袭，室内种植了各种适候生长的植物，尽量为人们打造自然的生活环境。在建筑的外界面，从当地的网幕中吸取灵感，将沿着山体的建筑外立面设计成一个巨大的网络结构，一方面通过大玻璃结构获得阳光，增加山体内部获得的热能量；另一方面网络结构能够不断凝聚雾气和云，且由于阳光使室内局部热能量增加，扩大了室内外温差，促进了冷凝作用，冷凝形成的水体为室内绿地和植物提供生命的滋养。同时，建筑还利用热压通风原理，在山体的另外一侧设置出风口，使热空气能够从上部排出，保证室内空间的顺畅通风（图4-39）。

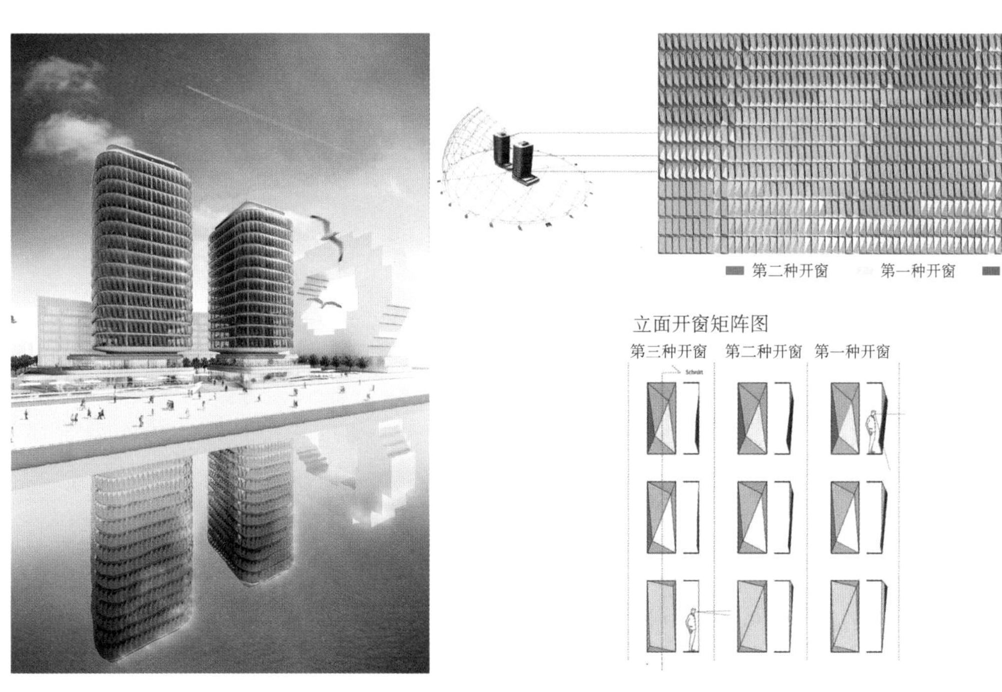

图4-38　汉堡哈芬新城水边高层

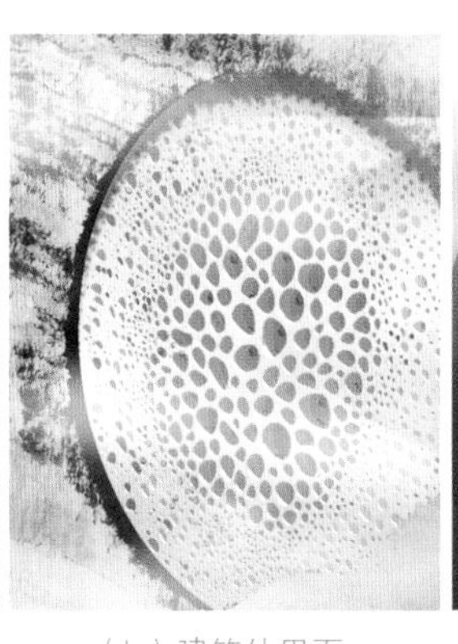
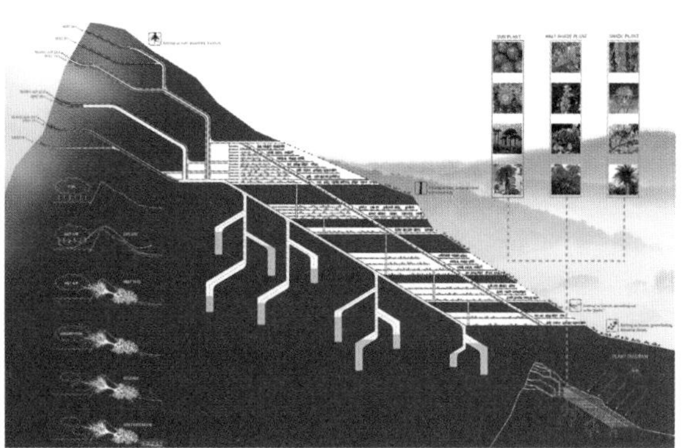

（a）融入山体的建筑　（b）建筑外界面　（c）深入山体内部的建筑空间

图4-39　沙漠的摩天楼

4.2.4 引导光照入射的空间演绎

传统的采光方式仅仅是存在于建筑外表面的措施，与建筑空间相互分割。通过空间的演绎，将阳光更加便捷地引入建筑空间内部，是采光方式的进化。这种进化了的采光方式能在整体上协调建筑空间与自然光因素的关系，在扩展内部空间采光途径的同时，获得更加丰富的空间效果。

4.2.4.1 借助剖面形式引光

寒地建筑通过剖面形式的改进，能够改变寒地建筑用天窗引入太阳光的基本模式，使建筑更大限度地获得冬季较低入射角的阳光，采光的方式更加灵活。建筑表皮和空间还可以通过协同作用，结合温度调适作用调节室内环境，如夏季将腔体开放但遮阳，利用“烟囱效应”来降温；冬季腔体顶部关闭但通透，增加阳光的进入，主要通风换气则通过外立面开窗来解决。寒地建筑通过不断优化自然光照引导措施，能够更加积极地适应外界环境的变化，提供宜人的室内微气候空间。

当建筑层数较多时，也可以在剖面上将建筑空间设计成阶梯状，将天窗与立面结合起来，天窗直接设置在坡屋面上，或结合每层的外立面形式形成退台天窗，这样就可以直接适应寒地冬季入射角较低的日照，将更多的日照引入室内。位于美国密歇根州大急流城的范安德尔学院教育与医疗中心建筑设计灵感来源于当地奔腾的激流，建筑剖面形成上窄下宽的梯形，结合如瀑布般跌落而下的阶梯形采光天窗，将自然光引入进深较大的医疗空间内部。弓形的天窗将立面和侧面采光整合起来，由烧结和半透明的玻璃组成，将自然光线引入实验室的下方，人们可以在室内直接眺望大急流城开阔的河景（图4-40）。

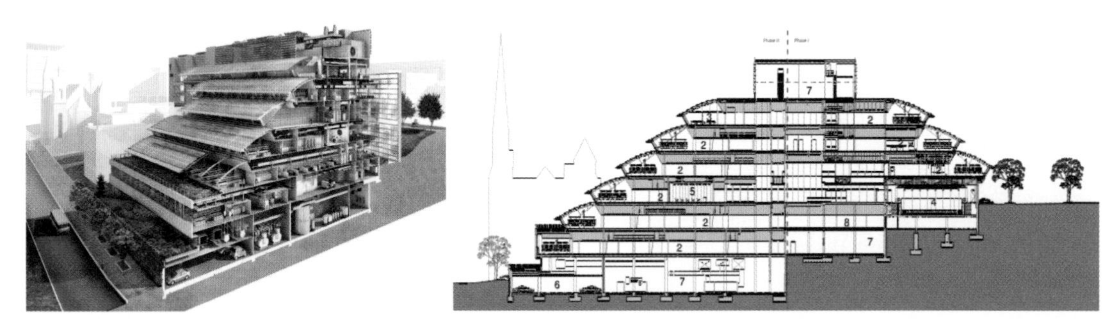

图4-40 借助剖面形式引光的范安德尔学院教育与医疗中心

建筑还可以利用冬季日照倾角的方向和斜度，形成阶梯状的室外花园，并将阳光适当地引入建筑内部及周边的开放空间，增加寒冷季节的室外舒适度。位于伦敦的桥学校，建筑北侧为优美的城市运河，建筑用地虽然紧凑，但是在设计上还是尽可能地避免过于封闭，与自然环境形成对话。学术楼主要房间都设置于南侧，为了获得尽量多的采光，建筑围合成一个面向北侧的玻璃大厅，使阳光能达到大楼底部，并且北侧逐级退台，在获得北向采光的同时，形成丰富的面向运河的活动空间。这些退台的长度经过精确的计算，使平台在冬季日照高度角最低时也能够有阳光照射。由此可知，寒地建筑与阳光结合的剖面形式，其退台不一定必须设置在南侧房间，通过合理的光照推算将退台设置于北侧也能为人们提供享受阳光和绿色的空间（图4-41）。

图4-41　结合日照组织外部空间的伦敦桥学校

4.2.4.2　借助腔体空间引光

寒地建筑为了抵御寒冷，多采用封闭的外部体量和内部空间形式，严重影响光照的进入。为了使寒地建筑能够在封闭的外部体量中获得较为充足的内部采光，可以在建筑内部设置中庭或庭院作为引光腔体，来减少大进深空间。随着时代的发展，引光腔体发展出更加多元丰富的形式，更加适应光线的引入方向和角度变化，并更有利于室内气氛的营造。

（1）传统庭腔体的空间引光

内院、中庭和天井空间是寒地建筑最基本的引光腔体，能够有效地将形体组织为薄型平面，解决大进深建筑内部房间的采光问题，减少暗房间的产生。如意大利都灵的工作–生活平衡中心，将4个庭院插入长条形体量的建筑内，庭院为人们提供了建筑内部微环境，并使庭院周边的房间都能获得采光。在寒冷地区，建筑内置中庭空间，不仅可以解决暗房间问题，而且能够利用温室效应在冬季提升房间温度（图4-42）。寒地建筑的腔体形式以矩形最为常见，尺度不宜过大，否则会导致能量的过度消耗，但也不宜过小，否则无法较好地将阳光引入室内，高宽比例范围应该控制在5：1至2.5：1。哈尔滨工业大学设计院办公科研楼建筑将屋面天窗与内部中庭相结合，适应大进深的建筑体量，内部中庭能为其周围的空间提供采光补充，节约人工照明能耗。为了保证光线能够顺利地在室内流动，中庭部分的外围墙体使用的材料是玻璃，不仅能够提高室内空间的透光度，还能将反射光

（a）建筑鸟瞰

（b）庭院融入

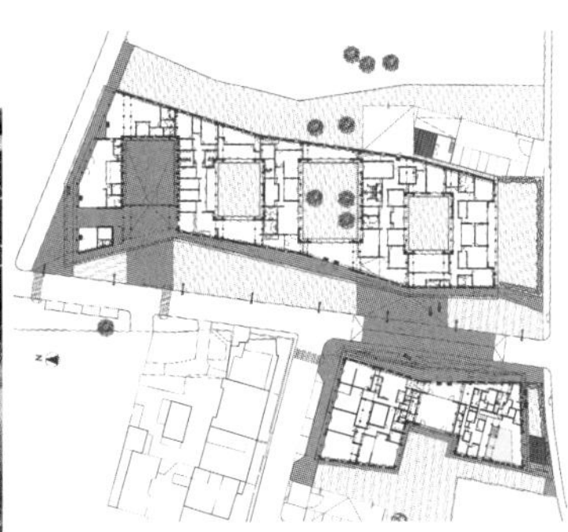

（c）建筑平面

图4-42　意大利都灵的工作–生活平衡中心

线直接投射到纵深大的内部空间。中庭空间在冬季能提高室内温度，增加舒适性，而夏季则能通过热压通风形成气流，对室内环境进行降温。

（2）多元腔体的空间引光

除了前文论述的采用设置中庭、天井或庭院等传统腔体来引入自然光照外，还可以结合自然光的方向设置多种形状的引光腔体，如斗形、锥形或不规则形状，创造更加舒适的室内空间。寒地建筑的斗形中庭能够使中庭两侧空间更好地获得天然光照辐射，但要对寒地日照规律进行分析，形成最有利的中庭高度和内部倾角，利于光线的导入。寒地建筑的锥形中庭应用较少，能够将光线导入到椎体的最底部区域，但对椎体两侧空间的光照改善较小，因此只适用于底部空间需要重点采光的展示空间或其他空间的局部打造。

理查德·罗杰斯设计的法国波尔多法院，将7个下宽上窄的斗形法庭空间设置于玻璃的建筑体量之中。斗形空间上部面向北侧被斜切，形成的天窗为法庭内部提补充的自然光源，光线落在法庭内部凿有圆点的原木材质墙壁上，形成变化的光影效果，减轻了传统法院给人带来的沉重心理负荷［图4-43（a）］。史蒂芬·霍尔的麻省理工学院学生宿舍设计将形体交错的采光腔体置入到建筑中，打破了枯燥乏味的宿舍楼形象。自然光在腔体多次反射形成柔和的光照效果。建筑内部如同多孔的海绵，为学生提供了丰富的交流和休闲空间［图4-43（b）］。诺曼·福斯特在德国柏林议会大厦的穹顶内部置入了变形的锥形采光腔体，椎体外侧装置了多角度的镜面，能够多层次地反射光线，复杂的镜面系统不仅将自然光多角度地引入下部空间，增加室内空间的照度，还打造了立体生动的空间形式，成为当地的重要地标［图4-43（c）］。

（a）法国波尔多法院

（b）麻省理工学院学生宿舍楼

（c）柏林议会大厦

图4-43　引导光照的建筑腔体

随着计算机参数设计能力不断加强，寒地建筑腔体空间可以与形体、界面共同生成，形成复杂的有机体，将多种因素整合起来，创造更加生动的空间形式。UNStudio建筑事务所设计的意大利博洛尼亚中央火车站是城市交通的重要枢纽，也是联系城市历史和未来的纽带。建筑注重阳光的引入，站台层的照明以天窗直接采光为主，为了将光照引入休息层空间，天窗与多个结构体系共同生成空间腔体，从顶部直接延伸到站台层。在不同空间的腔体内设置两层休息和等候空间，使人们在获得阳光的情况下处于较为适宜的室内环境，同时采光腔体将获得的屋顶采光扩散到腔体周边区域，提高整个站台区的照度（图4-44）。

（a）建筑内外部空间

（b）腔体剖面

图4-44　意大利博洛尼亚中央火车站

4.3 风雪影响的趋利避害方法

风雪环境是寒地自然独有的气候特征。第一，冷风的侵袭会损耗建筑内部热能，降低室内外空间的舒适性；第二，北方寒地降雪日数较长且降雪量大，降雪会降低建筑外环境的舒适性，并对建筑构件产生一定的压力；第三，寒地建筑的不同形式将对建筑周边风环境产生影响，使建筑周边雪的堆积状况呈现不均匀分布。本节着重梳理寒地建筑形式创作应对风雪环境的方法，由简单防御走向趋利避害，主要体现为以下四点：第一，建筑形体生成疏导风雪流向，引导冷风并利用风力减少积雪对建筑的侵袭，形成响应风环境的建筑形体生成，减少建筑内部的能量损耗；第二，建筑屋顶形式借助重力和风力排雪，减少雪在屋面上的堆积；第三，建筑界面形式利用风环境规律衍生生成，使外界面与风雪环境产生良性的互动；第四，建筑局部空间形式通过设计缓冲风雪对建筑环境的侵袭，提升建筑内外空间的舒适度（图4-45）。

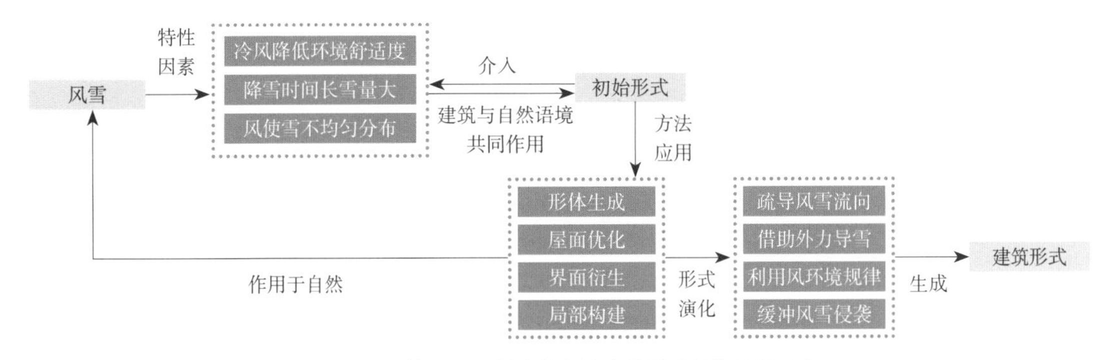

图4-45　基于风雪影响的寒地建筑形式创作过程示意

4.3.1 疏导风雪流向的形体生成

传统寒地建筑形体多采用围合内聚、自我封闭的方式来抵御冷风的侵袭，这只是被动御寒的方式。随着技术的发展，寒地建筑应由被动抵御转化为适应风流向，通过形体选择、优化和群体组合模式，并借由风力减少雪的堆积，达到趋利避害的效果。本节从创作起初的形体选择、创作过程中的形体优化以及利用风流向参数的形体生成三方面探讨寒地建筑创作的形体生成。建筑从偏向主观判断的组件转化为主动引导内外风雪环境，建筑师能够更加客观地面对建筑与环境复杂的相互关系。

4.3.1.1 疏导风雪流向的形体选择

打造对风雪影响趋利避害的寒地建筑，首先应在设计的开始注重合适的形体选择，减少因为不利形体造成的能量损耗和雪的堆积。降雪在冷风作用下会形成不均匀的堆积，一般有如下四种规律：一是在尺度较大的建筑物迎风面容易出现着重堆积现象；二是建筑物背风处风影区的堆积较少；三是建筑物顶端因涡流汇集而容易形成雪堆积；四是风大的区域雪容易被吹走，能减少堆积，而风小的区域则比较容易堆积。建筑师通过分析风的大小可以大概推导出建筑周围的雪堆积情况，并由此选择利于疏导冷风流向的建筑形体。

（1）单体形式

不同平面形式的建筑形体在相同的气候条件及气流运动情况下所承受的风压力不尽相同，由CFD 计算机模拟状况可以得到以下结论。

①长方形体量。风荷载最不利点出现在建筑迎风面，主要以负压吸力为主，越靠近迎风面前沿，风吸力越大，越容易形成降雪堆积；气流在建筑端部产生的气旋涡脱落作用是影响形体顶面风荷载的主要因素，在端部也容易有雪堆积。

②半球形体量及圆形平面体量。这是目前体形系数最小的建筑形体。半球体的迎风面和背风面靠近地面部分都受到风压力，其中迎风面受风压较大，形态各个部分受到的风荷载变化都比较均匀。迎风面和背风面都会有雪堆积，半球形体量的可以减少端部堆积。

③椭球形平面及半椭球体量。这种形体受到的风压特点与半球形相似，有所不同的是风向变化对其所受的风荷载影响较大，具有明显的方向性差别，风向顺应椭球的长轴方向则风对建筑产生的影响最小，风向与长轴的夹角越大，风对建筑的影响越大。

由以上分析可以推断出，边界光滑的半球形、椭球形等流线形体的建筑，所受的风荷载比长方形等非流线体建筑更稳定；在风向不同的情况下，趋于半球形的形体更具优势，其受到的风荷载具有各向风适性，且形成的降雪堆积最少。寒地建筑创作应根据当地冬季主导风流向，形成降低风雪环境侵袭的建筑形体。诺曼・福斯特设计的伦敦市政厅采用了多项可持续发展设计策略，在泰晤士河南岸打造了一个可供市民进入的开放式政府建筑。建筑以富有表现力的变形球体介入环境之中，如同河岸边一颗璀璨的水珠与景色相互映衬。具体有以下几个特征：这种形体以表面积最小、体积最大的方式保证了较低的体形系数；光滑的形状使建筑外表面受到的风荷载变化较为稳定，减少建筑热量的损耗；降雪在球状建筑顶部几乎无法形成堆积；球体北侧斜坡面倾斜角较小，减少北向迎风面的风压力，使风压趋于均匀分布（图4-46）。

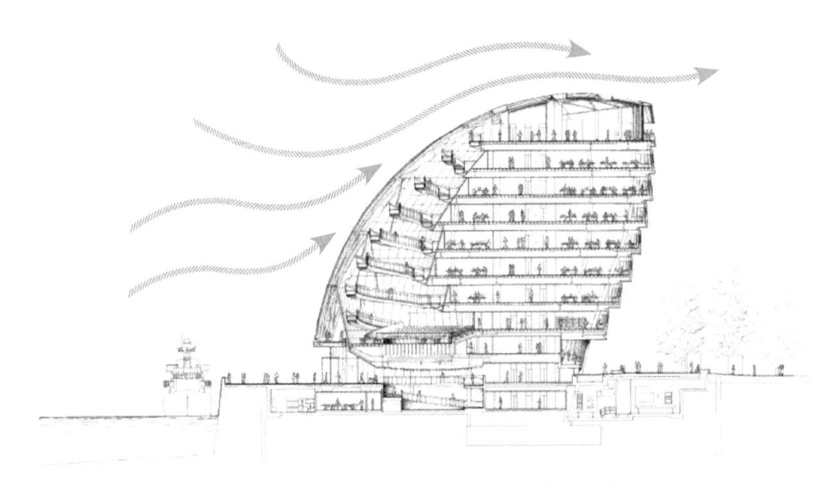

图4-46 伦敦市政厅的建筑形体适于排雪

（2）组合形式

多功能空间的群体建筑的组合形式选择也对风雪的流向产生较大影响，用Ecotect计算机模拟软件验证可以发现其规律（图4-47）。

①集中式布局。迎风面承受风压较大，背风面风压较小；迎风面会有降雪堆积，背风面降雪较少；外部空间没有遮蔽会形成较为消极的外部环境。

②多体量平行于主导风向的分散式布局。建筑承受风压较小，寒风容易无阻碍吹过，且南北向积雪较少，外部条状空间会使风速增加，造成外部环境的不舒适。

③围合式布局。建筑外围迎风面受风压较大，降雪堆积多，而背风面风影区由于风压较小，会形成遮蔽冷风、较少积雪的空间区域。通过合理的设计调整，选择合适的院落尺度，能打造舒适的寒地建筑室外小环境。

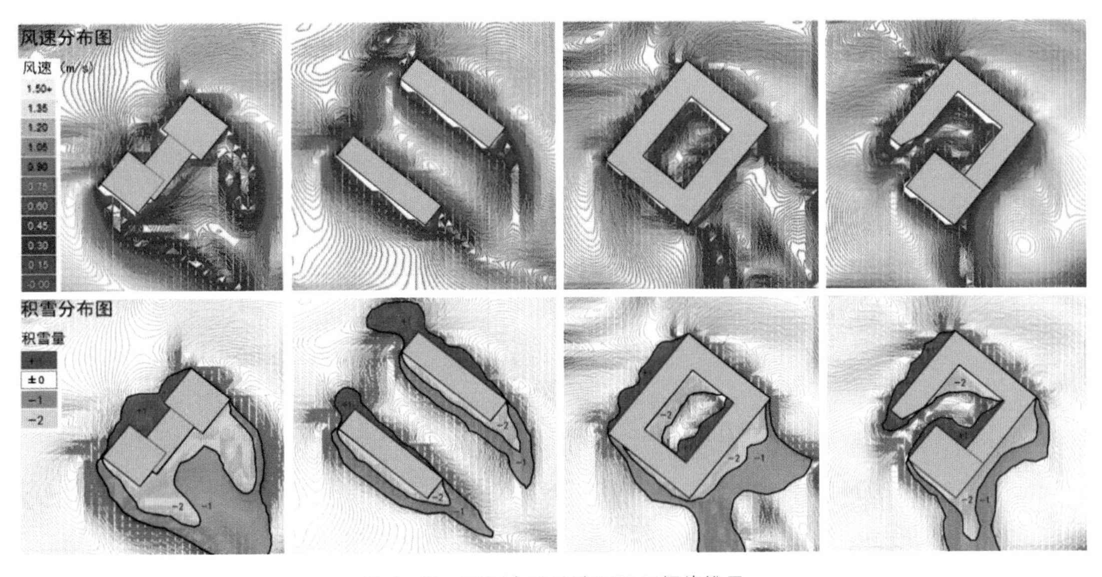

图4-47 不同布局的防风适雪规律推导

由此可知，具有内院空间的寒地建筑群体形式较其他形式更具优势，在抵御风雪的同时能够提供给人们较为舒适的室外活动微环境。天津中新生态城滨海小外中学部设计在多个方面形成对气候环境的回应，注重多种生态节能措施的应用，其中建筑布局对于风环境的回应值得借鉴。为了提高学校用地的效率，建筑师将重点工作放在对局部空间的紧凑化处理上，将教室、实验室、办公室、图书馆、报告厅、食堂等多个功能集中于基地北侧的综合教学楼内，教学楼呈长条形展开，多次转折，形成了2个内院空间。建筑布局形式介入风环境后进行了调整，形成适应风环境的建筑体量生成。由于当地主导风向为东南风，冬季的主导风向为西南风，教学楼将主要朝向设定为南偏东37°，巧妙地避开了冬季的主导风向，并充分利用夏季的主导风向进行室内自然通风，减弱室内的热量损失。内院有效地减弱冬季风雪侵袭，通过对建筑外部风环境的计算机模拟软件（Ecotect）模拟，内院空间的风速明显降低，成为背风面，成为冬季室外活动的主要场所（图4-48）。

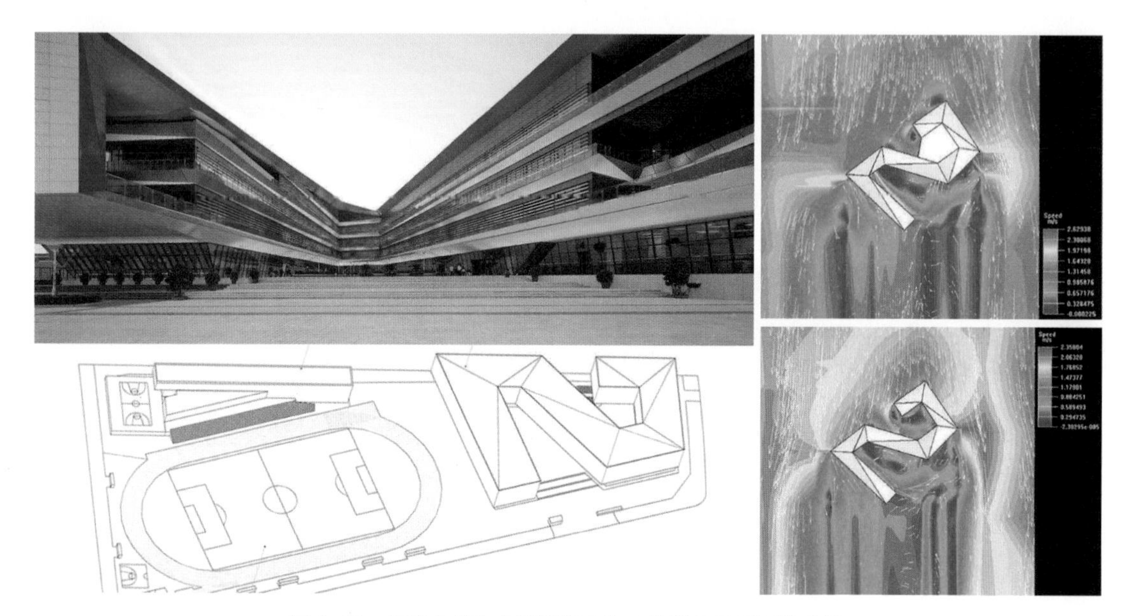

图4-48　天津中新生态城滨海小外中学部室外风环境分析

4.3.1.2　减弱风雪侵袭的形体优化

在寒地建筑创作过程中，选择基本体量和组合方式后，还应对形体进行优化处理，使建筑形体能够进一步适应风雪环境，减弱风雪侵袭，形成对风雪环境的趋利避害。

（1）单体形体优化

由前文可知，光滑流畅的建筑形体所受的风荷载比棱角分明的非流线建筑形体更为稳定，降雪在其周边及端部的堆积形成也较少。经过CDF模型分析可以发现，形体在边角部分所承受的负风压力主要为柱状涡和锥状涡，这种压力对建筑结构有着向上翻起的破坏作用，建筑设计中应将这种风力进行分解。因此，疏导风雪流向的建筑形体应该着重优化形体的边角部分，减弱负风压的破坏，并可以采用以下几个措施。

①边角弱化。弱化寒地建筑形体相交界面边缘和边角可以减少风带来的负压力，减弱结构所承受

的荷载。第一，采用减法手法，将处于形体边缘的角部进行钝化或圆弧处理；第二，采用倒角方法，将建筑形体边缘弱化，减少风压力在生硬交界线区域对建筑结构的破坏；第三，在形体顶部延展面边缘寻求恰当位置开孔、开槽，提供释放风的通道。哈尔滨西客运枢纽站方案设计采用具有力量感的形体，沿着基地长边一侧从低到高逐渐抬升，一气呵成，突出交通建筑的简约美和速度美。建筑立面与屋顶的交界处采用圆角处理，减弱形体顶部迎风面与建筑角部的风旋涡的风压力；同时建筑面向外部界面的转角朝向正北，圆滑的转角弱化了北向寒风，光滑的外界面使风压分布趋于均匀（图4-49）。

（a）鸟瞰

（b）流动光滑的建筑形体

图4-49　哈尔滨西客运枢纽站建筑形体的圆滑边角

②形体切割。目前很多建筑形体都属于非流线型，在进行风力弱化处理的时候，可以根据折线形体的特点进行形体切割，保证强风能够在接触到建筑物的时候被分解、分散，避免气流集中造成的建筑物损伤。东北大学浑南新校园风雨操场建筑创作就采用了形体切割的方式化解寒风的侵袭。建筑利用体育训练的不同功能区对净高的要求不同对屋面进行切割，建筑入口大厅东西两侧下倾斜，屋面与立面相交接的界面也采用了切削处理，形成过渡面，这样的方式有效地化解了寒地集中的气流侵袭。

③形体扭曲。也可以通过对建筑形体的扭转来实现边角气流的分散，改变建筑周围强气流的方向，从而达到疏导寒风的目的。扭曲的形体与表面光滑界面的同时应用，可以非常有效地化解非线性体的边角强风（图4-50）。

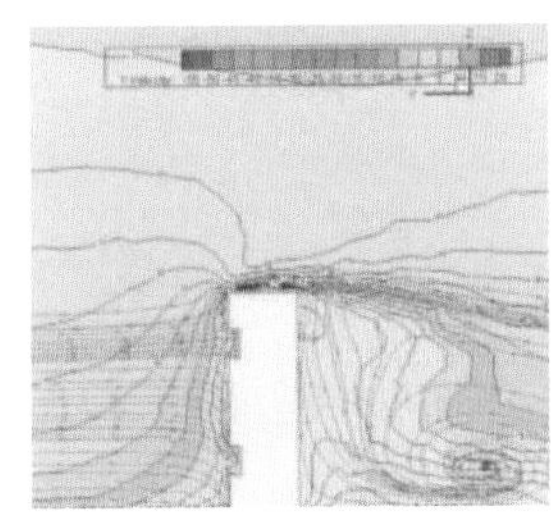

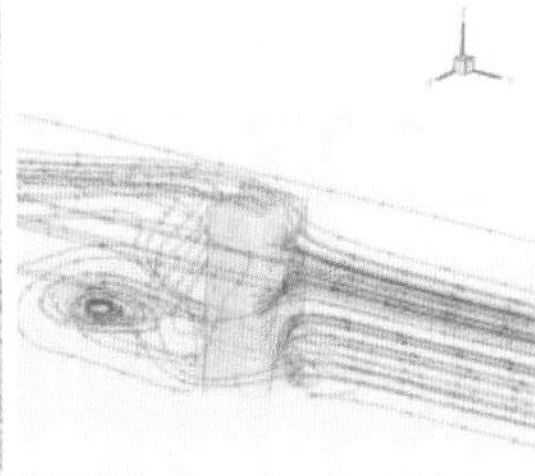

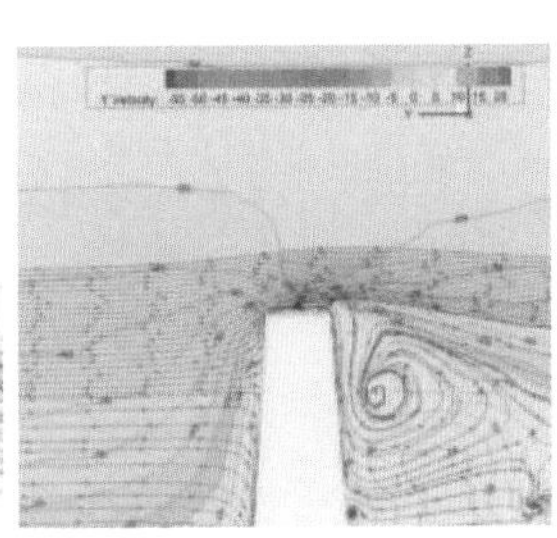

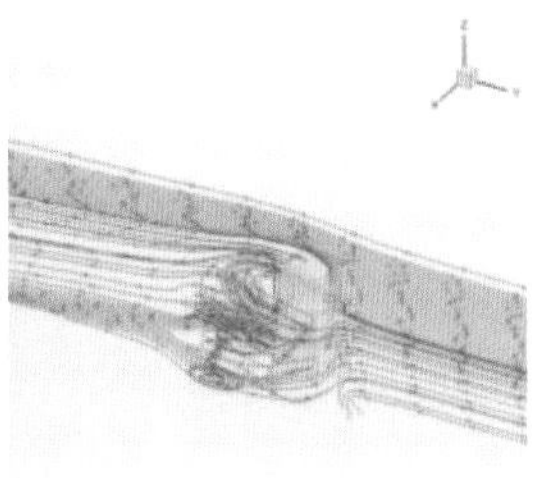

图4-50　长方体扭曲前后风速模拟

（来源：《改善室外风环境的高层建筑形体优化设计策略》）

（2）组合形式优化

与单体建筑在风环境中受到的风压力类似，群体建筑整体布局正对迎风面时，空气流动受阻而将动能变成迎风面上的静压；背风面、侧风面的风压力小于大气压而对建筑形成负压，这两种压力都会形成气流的快速流动。因此疏导风雪流向的寒地建筑群体形体组织应该尽量减少冬季迎风面高

压区面积，通过形体组织合理引导风流向，以期得到较小风压和较低风速的室外环境，并通过对风环境的利用，减少降雪的堆积。

内蒙古自然历史博物馆位于呼和浩特，该地区冬季严寒漫长，平均气温为零下28℃左右。全年有风日达272天以上，冬春两季多大风天气，年平均风速在3m/s以上，冬季寒风主要来自西北方向。在建筑创作过程中建筑形体的生成重点考虑如何避免冬季寒风的高压侵袭，并合理引导寒风，形成遮风避寒的室外场域。方案以一气呵成的弧状形体控制整个场地，形成带状的开放形体，将不同区域中的空间进行分割，展现动态的群体形态。外轮廓呈现出整体的弧形，形成具有张力的场地控制线，外界冬季寒风能够以较为平滑的方式掠过，建筑形体受到的寒风压力趋于均匀。内部庭院没有完全封闭，而是在西北方向打开，减少了建筑直接面对西北寒流的建筑面积。同时建筑在南向入口区域设置了大体量的开口，连通建筑内院与外部广场空间，引导北向进入庭院的冬季冷风疏散到建筑外侧，减弱内部空间冷风的直接渗透。建筑形体还在多处增加了切削形式，如展厅形体、高层办公形体都在北侧进行了倾斜切削，减弱寒风对建筑边界的风压力（图4-51）。

（a）建筑鸟瞰

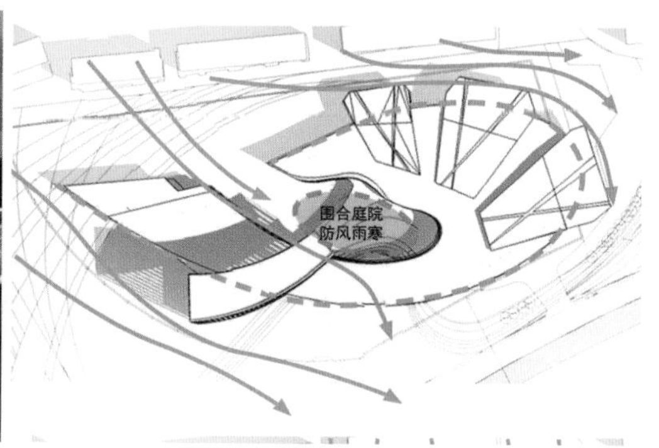

（b）疏导寒风的形体

图4-51　内蒙古自然历史博物馆

总而言之，单体建筑形体应该通过多种措施优化，减少迎面冷风和边角界面的强气流侵袭，减少端部积雪。群体建筑形体组织应该通过空间优化顺应风势走向，尽量减少冬季主导寒风直吹，减少降雪堆积，形成较为舒适的室外冬季环境。

4.3.1.3　利于风流向参数的形体生成

传统建筑形体对寒地风环境的应对主要停留在主观判断和推理层面，这些都属于建筑与环境互动的初级阶段。随着数字技术的不断进步，由环境而生的建筑形体应与自然环境的风流向参数相互协同，优化自身系统结构。设计通过整合复杂的风流向信息，结合数字化技术手段，物化为建筑形体，并不断优化和调整，得到趋利避害、与风环境有机互动的建筑形体。

建筑创作的过程首先提取场地风环境信息，随后在参数建模软件（Grasshopper）中建立体块模型，并导入计算机模拟软件（Ecotect、WinAir）进行风流向的影响分析，再将模型进行分析优化，生成控制形体的风环境要素，再结合功能生成建筑形体，最后在计算机模拟软件（WinAir）中验证风环境是否符合建筑形体构成。生成的建筑形体还可以通过动态组合充分利用风能，将风能转化为其他能量，达到绿色节能的目的。意大利建筑师大卫·费希尔（David Fisher）设计的动态塔，在迪拜、莫斯科、伦敦、米兰、巴黎、罗马、纽约、迈阿密等多个城市实施建造。建筑的主体结构为中心核心筒支撑，在核心筒每层悬挂多个可以连续旋转、互不干扰的单元体。动态塔的每层单元体都可以在90分钟内旋转360°，单元体层与层之间隐藏设置风力叶轮机，能将风能转化为电能，每组风力叶轮机能够产生最多0.3兆瓦的电能，四组风力叶轮机就基本可以满足整个建筑物的用电需求，甚至还能够对周边的建筑提供一定量的电力。同时在每个单元体顶部设置太阳能采集板，将太阳能转化为建筑所需的能量。虽然由于技术、观念、造价、保温等种种问题，很多寒地区域还无法采纳这种建筑形式，但这样的实践能推动处于概念设计阶段的动态建筑的发展，并启发人们从更宽广的视角尝试将建筑风能转化为建筑形体的生成（图4–52）。

（a）建筑形体随风环境变化

（b）建筑剖面示意图

图4–52　动态塔

寒地建筑的形体生成不仅可以单纯从风流向参数生成，还可以将风流向参数与其他气候环境参数共同考虑，形成复杂的建筑形式，对环境产生多层级反馈。2014年Evolo摩天大楼设计竞赛中获奖的“沙巴贝尔（Sand Babel）”——太阳能3D印刷塔，通过模仿植物的趋光性，结合风环境参数形成建筑形体，用太阳能供电的3D打印机打印沙土，并结合高强直的螺旋骨架形成结构。顶部结构形态模仿常见的沙漠自然现象——龙卷风和蘑菇岩。双漏斗模型不仅可以收集太阳能，为建筑提供能量供应，形体生成还考虑了风能，提高交叉通风，将风能也转化为能量。在此基础上，由于沙漠水源稀缺，建筑设计对用水也进行了重点考虑。建筑双漏斗型的屋顶形式可以利用沙漠地区的昼夜温差形成凝结水，通过管道传导到下部的居住空间，提供水的供应。建筑群地下和地面的结构类似于树根，通过网络系统联系起来，形成沙漠社区，这种设计不仅有助于保持流动沙丘的稳定，而且也有利于社区之间的沟通。同时，掩土建筑还能够在一定限度上减弱温度骤变对室内空间侵袭，提供温度较为稳定的环境。这种形式帮助人们对抗恶劣的沙漠环境，也同样能给处于恶劣环境中的寒地建筑形体生成以启发，统筹考虑光能、风能以及热能，形成与气候环境关联耦合的建筑形式（图4–53）。

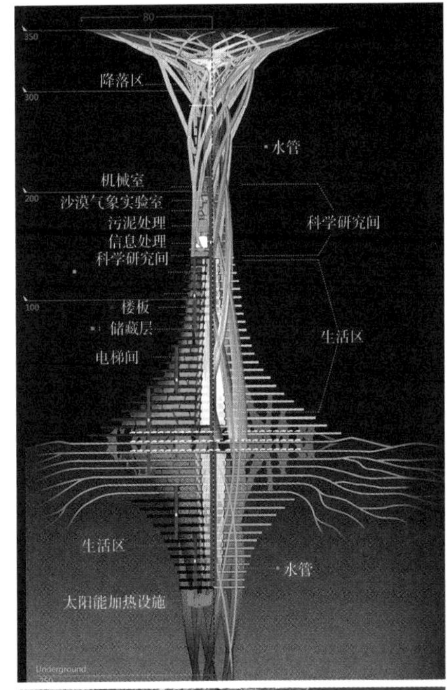

图4–53　沙巴贝尔：太阳能3D印刷塔

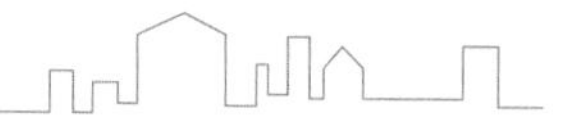

4.3.2 借助外力导雪的屋面优化

建筑屋顶又被称为建筑的第五立面，对建筑造型的影响很大，能表征建筑风格与地域特征。当今很多寒地建筑创作过于重视屋顶形式的美观性，而欠缺应对风雪环境的考虑。建筑屋面直接影响着屋顶积雪，厚重的积雪会造成屋面荷载增加并形成渗透。从利用重力排雪和利用风力导雪两方面阐述因借气候环境的寒地建筑屋面形式生成方式。

4.3.2.1 重力排雪的屋面优化

利用重力被动排雪是寒地建筑介入自然环境并适应冰雪环境的屋面形式的首选，这种形式在中西方传统建筑中都能找到源头，如欧洲尖耸的坡顶和中国北方的平房民居坡顶。通过优化屋面形式抵御降水、降雪、风环境等外界自然要素的干扰和变化，可以更好地实现重力排雪的方式。现以外界自然条件的风力、降雪等因素作为自变量，以建筑墙面、屋顶和地面三大形态体块作为因变量，用简易几何方式比较评价不同体块受不同自然要素的影响和作用特点，可以得出以下结论（图4-54）。

①降雪和降水对屋顶的影响远高于墙面，对坡屋顶的影响小于平屋顶，降雪量大的地区屋顶坡度越大越利于排雪。

②风力对坡屋顶的影响大于平屋顶，随着坡屋顶坡度增加，受到的风压力随之增加。当风较大、屋顶坡度陡峭或檐口挑出较大时，坡屋顶受到的风压力会与墙面相差无几。

③屋顶坡度越大越有利于排雨雪，但是坡度增大后，造价随之增大，对于风力和地震的抵御能力也会减弱。坡度增大，传统材料覆盖的屋顶易有滑落危险，但随着新材料的开发，可以逐渐弥补这方面的不足[60]。

从以上分析可以看出，建筑屋顶的形式不仅要考虑建筑外观风格，更应该以适度的坡度和构造方式抵御风雪，适应自然环境的选择。同时利用重力排雪的屋面还应注意局部形式对积雪的影响。第一，过于复杂的坡屋面系统容易造成积雪死角［图4-55（a）］，查询《建筑结构荷载规范》（GB 50009—2012）可知不同的屋面形式，其积雪分布系数不同，在建筑创作中应该酌情考虑其积雪形态，避免屋

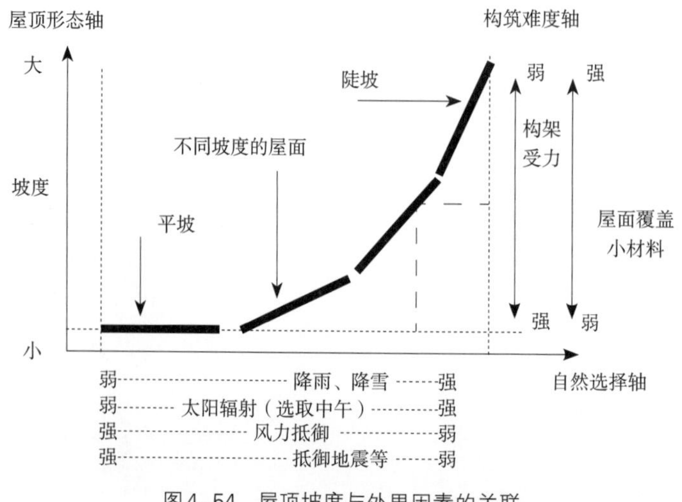

图4-54 屋顶坡度与外界因素的关联

（来源：《传统民居屋顶形态生成的自然选择作用与影响研究》）

面雪的堆积，利用重力排雪的坡屋面应尽量采用简洁的屋面形式；第二，屋面檐口处容易形成雪的堆积，阻碍排雪，并在融化时易形成渗漏［图4−55（b）］，所以应简化屋檐形式，或采用内排水方式；第三，由于建筑内部的热量散发和气候温度变化，容易形成屋檐结冰，甚至损伤建筑墙面和开窗，建筑应采取坡屋面，并适当增加通风等措施减少热量在屋檐处的散发［图4−55（c）、（d）］；第四，建筑屋檐下部室外空间应妥善安置室外景观，避免积雪和结冰滑落造成人车等的损伤［图4−55（e）］。

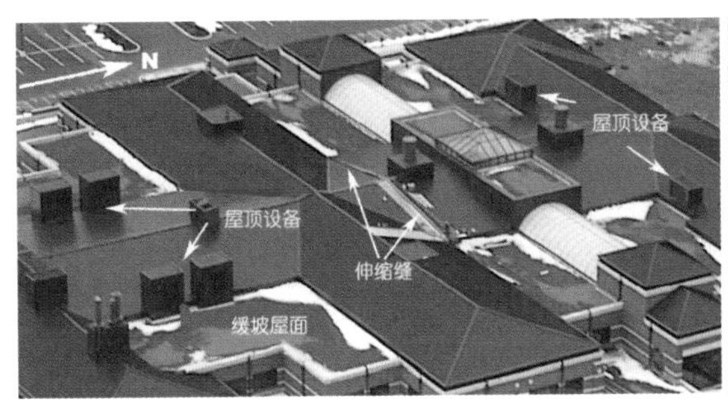

（a）过于复杂的屋面形式

（b）檐口冰雪堆积

（c）屋檐结冰

（d）利用屋顶通风改善屋檐结冰

（e）积雪滑落

图4−55 屋顶局部形式对积雪的影响

比利时HLA建筑事务所创作的斯堪纳维亚高尔夫俱乐部位于美丽的山地景观自然公园的高尔夫球场之中，建筑介入自然的方式是用传统的意向来诠释宜人的自然空间，大量自然材料的应用，现代美观的结构技术，重新诠释了具有传统北欧风格的建筑形式。建筑采用了北欧传统的坡屋顶元素，并在创作中融入折叠纸巾的灵感，并经过倾斜的大悬臂和大坡度夸张其形式，屋顶体量占建筑整个高度的一半以上，面积达2200m^2。屋顶简洁硬朗，避免过多的复杂形式而形成降雪堆积，大角度倾斜的坡度能有效地排除冬季积雪，防止降雪积压；长度多样的排水沟可以很好地收集冰雪，并且在冰雪融化时，将水尽快排除。屋顶的材料源自挪威的黑色云母片岩“挪威森林”，结合木质的椽檩，表达一种原始质感。整个建筑采用一种源于自然的形式控制整个场域，以起伏的高原、茂密的绿树和湛蓝的天空为背景，形成了一个美丽的天然雕塑（图4−56）。

寒地建筑创作也可以借助自身的体量生成，将体量与屋顶一体设计，形成便于排雪的屋顶形式。这种方式在中国东北部鄂伦春族的本土建筑中就有所体现。鄂伦春族以集体狩猎为生，为了快速搭建建筑，利用当地的桦树枝干搭配兽皮直接搭建而成，形状为圆锥形，省略了墙体，屋顶形式即为

建筑体量，便于排雪。由BIG建筑事务所设计的加拿大魁北克国立美术学院竞标方案由两个45°倾斜放置的矩形体构成，坡屋面从建筑顶部一直延伸到地面，屋顶倾斜度较大，一气呵成，提升了原有街区和城市公园形成的场域。大坡度的屋顶不仅将建筑与自然环境联系起来，还可以将积雪和雨水在重力作用下顺势排除（图4-57）。

图4-56　斯堪纳维亚高尔夫俱乐部

（a）大坡度屋面的建筑形体

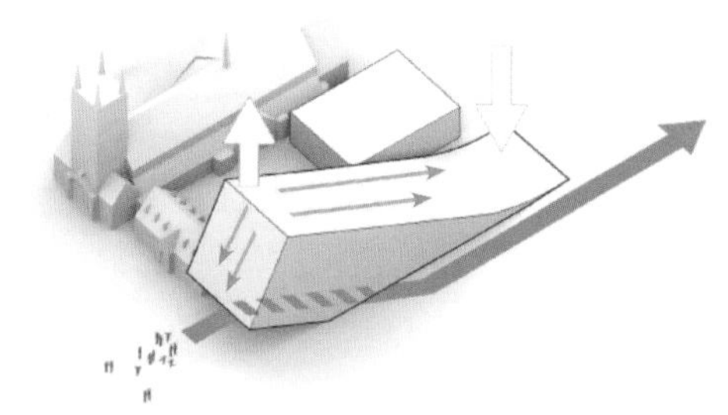

（b）利用重力导雪

图4-57　魁北克国立美术学院

4.3.2.2　风力导雪的屋面优化

积雪在风力的作用下会引起雪颗粒漂移运动，改变雪的均匀堆积状态，会对建筑屋面造成以下影响：屋面积雪会形成非均匀堆积，引起屋面的非均匀荷载；冷风裹挟雪颗粒导致建筑外界面风压增加。因此，寒地建筑屋面形式如果能够主动借助风力排雪，能有助于减轻屋面的积雪压力和冻融影响，比单纯、被动靠重力排雪更符合自然规律。用流体计算机模拟软件（Fluent）对不同屋面形式的积雪漂移进行数值模拟，可以发现以下内容。

（1）通过对带女儿墙的单跨双坡屋面积雪分布的数值模拟分析可以发现，屋顶迎风面坡度越大，侵蚀现象越明显；而背风面随着坡度增加侵蚀降低（图4-58、图4-59）。迎风面随着女儿墙高度增加积雪区域和雪沉积率变大，而背风面随着女儿墙高度增加涡流变大，导致雪的再附点位置向屋顶靠拢（图4-60）。

（2）通过对无女儿墙的双跨双坡屋面积雪分布的数值模拟分析可以发现，屋面的侵蚀度明显大于单跨双坡屋面。第一，迎风面侵蚀较大，背风面会因为涡流影响，积雪几乎被侵蚀干净；第二，跨屋脊周围和背风面只有少量再附点有积雪，沉积率不高。总之没有女儿墙能大幅度减少屋面积雪，只在屋檐处有少量沉积（图4-61）。

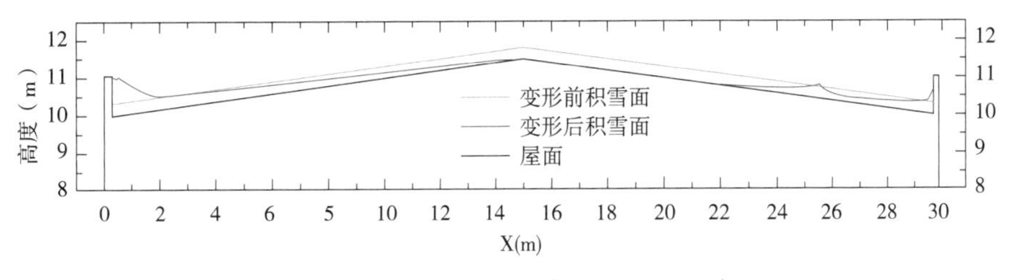

图4-58 带女儿墙单跨双坡屋面的积雪分布图

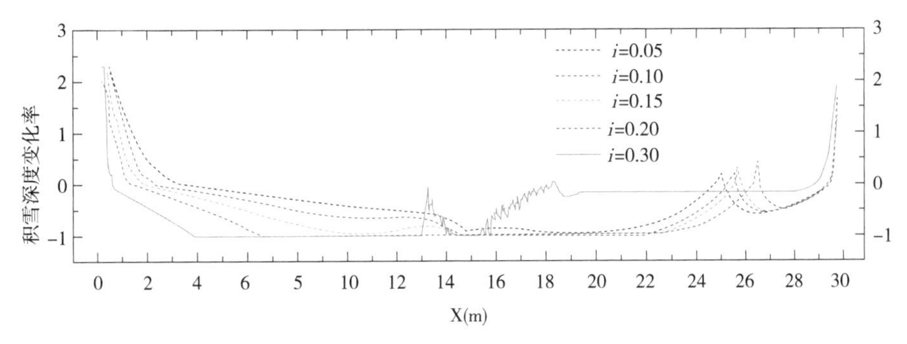

图4-59 不同坡度的带女儿墙单跨双坡屋面的积雪深度变化率

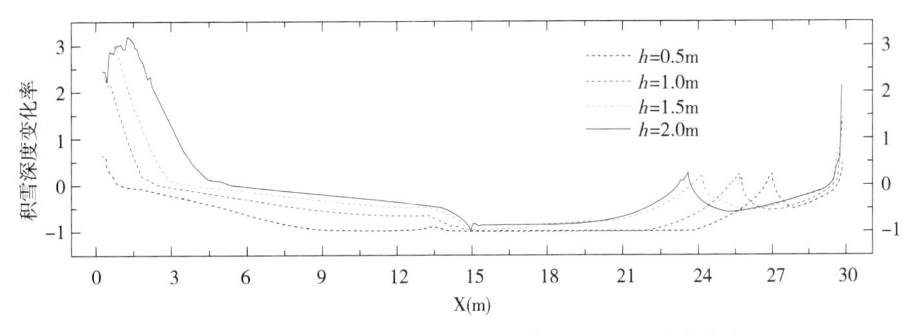

图4-60 不同女儿墙高度的单跨双坡屋面积雪深度变化率

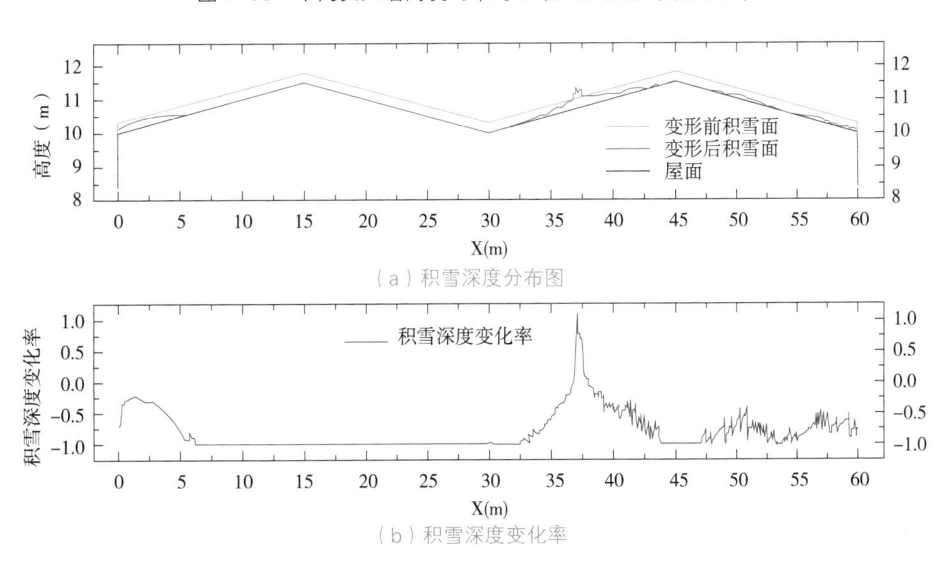

（a）积雪深度分布图

（b）积雪深度变化率

图4-61 双跨双坡屋面的积雪深度分布图和积雪深度变化率分布情况

（图4-58～图4-61来源：《典型屋面积雪分布的数值模拟与实测研究》）

（3）通过对无女儿墙的高低屋面积雪分布的数值模拟分析可以发现，迎风面低的屋面上的积雪由于大的涡流基本被风侵蚀，仅在檐口处有少量沉积（图4-62）；而迎风面高背风面低的高低屋面，背风面屋顶上由于受风较小且旋涡风速也很小，雪很少被侵蚀，基本都沉积下来，并且靠近檐口和墙体的区域沉积更多（图4-63）。

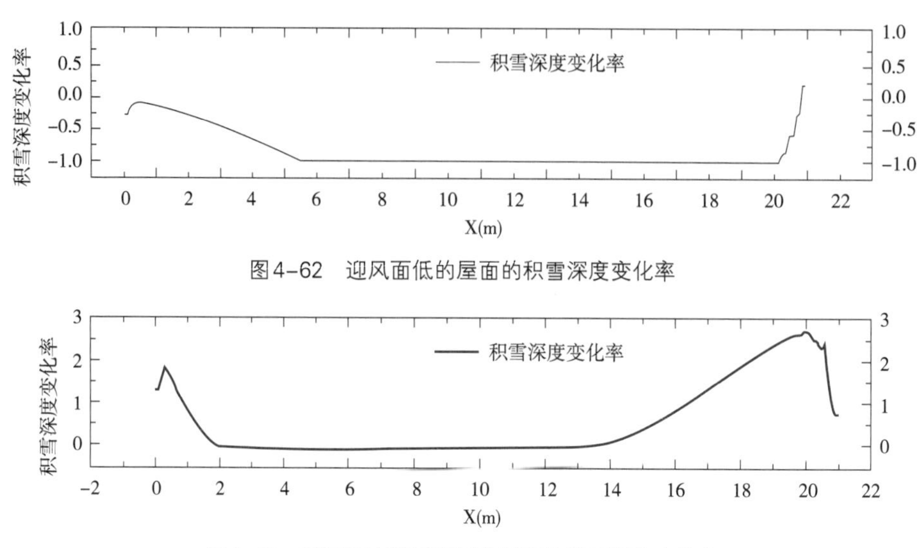

图4-62　迎风面低的屋面的积雪深度变化率

图4-63　迎风面高背风面低的屋面的积雪深度变化率

由以上分析可以看出，屋面坡度、女儿墙高度都是影响积雪漂移的因素：屋面坡度越大，迎风面的雪越容易被风吹走，而背风面越容易产生积雪；女儿墙越高积雪越多；高低突变的屋面其背风面低处容易产生大量积雪。因此，在合理的造价范围和建造技术允许的情况下，借用风力导雪的寒地建筑屋面创作要注意以下几点：建筑坡度不宜过大以减少背风面雪沉积；尽量不选择过于简单的双坡形式和高低突变的屋面，宜选择光滑起伏的屋面形状利用涡流侵蚀积雪；降低传统女儿墙的高度以减少其附近雪的沉积。

乌兰察布体育中心创意源于风吹形成的雪堆，呼应自然环境。建筑形体为流畅的曲面形式，风雪会在顶部掠过，北侧区域以大面积金属表皮抵御北方的寒风，并且较为低缓，便于冷风将雪吹走，减少雪的堆积；而南侧区域则缓缓向上升起，并围合成一个内院空间，两个主要的建筑形体通过内聚形成内向的能阻挡风雪的主入口广场，在引导人流的同时为人们提供舒适的外部环境（图4-64）。斯瓦尔巴德群岛科学中心基地处在挪威和北极点之间高纬度寒地，粗犷的外部形式与远处的山势形成呼应。建筑体量进行了整体切削折叠，削弱寒冷气候对建筑产生的不利影响。建筑充分考虑了屋顶形式的顺风导雪。屋顶借助三维模拟形成多个起伏的缓坡，充分利用风力减少雪的沉积［图4-65（a）］；建筑表皮一体化包络墙体和屋面，取消了传统意义上的女儿墙，使建筑屋顶没有因女儿墙而形成的积雪；屋面和墙面采用斜面过渡，既便于冰雪由重力排除，也增加了风致雪移的可能性［图4-65（b）］。同时，建筑在其他方面也对气候环境做出回应，如建筑由钢柱支撑，底层架空，冬季的风雪可以自由穿行，避免积雪对建筑产生的超负荷，也防止冰川的融化对建筑基础的影响。建筑表皮的铜质覆面具有很好的保温性能和延展性能，在极度低温环境下也能保持其性能，能很好地适应寒地气候。

（a）鸟瞰

（b）导风的建筑形体

图4-64　乌兰察布体育中心

（a）切削折叠的建筑形体

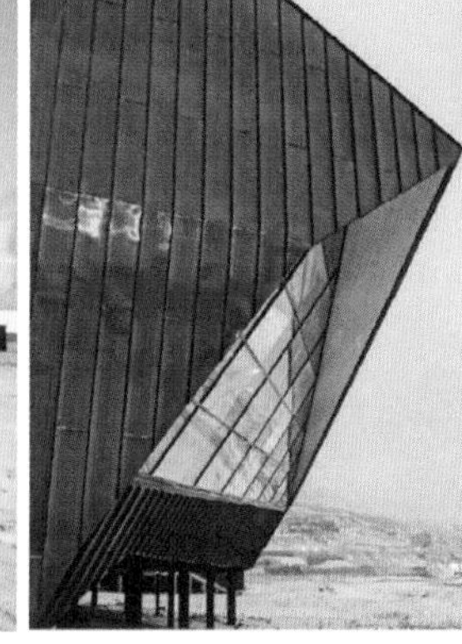

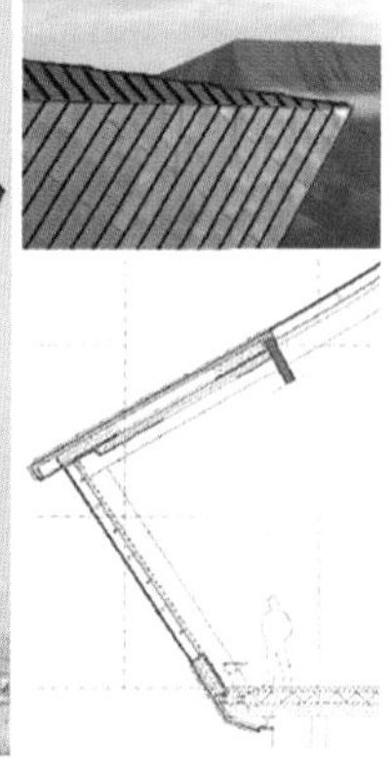

（b）屋面与墙面的过渡

图4-65　斯瓦尔巴德群岛科学中心

4.3.3　利用风环境规律的界面衍生

可以从建筑所处的风环境中提取规律，如不同方向和季节的风向特征、冬季冷风的趋势能量、风环境的参数等，结合前文论述的寒地建筑对温度、光照的反馈，形成适应寒地环境的界面形式。

4.3.3.1　应对不同朝向风环境的界面搭配

寒地建筑界面不同季节所应对的风环境方向截然不同，获得的太阳辐射强度也截然不同，如果都采用统一的外围护结构系统，会导致资源浪费，不是夏季阻碍建筑通风就是对冬季北向寒风的抵御薄弱。通常我国北方寒地建筑南侧界面获得的夏季东南向和南向季风最多、东西向风次之、北向风最少，而冬季则获得北方和西北风偏多、东西向风次之、南向风最少。寒地建筑外界面的开窗形式和开窗面积大小应该根据不同朝向应对的风环境并结合南北向光照的影响合理设置，以适应当地的自然气候环境。在寒地建筑创作过程应注重以下几点：寒地建筑南侧界面需要在夏季尽量多地引进通风，在冬季尽量多地获得阳光，因此可采用通透性大的界面形式，通风孔洞也尽量设置在南侧；寒地建筑界面的西侧、北侧则由于受到冷风的侵袭则应采用气密性高、御寒性能好、开窗较少的界面；建筑西侧由于经常受到低角度西晒的影响则不宜采用轻质墙体，应采用厚重墙体来储存光照热能[61]。

（a）南侧立面

（b）北侧立面

图4-66　慢马酒店

滑雪胜地皮安卡瓦洛（Piancavallo）的慢马酒店处于意大利白云石山脉上的雪山林海中，建筑的南侧与北侧采用截然不同的界面处理方式，以适应不同方向的风环境。建筑向阳南侧界面采用柔和温暖、平和舒缓的木质界面结合大玻璃窗，迎接夏季温暖的季风和冬季阳光，以及阿尔卑斯山的美景；而在建筑的北侧立面，则采用如岩石般凌厉的方式迎接冰雪和北向寒风，三角形的小开窗不仅在外观上让人想到雪山的风景，而且在功能上降低了北侧寒风的渗透，减少了积雪的停留。两种不同的立面表达了建筑师对自然的尊重（图4-66）。哈尔滨的哈西发展大厦设计也体现了不同朝向建筑界面对风环境的适应。建筑东侧界面以玻璃幕墙为主将阳光和景观引入室内，结合电动开启窗，实现建筑内部的通风换气，并使大厅内部获得充足的阳光，还利用柱廊形成丰富的光影；南侧界面将通透的玻璃幕与遮阳构件相结合，并结合可开启窗引导室内通风换气，也为办公用房提供了较为舒适的光照；西侧、北侧界面则以厚重的实墙为主，减少窗户的设置，提高建筑的保温性能，能有效抵御西侧和北侧的冬季寒风；屋顶则在中庭上空设置了天窗，调节室内的光照和通风（图4-67）。

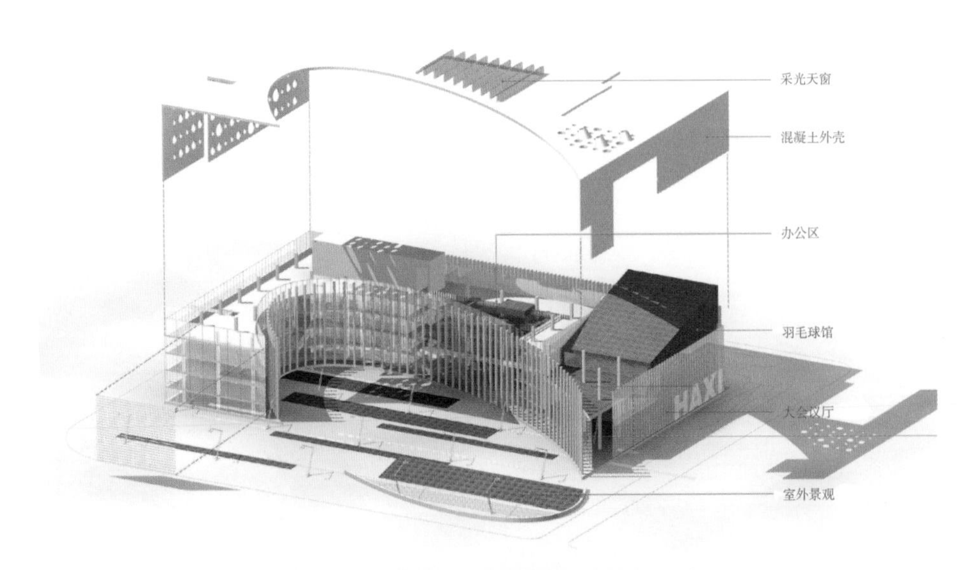

图4-67　哈西发展大厦不同朝向的界面设计

4.3.3.2 模拟风环境参数的界面生成

建筑处于寒地风环境之中，可以采用厚重的建筑围护结构遮蔽内部空间，或利用高能耗的设备技术来抵御冷风的侵袭，这些方式都是较为传统的手段，没有运用精确的类似生命体的“可自调节”方法。随着科技的不断发展，寒地建筑可以借助参数化设计，将风环境的实际数值进行逻辑推演和关系运算，更加精确地实现根据风环境规律生成建筑界面，使建筑具有简单的类生命体自调节特征，为室内提供更加宜人的生存环境。

哈尔滨E-14地块项目概念设计方案中，考虑到冬季寒风对高层塔楼的影响较大，建筑设计以当地风环境作为基本参数，通过犀牛软件（Rhino）和参数化建模软件（Grasshopper），用参数化的方式建构建筑立面的表皮。其主要设计过程为：①分析，运用VE软件模拟建筑冬季室外风环境；②转译，绘制建筑表面风压分布展开图；③生成，通过编写参数化建模软件（grasshopper）程序，借助立面风压分布图，完成参数化表皮格栅的构建；④覆盖，将生成的参数化表皮格栅附着到建筑体量上[62]。在这个过程中，通过计算机软件模拟的风环境情况模拟塔楼表面风压分布情况绘制展开图，将不同的灰度对应不同的风压数值，使灰度从100%（风压小于5kN/m^2）到0%（风压大于2kN/m^2）一共分为15个梯度，分别对应不同数值的风压。利用这个风压分布图和参数化建模软件（grasshopper）形成对建筑立面格栅的宽度干扰，形成平面格栅系统。将这个格栅系统包裹于建筑外表，在风压大的地方，格栅宽度加大，玻璃面积减少，提高建筑立面抵御冬季寒风的能力，反之亦然（图4-68）。

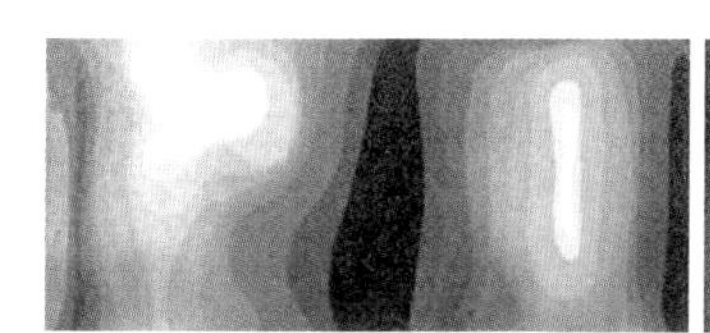
公寓楼立面风压展开图

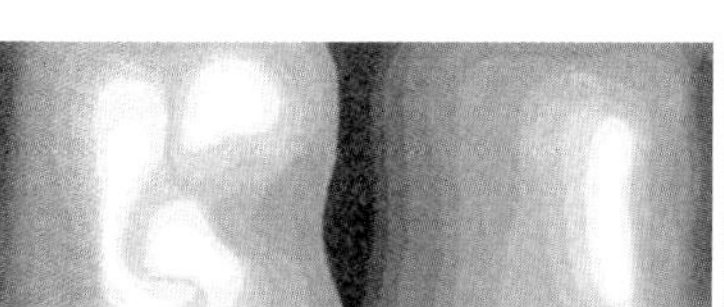
办公楼立面风压展开图

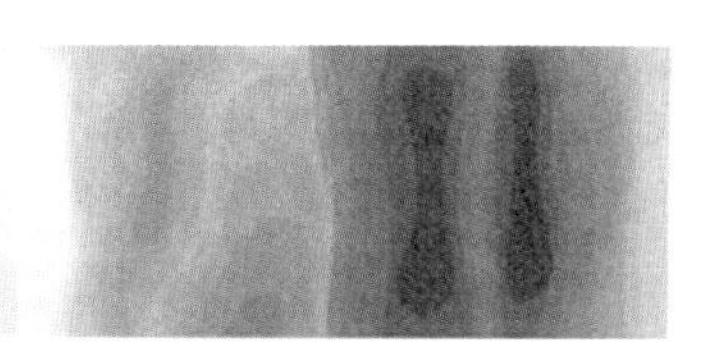
办公楼立面风压展开图

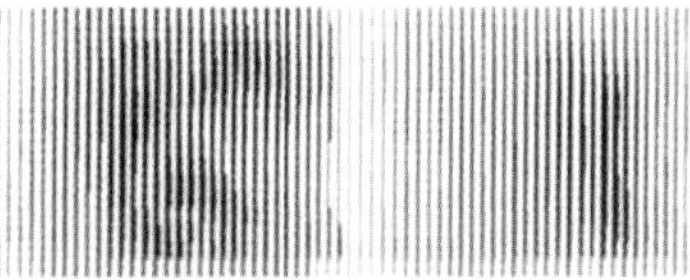
生成立面格栅展开图

（a）用立面风压展开图生成表皮格栅展开图

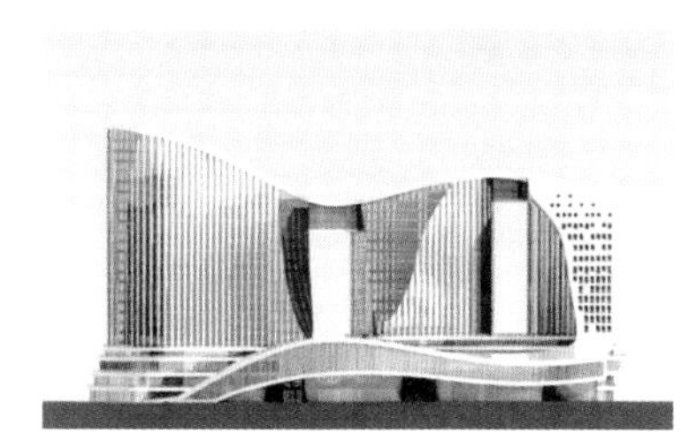
西立面图

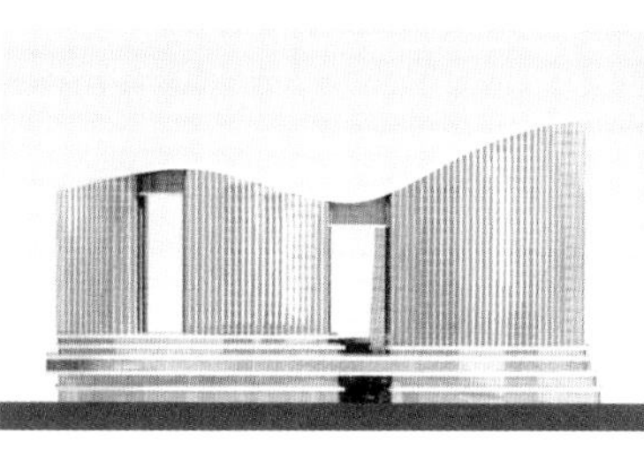
东立面图

透视效果图

（b）将参数化格栅表皮附于建筑体量上

图4-68 哈尔滨E-14地块项目概念设计方案

（来源：《基于风环境的参数化建筑表皮设计方法——以哈尔滨E-14地块项目概念设计方案为例》）

处于自然环境中的寒地建筑界面生成，除了考虑单一风环境之外，往往还应考虑光环境、温度环境等多重环境要素的相互作用影响，这就需要综合考虑不同因素，进行耦合设计，形成与风环境以及其他气候环境共同关联耦合的表皮系统，达成对寒地多重气候环境影响的同时响应。在主要设计手段上可以采用参数化设计和多智能系统设计，主要是通过计算机模拟软件（Eco-tech、Vasari等）将环境中的各种环境效能转化为可调节参数，并结合近几年出现的“环境响应算法”进行综合分析，并通过算法技术，将这些参数转变为建筑表皮形式。

4.3.4 缓冲风雪侵袭的局部构建

寒地建筑局部空间的设计和构建也是影响建筑周围冷风环境和积雪形态的重要因素，直接影响局地环境的舒适度，因此寒地建筑创作在关注形体、屋面及外界面的同时，也应该注重利用局部构件及空间设计避风挡雪，减少雪的堆积，形成较为舒适的微环境。

4.3.4.1 挡风屏障设置

寒地建筑通过在场地或建筑局部设置风雪屏障，能够最直接地抵御冬季风雪的侵袭，这是较为经济和便捷的应对寒地风雪环境的方法。挡风屏障多设置于相对冬季冷风主导风向，并尽量垂直于主导风向。挡风屏障的主要形式可以有植被、构筑物或实体空间形成的挡风区域，下文将具体阐述。

（1）植被屏障挡风

处于自然环境中的寒地建筑在应对自然风雪环境时，可以利用天然的自然屏障抵御寒风侵袭，包括利用高起地势挡风和利用植被屏障挡风，利用自然地势挡风在本章4.2节中已经有所阐述，本节将主要阐述利用植被屏障挡风。

在北半球高纬度地区，植被屏障挡风从城市尺度到群体建筑尺度再到单体建筑尺度，寒冷地区都有所应用。人们常利用成列的防风林带作为一个区域的挡风屏障，不仅能够减弱寒风的侵袭，也能防风固沙，防止水土流失，改善气候条件。防风屏障对风速的减弱作用取决于植被的树形、长宽度、疏透度，也取决于风速的大小。在这些要素中植被的高度和密度是最重要的因素。单排高密度的挡风植被，可以将建筑渗透热损失减少60%，这意味着能减少15%的能耗费用。同时，防风效果同风速呈现负相关的关系，当林带疏透度降低的时候，林带防风效应会随之增强，有效防护距离也相对增加。但是不透风林带采用较少，以减少回流风对防护对象的损害。通常情况下，树后5倍树木高度的区域内风速减少最大，为62%～78%，而到10～15倍距离的时候，风速仅减少13%～24%（图4-69）。因此，国家规范《城市绿地分类标准》（CJJ/T 85—2017）中规定，林带之间宽度为树木高度的5～10倍。林带植被的选择应考虑树种的生物学、生态学、林学特征，依据气候条件做出选择，并根据乔木、灌木树种根系、发育状况及对不同土壤的适应性进行考虑，选择恰当的林带树种，合理配置林带结构，使其发挥较大的效用。

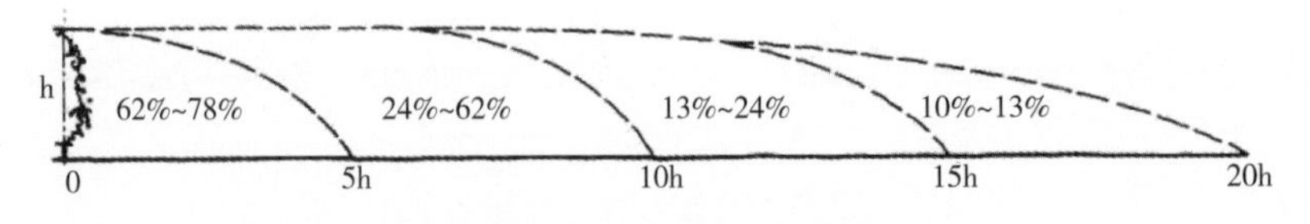

图4-69　树木对风速的减少量

（2）构筑物挡风

当建筑场地不能设置自然植被作为屏障来遮挡寒风之时，寒地建筑可以设置人工的挡风构筑进行挡风，减少建筑热量的损失。西班牙特内里费（Tenerife）生物气候住宅用厚重的圆形挡风墙将建筑内部空间围合起来，挡风墙形状呈正圆形，将北、西、东面包裹起来，只在南侧断开较小一段作为主入口。圆形形式能有效疏导各个方向的冷风，并使内部形成较为封闭的背风区域。挡风墙就地取材，利用当地的托斯卡（Tosca）火山石材料砌筑而成，形成一道坚实的屏障使建筑内部空间气温舒适。建筑虽然用整体的屏障将内部与外部隔离开，但并没有因此回避自然。建筑的圆形屏障与长方形内部空间形体之间留有多个小庭院空间，配合绿化种植，冷风被挡在外，又有阳光进入，提供了宜人的微气候小空间，即使4℃或更低的温度下也会感觉很舒适（图4–70）。

（a）建筑鸟瞰　　（b）北侧阻挡冷风，南侧获得阳光

图4–70　西班牙特内里费（Tenerife）生物气候住宅

（3）实体空间作为挡风屏障

在不能设置构筑物挡风时，建筑可以利用内部空间形成实体挡风屏障。建筑内部空间不同使用功能对冷热的需求不同，比如住宅的卧室、起居室对阳光、温度的要求较高，而楼梯间、走廊、卫生间、储藏室等辅助功能的房间对阳光、热舒适性要求较少，因此建筑可以通过合理的空间配置，得到合理的温度分区模式，将采光需求与温度需求较低的功能房间进行整理，形成建筑的挡风区域。赫尔佐格设计的青年教育中心，将经常使用的客房空间置于南向，辅助房间置于北向，并利用良好的材料形成封闭空间，作为南侧客房的北向挡风屏障，并且可以分时供暖，节约能源（图4–71）。美国盐湖城公共图书馆建筑用一道具有弧度的墙体结合内部辅助房间，从建筑北侧一直延伸到入口广

（a）辅助房间置于北侧

（b）建筑侧立面

图4–71　青年教育中心

场，形成建筑内部空间、屋顶花园的挡风屏障，也是入口大厅和公共广场的场域围合界限，并成为城市的重要标志点。双弧线围合的玻璃幕“城市客厅”面向南向景观，在冬季也能获得充足阳光，夏季则结合通风设置保证凉爽，并结合下沉的广场，使建筑内部与外部空间相互渗透，形成文化艺术活动的城市节点（图4-72）。

4.3.4.2 局部空间改善

寒地建筑局部空间处理不当容易导致该区域形成局部积雪，对室外环境产生不利影响，应该优化局部空间的设计，借助风力作用，减少雪的堆积。下面主要阐述如何局改善建筑入口和建筑底部的局部空间。

（1）入口缓冲区的风雪回避

寒地建筑入口是连通室内外的关键部位，不仅使用密集，且经常开启，入口布局空间设计应防风防雪，减少对流热损失。

在防风方面，寒地建筑入口区域应避免冷空气直接吹入，减少室内热量损失。第一，入口开启方向尽量背风向阳，避免朝向冬季主导风向；第二，入口区可以加设门斗或挡风门廊，形成室外向室内的过渡空间，减少风直接进入室内，门斗和挡风门廊的开口也尽量避免朝向冬季风主导风向（图4-73）；第三，建筑入口区域应该与内部中庭采用合适的方式连通，避免直接相连，可采用间接相连、转折相连等方式（图4-74）。

（a）建筑鸟瞰

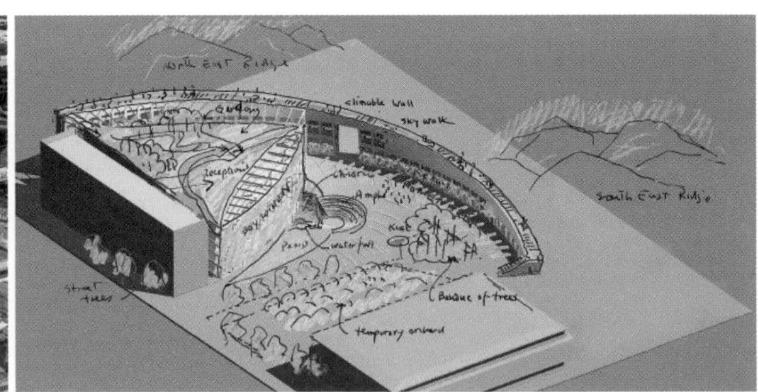

（b）挡风区域形成内部微环境

图4-72 美国盐湖城公共图书馆

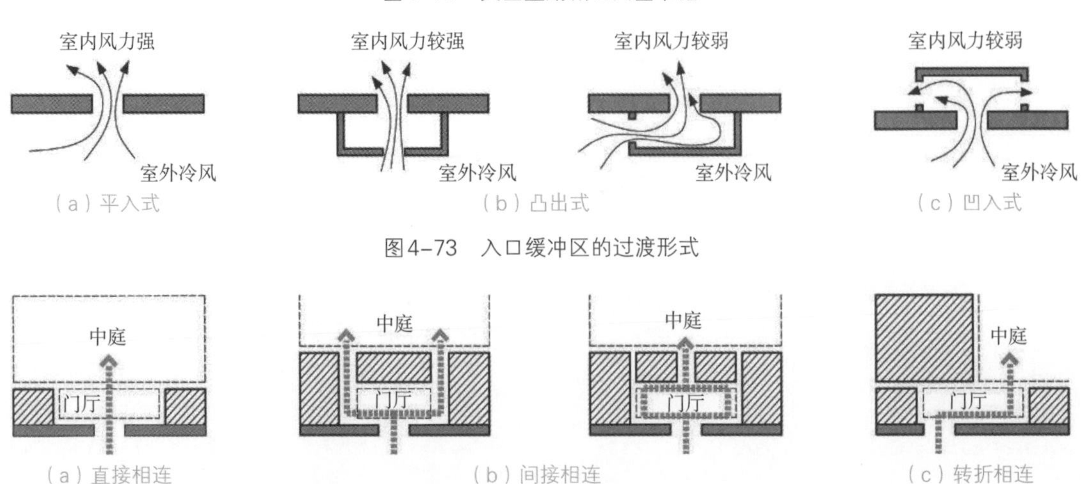

（a）平入式 （b）凸出式 （c）凹入式

图4-73 入口缓冲区的过渡形式

（a）直接相连 （b）间接相连 （c）转折相连

图4-74 入口缓冲区的连通形式（图4-73、图4-74来源：《关于严寒地区绿色建筑设计的思考》）

在防雪方面，入口区域应减少雪的落入和利用风来吹走雪的堆积。从前文的分析可以知道，建筑迎风面会产生挡风作用，增加降雪堆积的概率，建筑迎风面尺度越大，降雪堆积越多。因此，主要措施有以下两种。第一，在入口上方结合雨棚设置挡板；第二，入口区域结合形体变化形成缓冲空间等。挪威纳维克（Knarvik）社区教堂，建筑切削的形态与起伏的山石相呼应，入口处也采用斜切凹进的处理，为建筑内外空间提供缓冲空间，阻挡降雪在入口处堆积［图4–75（a）］。挪威的瓦莱里（Valer）新教堂，建筑匍匐于大地，表达对自然的尊重，并将入口空间设置在三面围合的建筑体量内部，雨棚为建筑屋面形式的延续，为人们提供能够遮风挡雨的缓冲空间［图4–75（b）］。

（2）底部架空以利于风雪通过

用计算机模拟软件（PHOENICS）模拟分析可知，建筑底层没有架空和底层架空的迎风面和背风面风速差别较大。当建筑没有底部架空时，建筑迎风面和背风面低风速区域与建筑相连；而有架空的建筑，迎风面和背风面低风速区域是邻近建筑，且背风面低风速区域的风速明显大于没有架空的建筑（图4–76）。由前文论述可知，风速越大越能减少积雪停留，风速过小则容易造成雪的堆积。因此，寒地建筑可以采用底部架空的措施来减少积雪在建筑周围的停留。但是底部架空会增加寒地建筑外部界面的面积，所以底部架空的建筑应该加强底部界面的保温防护。丹麦哥本哈根的水晶大厦采用底部架空的方式，巨型V形的混凝土柱子支撑着上面的建筑，冬季风雪便于通过，减少

（a）挪威纳维克（Knarvik）社区教堂

（b）挪威瓦莱里（Valer）新教堂

图4–75　建筑入口防雪

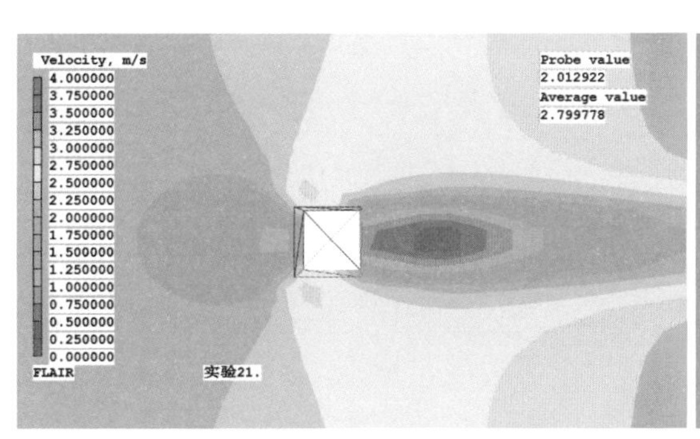

（a）建筑底部未架空风速云图

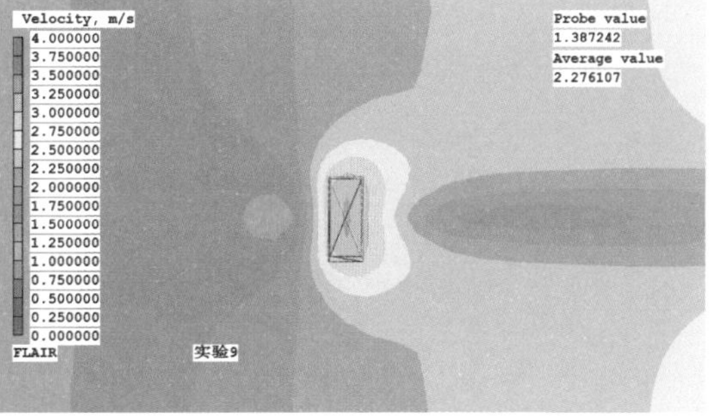

（b）建筑底部架空风速云图

图4–76　建筑底部未架空与架空风速云图对比

（来源：《建筑底部架空周围风环境特性研究》）

建筑周边积雪的停留［图4-77（a）］。瓦斯尔巴特群岛科学中心的基础设计，通过在冰面上挖出6英尺（约1.83m）深的洞，完成木桩的嵌入以及灌水工作，混凝土板以混凝土柱为依托，完成地面抬高处理，高度保持在0.450~1.200m，有效地防止建筑内部热量融化冰川导致建筑发生沉降［图4-77（b）］[63]。由图4-77（c）的风速云图可以看出，架空的空间可以使风雪迅速从建筑下部通过，减少雪在建筑周围的堆积，降低积雪对建筑造成的负担。

（a）哥本哈根的水晶大厦

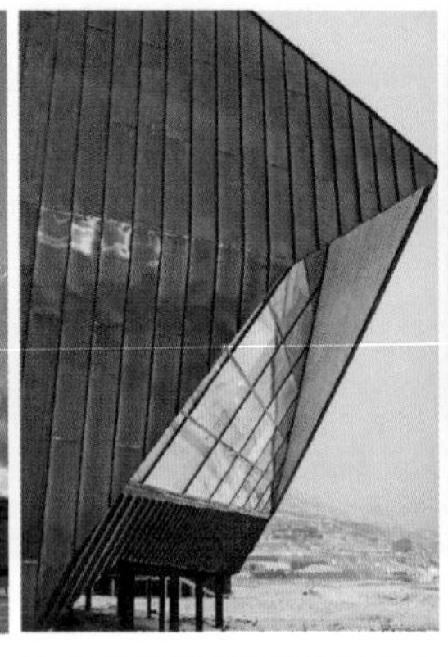

（b）瓦斯尔巴特群岛科学中心底部架空

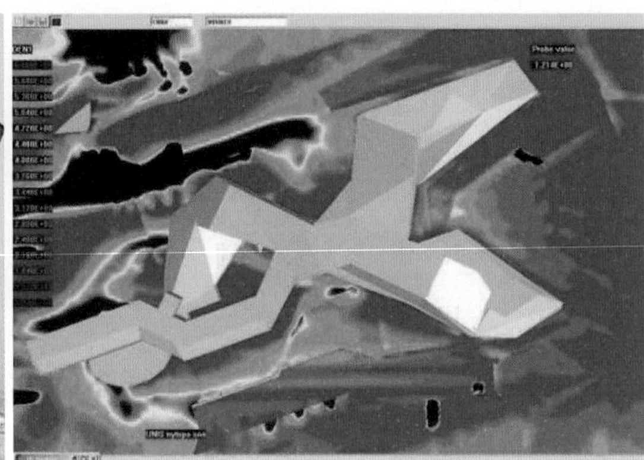

（c）风速云图

图4-77　建筑底层架空

4.4 本章小结

在原生寒地自然环境中，自然气候语境是寒地建筑生成的原动力，低温、短日照、风雪侵袭都对寒地建筑产生重要影响。随着技术的发展，寒地建筑应该逐渐适应气候语境，具有自我调节能力，从被动排斥气候的不利因素到系统地适应气候环境，使建筑的形体、屋面、界面和内部腔体都源自建筑所处的热环境、光环境及风雪环境特征。本章从以下三个方面具体论述基于气候语境的寒地建筑创作方法。

（1）温度影响的主动适应方法。寒地建筑应从形体构成、界面优化、空间组织和腔体置入四个方面主动适应寒地低温环境和温度变化。

（2）光照影响的动态适变方法。寒地建筑应在形体推演、屋面理光、界面调控和空间演绎四个方面主动使建筑内部获得更多冬季光照。

（3）风雪影响的趋利避害方法。寒地建筑应采用形体生成、屋面优化、界面衍生和局部构建等多种措施来因势利导地应对风雪环境。

第5章

基于场景语境的寒地建筑创作

受到内陆边疆的地缘限制和落后体制的制约，我国北方寒地建筑的创新多受局限，建筑形式往往拘泥于符号化的外部装饰、混凝土的冰冷建造及新奇材料的移植，建筑与自然彼此分立，没有从真正的地域场所出发形成根植于场景语境的寒地建筑。

传统的中国自然观认为自然万物是人类的老师，人应该对自然保持谦卑的态度，原始建筑往往根植于自然，能够最直观地让人们体会到自然场景的魅力。丰富的寒地自然场景是建筑师无限灵感的来源，自然给建筑创作提供了丰富的图景，在物质不断丰富的今天，精神层面的提升也势在必行，当代建筑虽然采用先进的技术和材料语言，也不应该放弃对自然场所的精神回应，用具有时代感的手段营造诗意的场景是当代寒地建筑创作应该追求的品质。低纬度地区的很多建筑实践都已经开始重视自然场景语境的回应，寒地建筑虽然处于气候恶劣的高纬度地区，也应该注重对自然语境的场景回归，通过塑造建筑内外部空间的场所感形成对自然语境文本的回应与延续。

基于自然语境的寒地建筑创作，应由与自然分立走向与自然互动，与山川原野、冰雪景观、草木植被等自然场景要素呼应，在建筑材料的使用上也要注重本土原真，再现自然质感；还应该从真实的场景语境中生成，营造诗意的氛围环境，与人们的内心形成共鸣。本章从自然要素的多元转译、自然肌理的原真表达、自然意境的诗化营造三个方面出发阐述基于自然场景语境的寒地建筑创作方法。

5.1 场景要素的多元转译方法

寒地建筑创作对自然场景语境的回应，应首先与自然场景多重要素的形制相呼应。寒地自然场景要素形制具有以下特征：第一，丰富多元，给建筑创作提供丰富的联想空间；第二，地域特征明显，与南方自然场景要素形制气质截然不同，多铿锵有力、厚重大气；第三，能够唤起人们的共鸣，建筑通过转译场景要素形制能够根植于自然场域，使人回归自然环境。寒地建筑通过主要自然原生场景要素的回应，包括对山川河流、冰雪景观、草木植被形态等自然形制的抽象提取，用写意的方式拟态“山、水、冰、雪”来与自然互动，用具有时代感的手法继承东方自然观中对自然万物的抽象方式，层叠转译，传述自然与人文之意，隐喻地表达自然意境之美。本节从寒地建筑呼应宏观山川原野态势、呼应特有的冰雪景观、呼应周围的植被草木三方面出发，阐述基于场景要素的寒地建筑创作的具体方法（图5-1）。

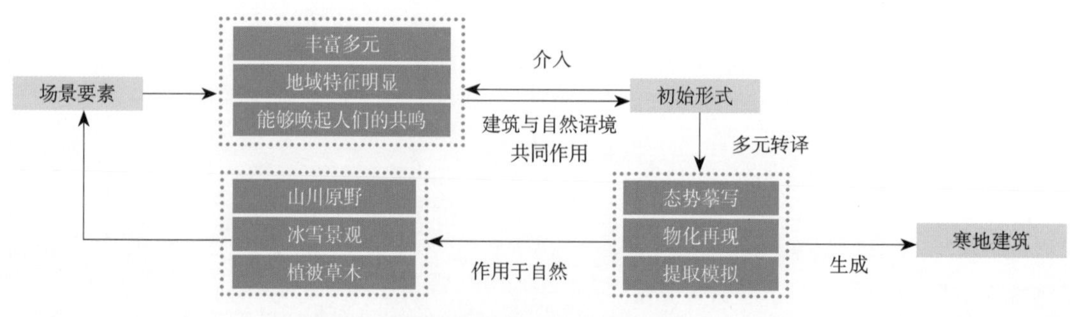

图5-1　基于场景要素的寒地建筑创作过程示意

5.1.1　山川原野的态势摹写

图5-2　层次分明的地貌形态

自然的宏观地貌形态处于不停的变化中，流水侵蚀、风沙搬移，持续不断的侵蚀和沉积塑造了丰富的肌理和特征线条，形成了高起的山脉、平缓的沃野、变动的沙丘、流动的河流等。这些动态的过程构成了丰富的宏观自然地貌语境（图5-2）。当代寒地建筑创作可以通过多种造型手段模拟起伏的山川、平原、沙漠、水体等自然宏观场景语境，从现象学的角度唤醒人们内心的记忆，唤起自然的归属感。

5.1.1.1　山川层岩的态势模拟

从古至今人们往往将自然界的高山、巨岩、丘陵等宏伟的地貌形态作为思想寄托和灵魂崇拜的对象。这种思想不仅在早期的宗教和民族传说中有所体现，在远古时代的建筑设计中也有很多表达，形成了很多以自然山地为本体的朴素的地形建筑。如古巴比伦的梯形庙塔、古埃及的金字塔都是对山体的拟态，古巴比伦的空中花园形成了高大的台地山体形式，都是表达对自然神圣力量的崇拜。模拟山川层岩形态走势的设计方法，从古代一直沿用至今。当代的很多建筑师仍然用这种方式表达对自然的尊重与呼应，并利用现代技术手段将原始质朴的宏伟自然摹写出来。

意大利2015年米兰世界博览会中国国家馆正立面通过起伏的胶合木结构屋架形成“群山”的造型，天际线隐喻中国的自然山水，用抽象的方式隐喻山川之动势，形成独特的建筑形式（图5-3）。同时这种起伏的屋面还提取了中国传统歇山式屋顶的造型元素，用具有强烈艺术性和时代感的创新材料表现，从空中俯视，建筑就如同希望田野上一片起伏的“麦浪”，呈现壮阔的中国大地景观，隐喻中国历史悠久的农业文明和自然大地是万物“生命的源泉”。同时，建筑的背面呈现出城市的天际

（a）模仿起伏大地的建筑形式

（b）主入口

图5-3　米兰世界博览会中国国家馆

线，将不断发展演进的自然地貌环境和人文地貌环境结合起来，以生动的寓意给人以想象的空间。

麦克纳马拉校友中心位于美国明尼苏达大学校园入口附近，建筑创作灵感来源于明尼苏达州的自然地貌特征（图5-4）。明尼苏达州北邻加拿大，气候极端，最低温度曾达到-51℃，年均降雪量为126cm，大部分地区是冰川时期被风化的平原。建筑创作捕捉了当地山地的自然场景，用折叠、起伏等拓扑手法架构场地和建筑特征，具有碎裂感的多块建筑外表面板相互冲撞，再现地质运动中地貌的巨变。礼堂内部大厅也采用了碎裂的块状组合，光线从缝隙射入室内，形成具有神秘感的聚会场所，使人们在室内也能感受到自然之力的震撼人心。

（a）模仿地貌的建筑外形

（b）表现自然之力的礼堂空间

图5-4　麦克纳马拉校友中心

5.1.1.2　平原沙漠的态势模拟

建筑师通过模仿平原、沙漠等原野地表的特征，形成寒地建筑形式，从宏观层面表达一种写意的场域精神。同时，融合现代技术的建筑形态和空间可以更复杂多变，有机地融于环境，体现出具有时代特色的自然场景特征。

莫高窟游客中心用拟态沙丘地形的方式适应自然场景语境，表现出中国北部沙漠独有的自然风光。沙粒在风力的作用下形成了丰富生动的自然形状，成为堆积物或脊状物，在动态平衡中书写自然的韵律。建筑提取这些自由线条，形成相互交叠、婉转起伏的建筑体量。建筑整体形式如起伏的沙丘，又如同莫高窟壁画中飞天飘逸的彩带，与苍茫的自然背景交融为一体，传达了宏伟的自然意境（图5-5）。位于中国大同的云冈石窟博物馆将主要的功能建于半地下，地上部分露出屋顶和南立面，起伏的建筑与黄土高原大地起伏轮廓相呼应，在宏大的场域内呈现出原始质朴的自然感受。设计将自然地貌与当地石窟艺术的人文历史叠合起来，波浪起伏的建筑屋顶模拟了地貌的态势，又使人联想到石窟佛身上的雕刻衣纹。（图5-6）。

5.1.2　冰雪景观的物化再现

高纬度寒冷地区冬季漫长，草木凋零，降雨多以冰雪形成呈现，冰雪环境是其区别于南方地区

（a）建筑外形　　（b）态势的模拟

图5-5　莫高窟游客中心

（a）起伏的建筑

（b）层次叠合的屋顶

图5-6　大同的云冈石窟博物馆
（来源：《云冈石窟博物馆》）

的主要自然景观之一，形成了北国独有的场景环境。寒地建筑创作最常用的手法之一是通过多种手段融入冰雪环境的独有特色，既呼应了场所环境又表达了地域特征。“夏季赏绿，冬季赏冰”，寒地建筑通过建筑整体或局部的冰雪物化再现，并结合冰雪体育场、冰雪乐园等多层面的冰雪设施，让人们在气候较为恶劣的冬季找到与大自然沟通的途径。将寒地冰雪景观物化为建筑形式的创作方法可以大体上分为三类：一种是再现常态的覆盖大地的冰雪景观，用起伏连续、切削折叠的形式模拟大地冰雪的动势；一种是再现处于高纬极地和高山雪线以上地区的冰山景观，用嶙峋起伏的体量表现自然的鬼斧神工；一种则是再现自然微观冰雪肌理形构，在建筑细部形成激发场所共鸣的表皮形式（图5-7）。

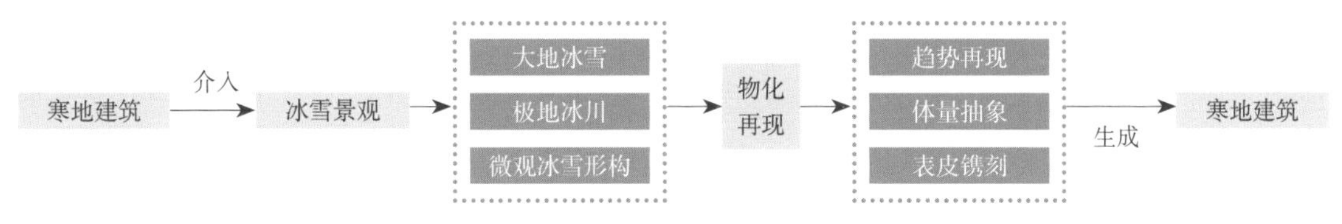

图5-7　物化冰雪景观的寒地建筑创作

5.1.2.1　大地冰雪的趋势再现

冰雪覆盖的北国大地有着独特的自然场景韵味，雪在起伏的大地上经由风的吹动形成具有多种动势和动线的形态。从宏观大地冰雪自然景致中提取灵感也是寒地建筑创作方式之一，可以从布局、体量上模拟冰雪形态，写意冰雪大地的起伏切削之感，用切削、折叠等拓扑形式变化形成寒地自然环境独有的粗犷感，演变为生于大地的建筑形式。

黑龙江省博物馆新馆的建筑创作面对“黑土黑水”“大农业”“大森林”“大石油”等中国东北地区繁杂的地域文化，建筑形式没有采用狭义的历史文脉符号堆砌，而是从更广阔的自然语境中汲取灵感，融“有形的建筑”于“无形的自然”，以此来诠释人的智慧和自然的伟大。博物馆处于哈尔滨太阳岛的草原地貌，靠近松花江畔的江边滩涂湿地，背景环境具有粗犷、质朴的特征。建筑形式从寒冷地区的大地冰雪景观中提取脉络，用写意的方式凝固自然的片段，对形体进行充满力度地切削，遒劲有力的线条如同白雪覆盖的黑土地被寒风掠过后形成的自然肌理，又如乍暖还寒时候破江涌动的冰排。同时在新馆和扩建部分之间形成带状的流畅室外空间，如同凝固的“黑水”，形成外刚内柔的建筑组构，表达三江之水流淌于粗犷的黑土地之上。内部的庭院也作为室外展示空间，为人们提供走出展厅接触自然的微环境（图5-8）。

（a）提取大地冰雪的建筑形体　　　　（b）模拟冰雪肌理的建筑局部

图5-8　黑龙江省博物馆新馆

吉林延边朝鲜族文化园区、延边群众艺术文化中心及群众活动中心建设项目方案设计，建筑通过舒展起伏的形式寓意长白山地区独特的自然环境，各个建筑功能有机串联，既具有独立性又形成统一的整体，呈现出“白山黑水”的当地自然气势。建筑形体厚重，用有力度的切削感呼应冰雪的形态，写意冰雪大地的起伏感和风雪的力量感，形体的错动彰显坚忍不拔的北方性格特征，石材与玻璃用具有现代感的语言诠释传统的地域特征，表达出北方寒地独有的建筑性格（图5-9）。

5.1.2.2　极地冰川的体量抽象

地球陆地有10%的面积被冰川地貌所覆盖，在地理环境、气候环境的复杂作用中冰川会形成冰蚀地貌、冰碛地貌和冰水堆积地貌等多种形态丰富的地表形态，在冰川地貌的边缘还存在着喀斯特地貌、高山寒漠土地貌等丰富的自然环境，冰雪和岩石构成了这些地域磅礴的大地景观。在北欧临近极地冰川的地区，寒地建筑经常模拟冰川、岩石的形态，形成与自然景致相顺应的建筑形式，建筑形体多具有强烈的冲击力和力量感，引发人们的情感共鸣（图5-10）。

奥胡斯海滨住宅区模仿冰山形体，住宅顶部用锯齿形线条进行切割，形成具有力度的高低错落的锐角，整个群体就犹如漂浮在海面上的冰山。住宅单体之间形成多个缝隙，将自然景致渗透进来，打造了生动的区域环境，激发了城市的活力。同时倾斜的建筑顶部使建筑内部空间能够更多地获得冬季阳光（图5-11）。雅克·赫尔佐格和皮埃尔·德梅陇设计的汉堡易爱乐北音乐厅坐落于老码头仓库上，建筑模拟冰川形态，形成该区域的地标。建筑内部设置两间足以容纳2150名和550名观众的演出厅，外部形式包络内部空间，用形象的语言将自然环境与港口城市联系起来（图5-12）。哈尔滨松雷大厦改造方案的建筑外部形式也模拟冰川的力量感。建筑整体金属外表皮通过切削、折叠等方式，将不同的材质进行拼接，呼应北方寒地独有的自然语境特色，对欧式的老建筑外表形式进行了系统地置换，使处于城市老街区的建筑从环境中脱颖而出，也引发人们对自然环境的共鸣（图5-13）。

（a）建筑鸟瞰

（b）模拟冰雪的形体

图5-9　吉林延边朝鲜族文化园区

图5-10　冰川

图5-11　奥胡斯海滨住宅区

（a）模仿冰川的建筑形体

（b）坐落于海滨的建筑

图5-12　汉堡易北爱乐音乐厅

图5-13　哈尔滨松雷大厦改造方案设计

5.1.2.3 微观冰雪形构的表皮镌刻

雪花属于流芳晶系，雪花在云中的原始形状主要有柱晶和片晶两种，在下降途中由于空气饱和度的变化，能够形成星状、枝杈状等多种形状。随着建造技术的发展，寒地建筑对冰雪环境的呼应不仅体现在建筑形体的生成上，也可以在表皮设计上模拟冰雪的肌理形构，把雪花、冰凌的形式复制于建筑表皮之上（图5-14）。

图5-14 冰雪肌理

哈尔滨西客运枢纽站方案设计中，建筑立面表皮模拟冰雪肌理，使建筑从宏观尺度到近人尺度都反映出寒地地域的环境印记，使这个城市交通枢纽能够唤起人们对淳朴自然的记忆，用一种具有时代感的方式反映地域文化。鄂尔多斯体育场地处内蒙古恶劣寒冷的气候环境中，没用采用常规体育场开放通透的形式特征，而采用了浑厚敦实的形象，外墙采用较为封闭的处理方式，只开启少量的异形洞口于墙面上，耐寒防风。为了避免大尺度建筑形体带来的压抑感，建筑师提取北方寒地冰雪形式，用再造石装饰混凝土轻型墙板组合而成的冰裂纹形成建筑表皮质感。将异形肌理放置在曲面形体上时，以雪花的六边形为基础演化出多种六角形的形式，根据曲面的变化和雪花的特征形成16种异形板，将这些异形板作为基本的单元片进行复制，经过精细施工平整地覆盖整个外界面。在外界面需要开启洞口的区域，则取下一片或几片不等的异形板，使阳光能够在异形的洞口留下光影，并且在不同的时间段会有不同的光影效果，给原始质朴的自然环境添加一抹生动的质感（图5-15）。

5.1.3 植被草木的提取模拟

在自然景观中，植物比岩石、土壤等更富有活力与变化，具有丰富的形态和色彩，并具有生长

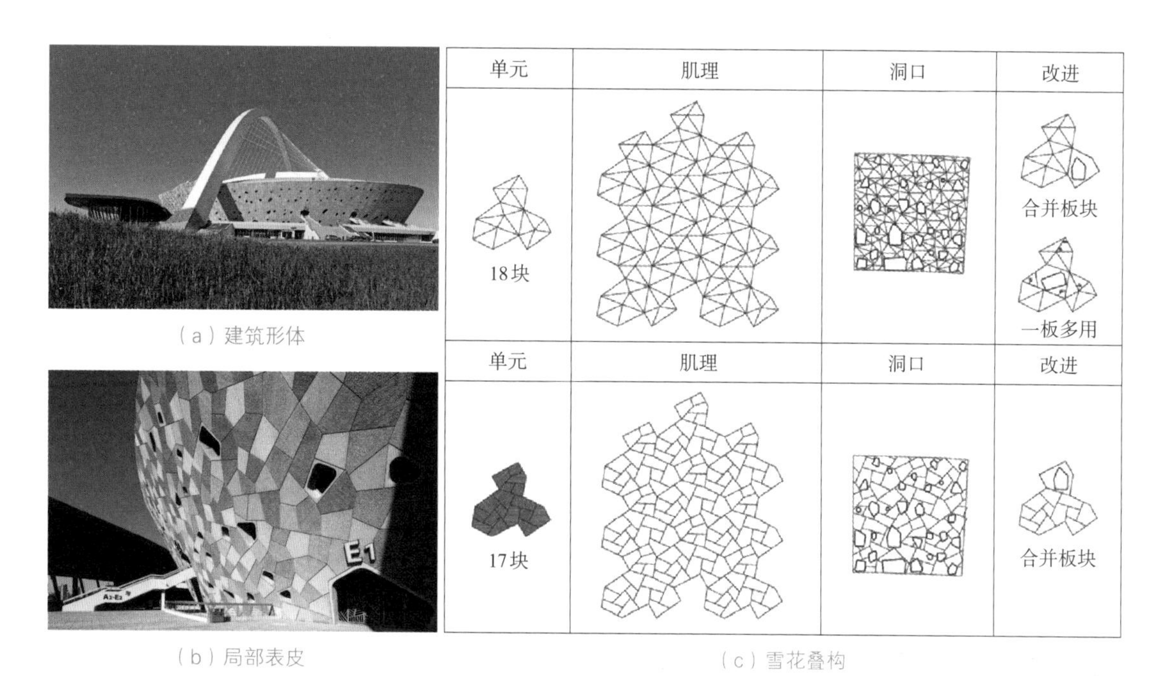

（a）建筑形体
（b）局部表皮
（c）雪花叠构

图5-15　鄂尔多斯体育场
（来源:《鄂尔多斯市东胜体育场》）

周期性，常常是自然语境中覆盖面最广泛的实体组成。自然界中的一切生物形态都是为了适应环境不断进化与自我调节的结果，其形式不仅能够在较高程度上适应所处的地理条件、组群关系，还能更加有机地适应相应的气候条件。草木因其所在的自然环境多样性，涌现出纷繁多样的形态，可以说植物形态是气候形态、地理地貌最直接的反馈。对寒地植被草木的模拟，可以从三个方面入手，第一是对植物外形和结构形式的直接再现，第二是对植物个体生长模式的机能模拟，第三是对植物细胞特性的系统涌现模拟（图5-16）。

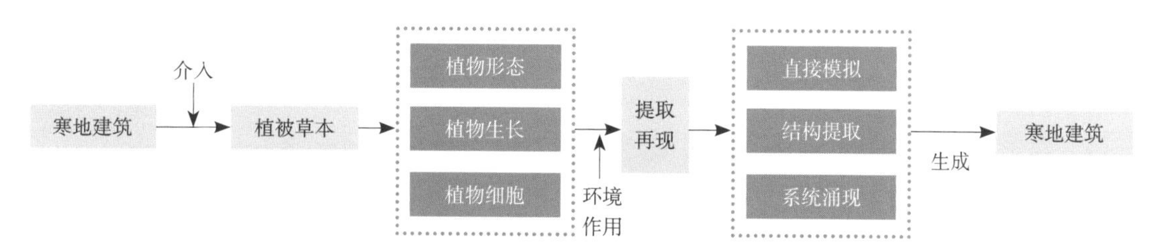

图5-16　模拟植被草木的寒地建筑创作

5.1.3.1　植物形态的直接模拟

自然环境中的植物有乔木、灌木、地被植物、装饰植物等，形态各异，不同季节表现出不同的形态特征和色彩明暗，呈现出丰富的自然场景，这些都给建筑创作提供了灵感。同时，植物自身形成了合理的受力逻辑体系，纤维和维管束会根据高度和细长比的不同而自调节，高度适应万有引力和风压，当代寒地建筑创作也可以直接模拟自然植物的结构形式，形成顺应自然语境的建筑特征，表达对自然的回应与尊重。

（1）植物整体形式的直接模拟

寒地建筑创作可以整体模拟植物的形体，形成象形的形体和空间，呈现出一种美的态势，用人工的方式实现自然的回归。如树的形态是当今很多建筑模仿的对象，建筑通过直接模拟大树的形体，可以塑造自然的空间意向。2015米兰世博会意大利馆建筑提出了“城市森林”的概念，建筑由四棵大树组成，底部架起如同树木的“根”，上部的表皮则拟态分叉的树枝，实体与洞口、光与影的变化呈现出森林的阴翳，唤起人们渴望回归自然的情感。模拟自然的建筑形式离不开先进的建造技术。设计团队为了将“树”的形态直观地表现出来，将立面划分为尺寸为4m×4m、5m×4m、1m×1.5m的面板，每个面板上的图案效果都不同，由犀牛（Rhino）软件建模，然后在工厂导入建模软件（CATIA），并通过五轴CNC计算机数控机器雕刻而成，再注入混凝土（图5-17）。

（a）建筑外观　　（b）局部空间

图5-17　米兰世博会意大利馆

（2）植物结构形式的直接模拟

寒地建筑创作还可以通过富有张力的结构体系再现草木的结构形式，构筑具有光影韵律的局部空间，与自然语境共同演绎富有动感的自然意境。在吉林省松原体育场项目中，建筑从松原的自然植物景观中提取灵感，融入当代科技手段，将建筑外围支撑结构抽象成杨树的树枝，在阳光的映衬下错落有致、富有动感，表现出寒地生命不惧严寒、生生不息的精神内涵。建筑与林木环境相互掩映，体量庞大、气势宏伟的地标性体育场建筑与自然语境融合成一体（图5-18）。中国黑龙江省牡丹江市博物馆概念方案设计将建筑中心大厅设计成树形结构，回应自然特征，隐喻林海雪原的自然风貌（图5-19）。黑龙江省博物馆建筑南立面结构体系设计提取了北方“麦穗和森林”的形态，富有张力的向上形态表达了“生长”的态势，作为视觉焦点，隐喻荟萃精华的“聚宝盆”，也隐喻了黑土地盎然的生机。编织的结构体系不仅形成建筑入口的形象焦点，也为室内空间引入了丰富的自然光影（图5-20）。

5.1.3.2　植物生长的结构提取

直接模拟具象的自然植被形态来生成寒地建筑创作只是对自然形制进行转译的第一层面，对于自然植被生命的内在结构以及有机生长模式的模仿，是建筑延续自然特质的更深层面，也是建筑未

图5-18　反映自然植物的吉林省松原体育场设计

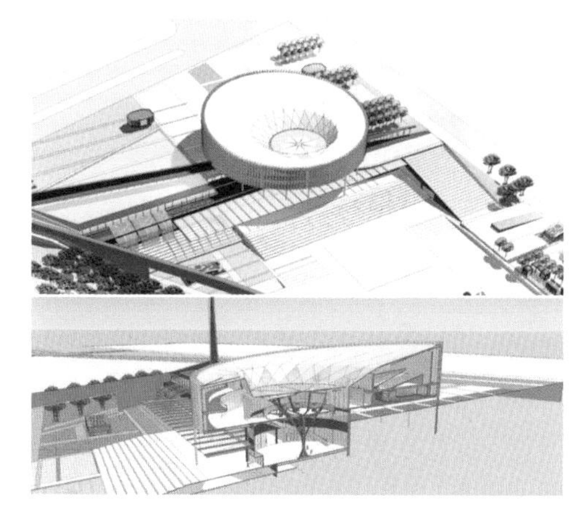

图5-19　牡丹江市博物馆的中庭结构

图5-20　黑龙江省博物馆的入口空间结构

来的趋势。植物在不断的进化中形成了自组织的自然系统，包括多级脉络支撑的结构体系，以及复杂分支的营养运输网络。寒地建筑可以通过模拟植物多级结构和网络系统，生成趋于生命体的、复杂有机的、适应气候环境变化的建筑形式。

（1）多级分支运输网络

植物有着复杂而完善的运输液体的网络系统，其运输网络与叶片排列的支撑结构形成了一个完整统一的分形形态。植物所有层级的树枝，从树干到外部枝干，分支的数量、位置和每条分支的长度都成对数关系（图5-21）。这种关系不仅存在于植物枝干，植物叶片气孔的分布、动物的血管系统，以及地形学的河流分布，都具有相同的特性。UNStudio建筑事务所设计的西班牙车站区域总体规划，建筑创作提取了分形的植物生长结构特征，从主体建筑延伸出枝状网络，建立起各个社区、车站及沙滩之间的联系，将多种功能相互连接。车站的屋顶空间与城市公园无缝连接，没有边界，建筑与自然浑然一体，修复城市与自然的有机联系（图5-22）。大卫·塞莱洛设计的西普里安剧院与演艺中心的

图5-21　多级分支

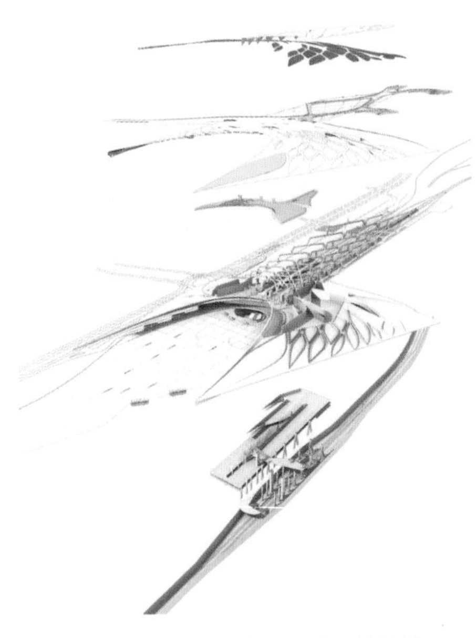

图5-22　西班牙车站区域总体规划

屋顶设计从植物枝干的分形结构中提取形态，整体的结构形式从建筑主体空间上部一直延续到主入口的灰空间区域，形成连接室内外的空间结构，并使阳光透过复杂精美的结构创造美丽的光影空间（图5-23）。

（2）多级叶脉支撑结构

植物的多级叶脉结构在传输水分的同时，还通过自身的生长来抵抗重力和风力的作用，形成了多层级的自我支撑的结构体系。叶脉呈放射状排列，分为平行脉和网状脉两种。如图5-24中王莲背后由粗大的叶脉构成骨架，骨架间有镰刀状的横隔相连接，起着强大的支撑作用，复杂的结构有力地支撑着厚重巨大的叶片。又如亚马逊雨林中，为了在潮湿的土地里生根，树木形成了多级根系深入地表，以在湿软的泥土中保持自身的稳定，展现出复杂的高度适应环境的生命形式。

从以上可知，植物形态的形成是大自然演进的结果，低纬度高温地区的植物光合作用较快，植物叶片的面积较大，而高纬度低温地区的植物光合作用速率下降，植物叶片的面积较小。植物的总重量、寿命、叶片表面积、支状脉络的几何形式、代谢速度与自然环境有着密切的关系，甚至液体在纤维管中的流速、光合作用的规模、二氧化碳的吸收总量等彼此都是成比例的。未来建筑的生成如果能够模拟植物的形态涌现机制，就可以生成复杂且与自然紧密结合的建筑形式。法国建筑师文森特・卡勒博设计的氢化飞行绿色生态建筑通过模拟植物的形体和结构体系形成复杂的空间结构，支撑起整个建筑。建筑的整体结构呈螺旋式上升的态势，主体结构之间形成支状结构网络，并且外壳可以通过高科技的调节充满氢气使建筑随时起飞。建筑同时是一个微型的生态城市，内部汇聚了生活、办公、娱乐、农耕等多种功能，通过海藻的光合作用和外部太阳能装置为建筑内部人们的生产生活提供能源。同时海藻消解人们生活产生的废物，并在这个过程中产生建筑飞行需要的氢气，完成能量的循环利用，描绘了人类城市的未来图景（图5-25）。

图5-23　西普里安剧院与演艺中心

图5-24　王莲的叶脉结

图5-25　氢化飞行的生态建筑

由此可见，寒地建筑创作不仅可模仿植物生命的结构形式，还可模仿生物适应地理、气候环境的能力，像生命体一样与自然进行物质和能量的互动交换，从简单模仿走向计算生成，从简单适应环境走向复杂有机地多维适应环境。这样的建筑将呈现给人们完全不同的图景，建筑空间将与自然元素进行关联耦合，通过更加系统化、精密化、集成化的方式适应寒冷气候环境和地理环境，并对生存空间进行智能化的调控。

5.1.3.3　植物细胞的系统涌现

生命曾以单细胞藻类形态存在了30亿年的时间，然后在短暂的500年时间内出现了复杂的多细胞生物体，涌现出大量新的物种。植物细胞由细胞壁、细胞膜、细胞质和细胞核组成。本节将从细胞的组合规律模拟、细胞的聚合代谢模拟两个方面探索细胞的结构和分化组织对寒地建筑创作的启发。

（1）细胞的组合规律模拟

植物细胞的排列受到内部压力、体积及相互关系的影响，不是线性和具有特定规律的。液体或气体是植物细胞内部的主要组成成分，这些物质会对细胞壁产生持续的压力，使细胞处于膨胀的状态。在生物学中，将这种压力定义为细胞胀压，包括液体静力压和气体静力压。细胞在排列组合时会形成复杂的空间结构体，具有整体系统涌现的特征（图5-26、图5-27）。经研究，人们发现这种复杂排列是有规律可循的。俄罗斯数学家沃罗诺伊（Voronoi）通过模拟细胞之间彼此的排列组合方式，对空间进行分割，形成了沃罗诺伊图（Voronoi Diagram）。沃罗诺伊图的定义可以推广到三维或高维，常被称为蜂窝状结构、细胞状结构或是泡沫状结构，已经应用到物理、化学、生物学、机器人科学等多个科学领域（图5-28）。近年这类研究也已经应用在建筑上，最常见的是应用于建筑表皮的膜结构，并且从表皮的划分方式发展到空间结构形态的生成，使建筑与自然产生算法上的共鸣。伦敦AA设计学院设计课程其中一个小组的方案“大空间（Creat

Space）”就是利用沃罗诺伊图提取细胞组合规律形成建筑形式，建筑将结构、空间与表皮整合起来，并结合外部环境参数，生成适应环境的复杂多边形空间体系。虽然这种创作还停留在试验阶段，但对当今的寒地建筑创作有着启发作用。与之相类似的，韩国忠州的联合国纪念馆方案通过模拟细胞的组合方式，将建筑设计成复杂而整体的多细胞组合空间体系，每个细胞都在建筑内部形成一个模块化的微环境空间，与整个系统关联耦合，与外部环境形成互动。同时每个细胞体空间都具有会议、展览、办公、休息、餐饮等不同功能，每个细胞空间都代表着联合国的一部分，多细胞的有机组合隐喻了联合国组织的完整性（图5-29）。

图5-26　自然界的多边形图案

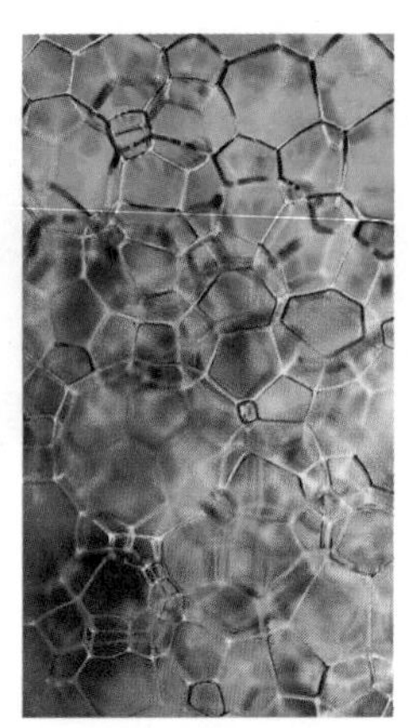

图5-27　细胞的多边形组合图案

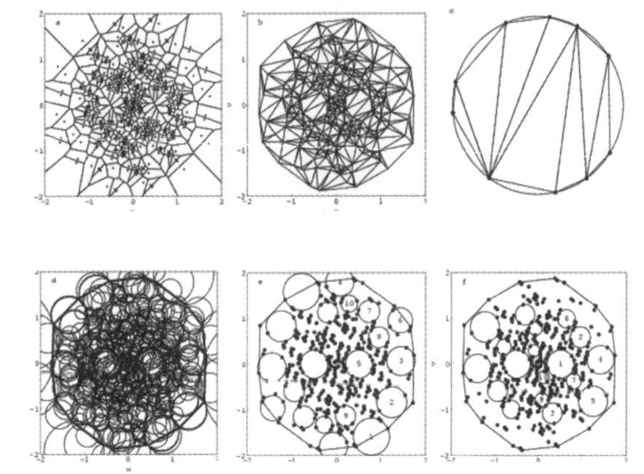

图5-28　关于沃罗诺伊多边形的研究

（来源：《基于高级几何学复杂建筑形体的生成及建造研究》）

（a）伦敦AA学院的建筑实践“大空间”

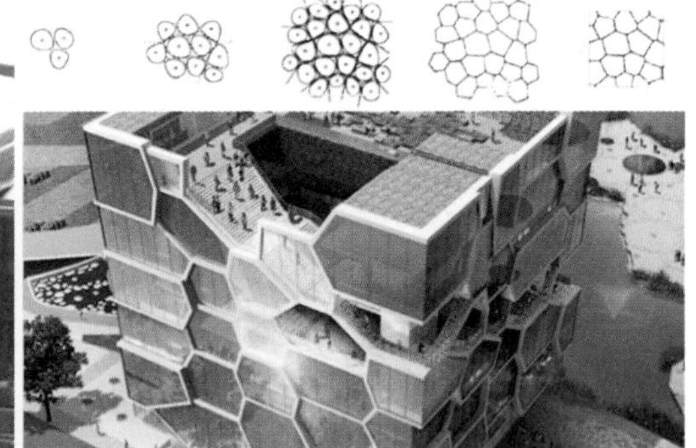

（b）韩国忠州的联合国纪念馆

图5-29　模拟细胞结构的建筑实践

（2）细胞的聚合代谢模拟

活的细胞是一个开放的系统，能量和物质通过细胞膜进行交换，形成物理学和化学过程的自组织，推动生命的新陈代谢。多个细胞在不同的生存条件下通过自组织集聚起来，逐渐发展成成熟的多细胞体。如单细胞藻类通过简单地集聚，能控制局部水流、获得养分、逃避捕食者的侵犯，形成对外界环境的适应性。植物和动物的器官、机体等都属于多细胞机体，是生命体复杂动态系统的组成，这些系统呈网络状，构成相互联系的、复杂的开放耗散系统，与环境发生着物质和能量的交换。

人们通过建立细胞动力学模型以及辅助建筑形态生成的计算机辅助模型，研究细胞分化的动态行为，逐步应用到建筑创作中。涌现组（EMERGENT）建筑事务所设计的斯德哥尔摩城市图书馆概念方案就通过模拟细胞的聚合代谢生成建筑形式。建筑将复杂的空间内置，外部则呈现出细胞表面的光滑形态。建筑内部空间采用参数算法的生成方式，模拟细胞聚合的形式和作用，呈现出整体的蜂窝状网络系统，各个空间在网络中互相联系，常规的结构框架也演变成复杂的空间系统，联系着各个楼层。各个体系相互联系成为有机的整体，以具有生命力的方式与自然环境形成关联耦合（图5-30）。

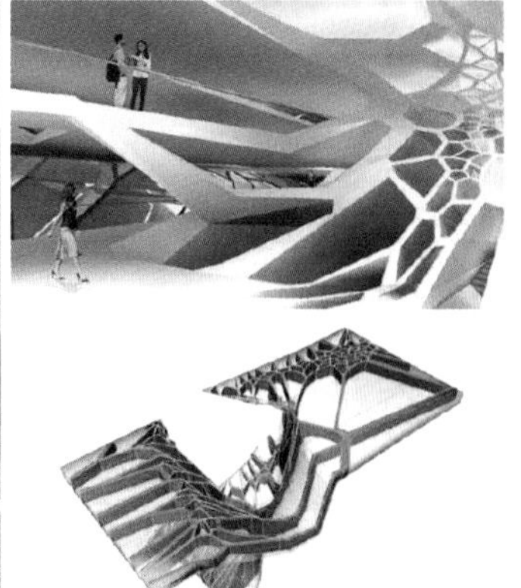

图5-30 斯德哥尔摩城市图书馆

随着科技的不断发展，寒地建筑创作将呈现出更多生命体特征。寒地建筑通过模拟植被草木的外部形态、结构形式及代谢体系、细胞聚集方式等机体运作，实现对场景要素从表及里的多元转译，建构更加有机、智能的类生命体系形式。

5.2 场景肌理的原真表达方法

“原真性”的英文为“Authenticity”，起源于中世纪，源于希腊语和拉丁语的“Authoritative（权威的）”和“Original（起源的）”两词，英文本意指真实的而非假的，原本的而非复制的，忠实的而非虚伪的，神圣的而非低俗的。“原真性”在宗教中曾指经本和遗物的真实性，后来随着西方文明的发展，词义转变为“注重实物的存在，而不是凭空想象”。“原真性”进入建筑学领域，与挪威建筑理论家克里斯汀·诺伯格·舒尔茨“场所精神”发生碰撞，形成“原真的场所精神”，指将建筑与建筑承载的人类活动联系起来，从建筑的存在意义来理解建筑，表达建筑的精神诉求，充分理解建筑背后蕴涵的地缘、人缘、血缘与情缘。

宏观自然场景能带给人们美感，自然场景中树木、草木、石头等元素的微观肌理也蕴含着丰富的自然语境，这些肌理层叠繁复，在阳光下微妙互动，相得益彰。建筑外部界面的色彩和质感能带给人最直观的体验。现在国内很多寒地建筑创作缺少对界面材料肌理的思考，一味地追求面砖、玻

璃幕墙、铝板、LED等流行材料，导致建筑地方识别性的缺失，甚至引起大众的反感。基于自然语境的寒地建筑创作，应减少使用时代感过强的材料，避免造成建筑与原生自然环境的异质化冲突。建筑应承袭自然语境的原真场所精神，形成融于自然的同质界面肌理和根植于自然的质感[64]，给人以亲切的感受（图5-31）。

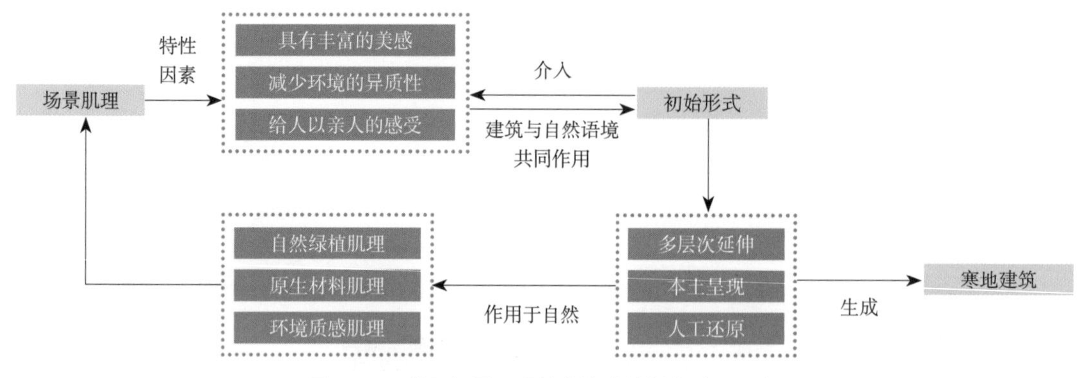

图5-31　基于场景肌理的寒地建筑创作过程示意

5.2.1　自然绿植的多层次延伸

在自然环境语汇元素中，绿色植被体现出最直接的自然原真肌理。抽象出绿色植被的某些特征应用于建筑界面，采用现代技术，将大地景观环境的绿植从地面延伸到寒地建筑上，使建筑表皮肌理与大地肌理协调一致，是当今建筑创作中外界面设计的常用手法。借助不断提升的建造技术，人们也能够将更多的绿色植被的特征应用到建筑界面上，生成丰富质感的表皮，营造更加自然的场景感受。

5.2.1.1　自然绿植的屋顶延伸

将大地绿植延伸到屋顶上，是建筑最直接的延续自然肌理的方式。寒地建筑的种植屋面应注意以下技术问题：①防止渗水，寒地建筑绿植屋面构造较普通屋面复杂，应注意防止雨和冰雪的渗透；②防止植物根部生长到建筑物，对于植物来说覆土越厚越利于生长，但是会大幅度提高工程造价，因此应选择根部较浅且能够承受风力的植物，其中观赏草的覆土厚度不应小于15cm，而浅根乔木的覆土厚度则应达到60cm；③植物选择应能够适应寒地环境，尽量结合四季配置，避免冬季过于萧条；④应确保充足的后期养护费用，在营养、灌溉排水、防虫等方面应有保障，可以结合生态节水系统，进行灌溉排水。

在东北大学浑南新校园风雨操场项目中，充分利用地形，尊重原本的校前区大面积绿化空间，建筑以顺应自然环境的匍匐姿态生长于校园自然环境中。建筑随地势逐渐升起形成绿化坡面，绿色植被草皮从地面延伸至屋顶形成绿坡，绿坡面向体育场空间，成为该区域体育场所的一部分，并在一定高度范围内结合阶梯设置，为学生提供休息活动和亲近自然的空间（图5-32）。

有些建筑虽未采用覆土的外界面，但用现代材料摹写地表肌理，与场地一体化设计，也能够形成建筑与自然绿植的融合。瑞士首都伯尔尼市东郊的保罗克利美术馆位于高速公路旁边的缓坡地带上，周边散落着零星乡间住宅，不远处丛林疏朗，山丘绵延，远眺可以望见白雪皑皑的阿尔卑斯山。伦佐·皮阿诺从克利的画作《带着线条散步》中提取自然曲线，形成巨型的景观建筑，表达富有诗意的大地艺术。建筑用阵列的肋状钢结构塑造了三座山丘般波浪起伏的外部形态，凸起的钢构架线条生动舒展，绿色植被从大地蔓延到条纹的钢架之上，将具有时代感的建筑材料与原始质朴的自然景致连接起来（图5-33）。

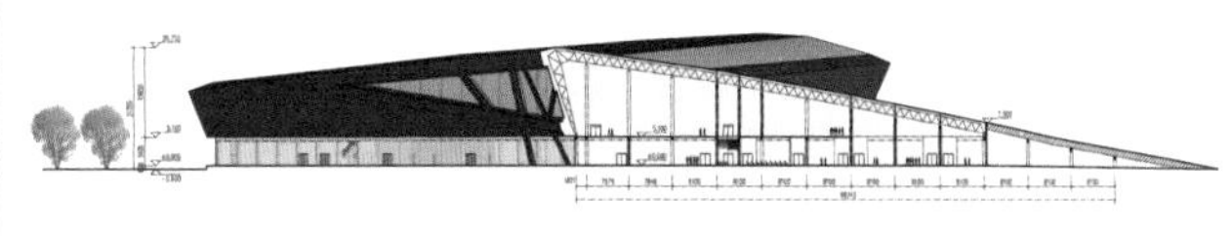

图5-32 东北大学浑南新校园风雨操场

（a）起伏的建筑形体

（b）局部空间

图5-33 延续地表肌理的保罗克利美术馆

5.2.1.2 自然绿植的立面延伸

自然绿植还可以延伸到寒地建筑表皮界面之上。建筑不一定完全采用覆土的坡面屋顶，垂直界面也可以与自然植被结合起来。绿色植被通过现代技术种植于建筑立面上，结合植物的季相变化，能形成丰富的自然肌理，营造自然的氛围。

大连体育中心网球场设计考虑到体育中心较多的人工场馆和硬质铺地，缺乏自然环境的延续和渗透，建筑创作在满足万人体育场这一基本功能的前提下，用“绿墙”形成独特的外界面形式。整个绿色墙体采用混凝土和钢结构作为主要的骨架支撑，在骨架上用玻璃和不同颜色的植草形成整个界面，围合在看台和外部环境之间，人们可以在不同的季节和时间段感受自然的魅力。绿植的选取多为当地植被，容易养护且能够抵抗风力，并考虑到不同季相的颜色搭配，使绿墙能够四季常青。东

西两面绿墙不仅显著提升建筑空间的视觉效果，也对建筑环境产生一定的生态效应。冬季，网球场作为以室外露天为主体的建筑，将面临冷风侵袭，绿墙能够有效阻挡冬季冷风，使进入场馆的微空间区域较为舒适，并且绿墙高度要高于看台高度，能够减少寒风对坐席区域的侵袭；夏季，绿墙能够有效阻挡太阳辐射对入口空间和看台空间的热辐射，使人们能处于绿色的包围中，减少炎热感。同时，绿墙有隔离噪声的功能，能够减少比赛中外界噪声的干扰。建筑没有延续常规体育场馆金属表皮的界面形式，而是用绿植的方式为整个体育中心提供一抹生动的绿色，也为寒地体育建筑形式提供一种开拓创新的思路（图5-34）。

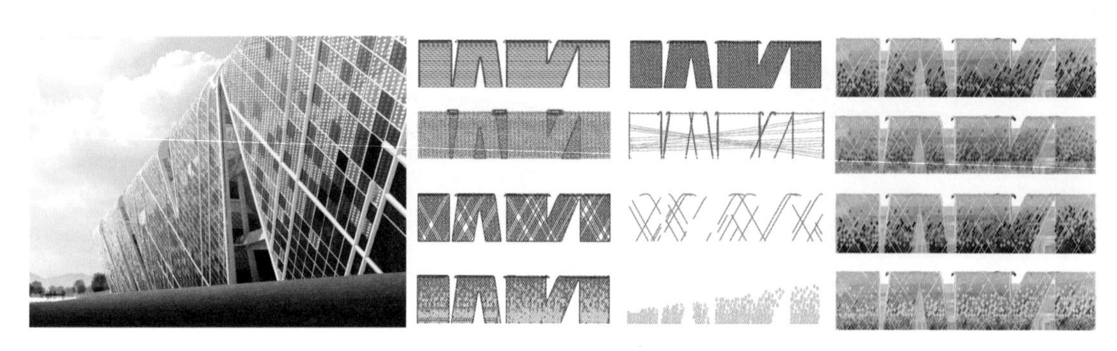

图5-34 大连体育中心网球场的绿墙

绿植种植于寒地建筑界面上，在现阶段还存在很多问题。如在冬季由于低温环境，草木凋零，建筑界面会显得单调呆板，没有生机；在夏季，由于经济及技术的限制，会发生灌溉不足的情况，影响绿植的生长效果；并且绿植界面虽然会带来生态效益，但也会造成超量的经济投入，这是很多使用者不能承受的。因此可以采用多种人工材料的组合配合具象的绿植种植，实现建筑的绿色回归，营造四季循环的丰富景象。Element事务所（Element Architects）在挪威首都奥斯陆设计的“绿房子”的外界面就采用了绿色植物种植结合人工外界面材料，形成多层次的丰富效果。布满植物的屋顶花园、地面和西北部面向庭院的墙壁为真实的绿色植物，而建筑面向街道和公园的其他三面为人工元素。从远处看去，带有铝材构件的丝网印刷玻璃外表皮体系宛若繁茂的树叶包裹着整个建筑，为城市增添了一抹美丽的色彩。同时这种结构还满足了功能性和技术性的要求，结合阳台的围栏，为住宅阻隔噪声（图5-35）。

5.2.2 原生材料的本土呈现

在过去建造技术不够发达的时代，为了取材方便和节省运输成本，建造多采用就地取材的方式，采用本土山石和木材来营建，这不仅节约成本还能使建筑回归自然本土。如今，建造水平大幅提高，新材料的出现如雨后春笋，但很多新颖的建筑材料不仅不能创造原真的自然意境，还给人或浮夸张扬或冰冷呆板之感。因此很多建筑师开始回归使用原生材料，将自然材料与当代人工材料相互拼贴，通过不同的构造方式来达到创新的目的，形成丰富的材质语言，塑造原真的建筑界面，并赋予建筑原始质朴的表情。我国的建筑师们也有很多尝试，如王澍设计的象山校区瓦爿墙［图5-36（a）］，张雷在南京大学陶园研究生宿舍设计的杉木百叶窗［图5-36（b）］，标准营造的赵扬在尼洋河游客接待站设计中的阿嘎土利用［图5-36（c）］，清华大学李晓峰教授设计的篱苑书屋用山林中的柴火棍搭建外立面［图5-36（d）］。然而，直接采用自然界原生材料作为建筑的主要外界面材料，在材料耐候性及结构性能上都存在很多问题，可以对原始材料进行耐候及结构技术方面的加工，形成具有耐寒性能的建筑材料。

图5-35　挪威奥斯陆的“绿房子”

（a）瓦爿墙　（b）杉木百叶窗　（c）阿嘎土墙　（d）柴火棍立面

图5-36　多种原生材料的尝试

5.2.2.1　植被材料的本土呈现

自然界赋予植物复杂的纹理，加之其丰富的色彩，形成千姿百态的自然风景。寒地建筑可尝试将木材、竹子、茅草这些原生材料进行耐寒处理形成当代材料，“复写”自然原生材料的生动性，还原建筑所处的自然场景语境。同时通过自然材料的特殊保温性能提升寒地建筑的保温性能，并给人带来丰富的视觉感受。

（1）木材

木材是建筑设计中最常用的自然材料，木材给人的观感和触感都有亲近自然的感觉，然而其耐候性较差、耐久年限较短、易损伤、易燃，因此在用于建筑之前都需要进行防腐处理。木材在北欧、北美等应用于建筑外立面已经有很长的历史，从芬兰建筑师阿尔瓦·阿尔托、挪威建筑师斯维勒·费恩的作品中我们能看到大量自然木材的应用。近年，由于木材防腐技术的发展，常常将木材大面积地应用于建筑外墙、地板、窗，屋顶等外界面。常用的木板外墙构造方式主要有搭接式、锁扣平接式、格栅式和板条式。构造时应注意木材的涨缩变形，防止雨水滞留。除此之外，木材还可以作为屋面材料形成特殊的瓦片效果，营造出沧桑的自然质感。

哈尔滨寒地建筑研究中心的外立面设计采用了色彩温暖的碳化木（图5-37）。哈尔滨文化传统中源自俄罗斯的木刻楞是经典的民居构造方式，具有原真肌理的亲人感，但木材作为建筑外部材料使用需要有高度的耐腐蚀、耐候性能，制造成本高，只有少数建筑使用，难以推广。该设计使用的碳化木是经过200℃的高温热解处理，使其吸水率降低，抗开裂、抗腐蚀和抗蛀虫性能提高，大幅度提升耐久性和抗冻性。构造中采用90mm宽的木条板与致密的拼接原木两种木材，木材长度划分为3m一个单元，避免材料过长而开裂变形，与400mm厚复合保温节能砌块结合现浇混凝土的外墙直接锚固。安装时材料与建筑承重墙之间采用钢结构骨架连接，木材与承重墙之间形成间隔的空气层，增加了建筑表面的隔冷性能，并与窗洞口形成双层错缝的构造，保证了保温性能。平实的建筑表达了原始质朴的地域特征，以其独特和素雅的韵律为豪迈的东北寒地城市增添了一分暖意。

位于芬兰博滕区东部阿拉贾维（Alajärvi）小镇的木箱之家，建筑为传统的坡顶形式，简单自然地设置于自然语境之中。建筑采用100%木材建成，黄色木材与周围风景和谐融合，唤起人们对传统芬兰农场的记忆，在周围树木和草地的映衬下散发着宁静而温暖的氛围。住宅的外部、内部和梁架均由木材制成，压缩木用于保温、纸用于密封，用材料和技术方法共同打造出健康环保的建筑。当建筑到达生命终点时这些材料仍能循环利用，表达出生态环保的寒地建筑发展理念（图5-38）。位于苏格兰北部的奥尼克岛社斯卡拉布雷村庄的人们一直从2000多年以前就延续用石头建造半隐藏式房屋，以抵御暴风和低温气候。Raw建筑事务所在该地区设计的山间住宅项目，延续了祖先的建造模式。建筑底部用混凝土模仿古代的砌筑石材，形成底座嵌入山体之中。底座以上部分采用当地木质材料，形成上部空间，深色并具有时间沧桑质感的建筑表皮与质朴的原生环境融为一体。木材建造结合了当地技术，使建筑墙体和屋顶的保温U值（导热系数）达到0.15W/（m^2·K），充分满足当地的适寒要求。建筑整体空间也充分考虑建筑与环境的呼应，居住者在住宅内可以看到绚丽的朝阳从山坡升起的美景，也能欣赏到夕阳洒下的余晖（图5-39）。荷兰埃尔斯佩特门诺教会教堂位于风景如画的树林中间，建筑体量简洁，屋顶为传统的坡顶形式，集约地占用树林中的一小块绿地，藏身于自然景致之中。建筑采用100%木材建成，深深浅浅的黄色在周围树木和草地的映衬下给人宁静温暖的氛围。建筑注重可持续理念，外部屋顶和墙体采用法国相思木木瓦覆盖，这种木材采自可持续生产的树林，外墙木质排列出具有丰富质感的界面层次，给人以丰富的触感和视觉效果。正立面材料是当地生长的橡木，墙体和屋顶用亚麻保温隔热，整座建筑通过蓄热材料采暖。建筑的两端设置了玻璃幕墙，将自然导入室内来，形成内外的视觉流动（图5-40）。

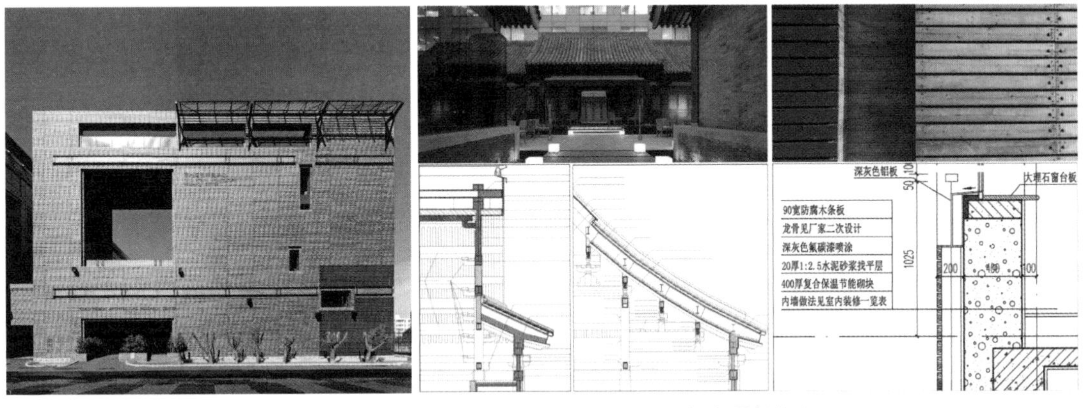

（a）建筑立面　　（b）局部节点

图5-37　哈尔滨寒地建筑研究中心

（来源：《寒地建筑研究中心》）

图5-38　芬兰木箱之家

图5-39　苏格兰北部的山间住宅

图5-40　荷兰埃尔斯佩特门诺教会教堂

（2）竹子

竹子作为建筑材料最早应用于热带地区，具有收缩量小、弹性和韧性高、抗拉抗压强度大、可再生等特点，且在建造过程中能耗小，环保可持续，越来越广泛地应用到各种建筑中，形成丰富的建筑形式和空间感。限研吾的长城脚下的公社——竹屋，就是用竹子作为建筑材料，竹子内注入混凝土成为建筑的承重结构，同时也成为隔离室内与室外的界面，竹子与山林相互掩映，建筑消失于自然。随着建造技术的提高，竹子作为建筑材料也开始应用于寒地建筑。板茂设计的2000年汉诺威世界博览会日本馆用竹和纸搭建出整体的大空间，室内没有一根柱子；他设计的韩国赫斯利九桥高尔夫球会所用竹子形成建筑的支撑结构，并形成丰富的空间结构（图5-41）。

（3）茅草

在过去北方农村和偏远地区的传统民居常用茅草作保温材料，这种材料成本低廉、方便施工，常与泥墙或砖墙配合使用，但随着经济的发展已经很少应用于建筑外墙材料。茅草有着很好的耐寒性能，材料韧度高但内部中空，质量很轻，通过多层搭接和覆盖能够有效阻隔寒地冷风的侵袭。如今，国外已经开始对茅草材料进行现代技术改造，使其成为具有高度御寒性能的绿色生态材料，应用于建筑外界面。如瑞典东约特兰省野生动物保护区游客接待中心利用茅草制作表皮肌理。建筑位于森林与湿地之初交界处一片平展绿地上，茫茫烟水上，有芦苇花开，有群鸟翱翔。游客中心斜顶竖墙通体草衣，唯有屋脊以玻璃收束。自然草木表皮，呈现出天然可亲的立面肌理，与特征各异的自然山水环境之间建立了直接的关联。通过草木表皮，建筑在松散的自然中建立人工秩序，营造场所氛围，同时强化了建筑对自然地景的融入（图5-42）。

图5-41　韩国赫斯利九桥高尔夫球会所的竹子空间

图5-42　瑞典东约特兰省野生动物保护区游客接待中心

（4）复合材料

原生材料经过与当今新材料的复合，形成结构坚韧、耐气候变化又具有原生材料自然肌理的复合材料，大量应用于当代寒地建筑设计，使建筑既具有传统材料的原真质感，又能够适应寒冷、恶劣的气候环境。板茂设计的阿斯彭美术博物馆外表皮就采用了复合的合金纸材料编织而成，让人想起东方建筑的木结构，表皮的编织方式呈现出方格状，从立面一直延续到屋顶，围合却能通透景致，使阳光和空间渗透到建筑内部。外表皮与内部玻璃幕墙之间形成了3m左右的过渡空间，人们可以在这个空间游走，观赏室外的自然环境，感受自然。建筑屋顶也采用这种材料，模拟东方传统建筑的木结构，多层级搭接，具有逻辑性，表现出强烈的美感（图5-43）。

（a）建筑立面

（b）外层表皮与内部空间

（c）屋顶局部节点

图5-43　阿斯彭美术博物馆

5.2.2.2　土石材料的本土呈现

在科技欠发达、经济相对落后的寒冷地区，建筑采用具有良好热工性能的原生材料作为建筑的外围护体系能表达原始质朴的自然质感，最典型的寒地原生材料有生土、石材、砖、极地地带的冰块等。随着建造水平的提升，建筑建造放弃了对传统土坯、石材、砖的大量使用，钢筋、混凝土成为主要材料。在呆板统一的混凝土加保温层、装饰层的建造模式下，人们逐渐与地域环境、自然语境隔离。对于石材、土材及砖材等地域本土特色材料的合理应用，可以让寒地建筑重拾地域特性，唤起人们对乡土的回忆。同时寒地建筑可以利用土石材料的优良蓄热性能，增加防风御寒的能力。

（1）石材

石材强度高、耐磨性和耐久性能良好，应用到建筑中能够给人厚重、坚实的感觉。很长一段时间，建筑大量使用花岗岩、大理石作为建筑装饰材料，缺乏人情味和本土质感的延续。如今建筑师们开始重新将当地石材应用于建筑创作中，形成生于自然的建筑形式。

瑞士的瓦尔斯温泉浴场显示了彼得·卒姆托对建筑、自然的理解，他尽量保持建筑与自然的同质化，建筑墙面使用当地本土产的片麻岩材质表达对本土材料的思考，呈现出原始的自然肌理。同时片麻岩具有热稳定性，适用于自然寒地建筑的墙面使用。建筑让自然界的石头与水相互对话，使人在寂静中感知时间，也感知真实的自然（图5-44）。位于意大利阿尔卑斯山区海拔1200m高处的家庭式酒店瓦伦蒂纳霍夫（Valentinerhof）扩建部分，建筑设计通过朝向的设计并结合平台空间，将震撼人心的雪山和层次丰富的博尔扎诺盆地绿色景观铺展在客人眼前。在壮美的自然环境下，建筑注重空间细节给人的自然感受，建筑采用大量的本土材料，并在加工过程中引入传统制作工艺。用自然石材砌筑的墙体，用木质的百叶窗框架、栏杆及平台柔化石材的坚硬，又将水体元素融入建筑室内外过渡的多个环境中，用绿植环绕建筑，用传统亚麻布作为阳台的窗帘，处处体现出丰富的质感。建筑的每一个细节都注重与自然的融合，用现代的方式还原真实的自然场景（图5-45）。

（2）砖

砖是传统建筑常见的建筑材料，由于环保和能耗等问题近年来基本被混凝土取代，但应用于小型建筑和建筑局部，会给一种人亲近自然的质感效果，传达出本土的气息。哈佛大学人类学系馆改造部分，打造了一面数字化的入口砖墙，建筑师运用3D建模形成具有旋转错位的数字化砖的组合，将本土材料与新兴科技结合起来（图5-46）既延续了建筑整体的砖墙材料，又用具有时代感的方式与周围的历史建筑相互映衬。建筑内部也运用了自然材料，桦木吸声板组成明亮的中庭，成为舒适的公共空间，为校园提供了优质的学习交流场所。

（3）生土

中国传统建筑可用“土木之功”来概括，生土作为主要建筑材料在我国有着数千年的历史，并且在北方地区应用广泛。生土材料与混凝土相比，有如下优点：蓄热性能较高，应用于外墙能够提升建筑的耐寒性能；比常规材料透气性好，能够减少建筑内部的空气不流通，提升环境的舒适性；能够就地取材，节省建材的运输消耗；具有可再生性，生土可以在房屋拆除后继续利用；加工过程能耗低，经过测算其加工能耗和碳排放分别为黏土砖和混凝土的3%和9%[65]。但是生土建材也有很多实际缺陷，力学性能较差，建筑容易倒塌；耐久性能差，在防水、防蛀、防腐蚀等方面都不如常规建筑材料。但国际上的建筑师们已经开始研究改良技术，尝试将生土延续在当今的建筑创作中。法国的生

图5-44　运用石材的瓦尔斯温泉浴场

图5-45　阿尔卑斯山区的瓦伦蒂纳霍夫酒店

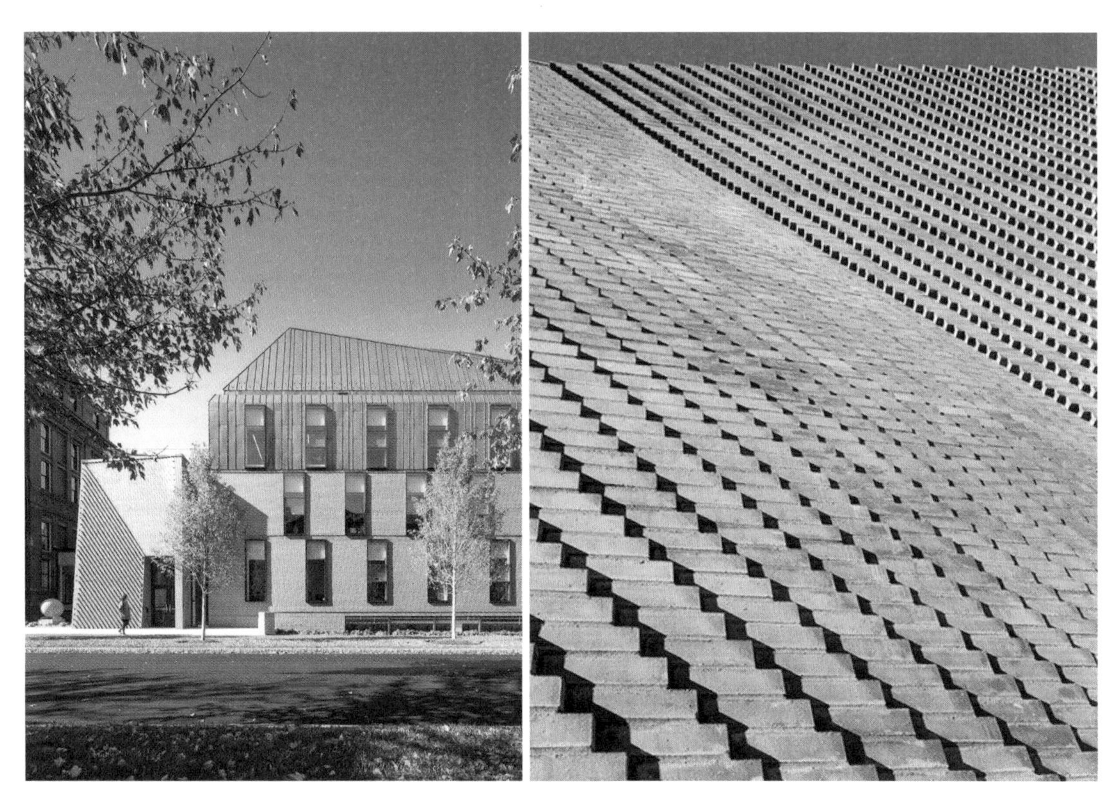

图5-46 哈佛大学人类学系馆的数字砖墙

土建筑中心（CRATerre）研制出现代生土材料，能克服生土建材力学和耐久性缺陷，逐渐应用于绿色建筑实践中。生土建筑中心（CRATerre）与我国土上建筑工作室共同设计的甘肃马岔村村民活动中心，将新式夯土工艺与当地建筑技艺相结合，形成满足当地8级抗震要求的生态建筑。建筑外墙用500mm厚的生土砌筑，并将窗户扩大，减少传统土房阴暗的感觉。生土的质感唤起当地人们对自然环境和传统文脉的记忆，逐渐回归对自然的认同感[66]。我国寒地建筑创作也正在尝试将具有耐寒性能的生土材料运用到建筑界面形成中。西安建筑科技大学的现代生土建筑研究团队探索出适合北方农村的现代夯土施工方法以及与现代夯土力学性能协调的房屋抗震体系。他们设计的甘肃庆阳市毛寺生态实验小学处于黄土高原的沟壑区，选用土坯、木材、茅草、芦苇等原生材料，利用当地的建造技术，以现代建筑的形式语言，建造了这座生长于自然的建筑。建筑北侧体量嵌入山坡台地，利用土地的隔热性能减少北向寒风侵袭，建筑外墙采用600mm厚的当地土坯砌筑，用同等绝热效能的草泥垫层替换常规的保温挤塑板，营造舒适稳定的室内热工环境，在气温低达−12℃的冬季，建筑无需采暖措施也能达到适宜的温度（图5−47）。

总之，草木土石等原生的建筑材料的应用已成为诸多建筑师表达地域文化、自然意境的手段，使建筑界面直接顺应建筑所处的自然景致，促成了人、建筑与环境三者之间的结合。这种建造手法的特点可以归纳为以下三点：①形式上，建筑界面使用原始材料结合生动的排列方式，复制自然的肌理，体现出丰富性和光影感，给人以视觉美感；②技术上，传统原生材料与当今的技术材料相结合，既增强传统材料的结构性能与耐寒性能，又提升建筑外界面的适寒能力；③语境上，呼应自然原真美感，创造安静和谐的气氛。

（a）鸟瞰

（b）芦苇铺盖屋顶

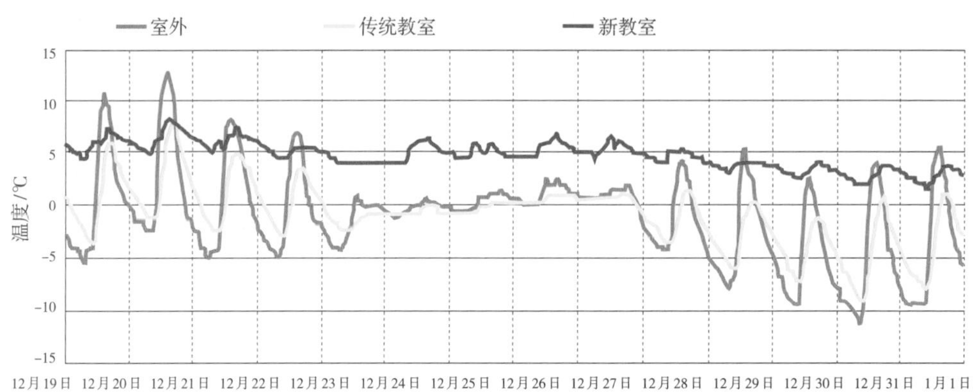

（c）新教室与当地传统建筑室内温差比较

图5-47　甘肃庆阳市毛寺生态实验小学
（来源：《毛寺生态实验小学》）

5.2.3　环境质感的人工还原

人工材料通过与建筑形式、自然环境的合理协调，也能够形成对场景肌理的延续，也能够创造出回归自然语境的心理感受。在经济条件许可、建筑技术能达到保温适寒的条件下，面对当今形式各异、肌理繁杂的人工建筑材料，寒地建筑可以采用透明、反射介质使体量虚化并与自然肌理相融合，或将自然的肌理再现于混凝土及多种金属材质上，使建筑延续自然。

5.2.3.1　自然环境质感的渗透反射

恰当应用通透幕墙、反射幕墙等透明的人工材料，也能够塑造与自然环境相呼应的建筑形式。柯林·罗（Colin Rowe）在1964年发表的《透明性》一书中提到建筑的“透明性”，并不仅仅指建筑界面能够通过光线，而是建筑与环境“能够相互渗透且相互间不引起视觉上的破坏”，“使人们能够感知到建筑空间的不同位置”[67]。寒地建筑可以利用透明的表皮虚化建筑体量，使建筑与环境相互渗透；还可以利用反射性高的表皮映射环境，把自然环境中的丰富色彩和层次感呈现于建筑表面。

（1）渗透环境

寒地建筑可以通过透明介质来弱化体量，以简单纯粹的方式融入自然景致。透明性材料结合简洁体量，能够尽可能地消解建筑的体量感，使建筑近乎隐匿，凸显自然原真之美。在寒地建筑创作中，这种方式的使用应配合保温节能措施，减少大面积玻璃幕墙对能量的损耗。

美国罗卡牧场教堂为双坡屋顶，一面半依挡土石墙，其余三面围以极致透明玻璃，并结合精致结构。建筑虚化自身，当视线穿过玻璃外墙能看见建筑另一侧的景色。建筑体量在自然中虚静澄明、若有似无（图5-48）。坐落在奥地利滑雪胜地瑟尔登盖兹拉山顶峰的IceQ餐厅，建筑没有采用传统雪山自然环境的厚重形式，其外表界面采用几乎是完全透明的双层玻璃幕墙，在冬季的阳光下犹如山顶镶嵌的闪光宝石。通透的玻璃将冰雪与山脉的自然景致完全渗透到室内，人们在就餐和滑雪休息之余可以在室内感受令人敬畏的大自然景象，还可以走到全景露台，直接呼吸大自然的空气、远眺连绵的雪山（图5-49）。随着建筑表皮保温耐寒技术的提升，越来越多的建筑选择用通透的方式融入自然，减少人与自然的隔离，使建筑成为自然的一部分。

图5-48　美国罗卡牧场教堂

图5-49　盖兹拉山顶峰的IceQ餐厅

（2）映射环境

寒地建筑表皮可以通过玻璃等反射性强的材料对外部自然景致进行镜像反映，用人工的方式使建筑消隐于自然之中。今天的很多建筑材料，如玻璃、金属、陶瓷、石材等都有类似镜面玻璃的表面效果，具有“映射”环境的功能，将这些材料合理地应用于建筑创作之中，直接复制自然文本，使建筑延续自然环境的丰富肌理。

完全映射的建筑材料的使用可以使建筑如镜子一般复制自然美景，体量也消融入景致之中。位于瑞典北部小镇哈拉斯（Harads）附近森林中的“树之旅舍”是悬挂在树干上的4m×4m×4m的立方体盒子。建筑采用镜面玻璃覆盖，玻璃板上压上了一层特殊的颜色，只有鸟类能看到，以防止鸟类撞上玻璃。立方体盒子外表面清晰地反映出湛蓝的天空和浓密的树林，建筑几乎完全消隐在自然之中（图5-50）。

不完全映射的建筑材料可以使建筑在突出自身体量的同时顺应自然，自然界的肌理若有若无地映衬于建筑上，如同流动的随时间变化的画卷。丹麦皇家图书馆新馆位于自然与人工景观的交界处，处于丹麦的古老街区城堡岛和碧波荡漾的河水之间。建筑创新性地运用闪耀的抛光黑色花岗岩表皮，覆盖于逻辑清晰的建筑体量之上，玻璃与石材相结合，整个建筑外界面呈现出统一的黑色质感，与周边使用红色亚光砖瓦的历史建筑形成强烈对比。天空、河流以及周边景致隐约映衬于建筑之上，建筑低调地与自然融为一体（图5-51）。

图5-50　瑞典北部的“树之旅舍”

图5-51　丹麦皇家图书馆新馆

5.2.3.2　自然侵蚀质感的模仿表现

金属、混凝土等人工材料经过处理能形成特有的触感和光泽，将其覆盖于建筑界面之上，能模仿自然肌理，打造一种在自然中随着时间流逝形成的沧桑之感，是一种营造自然侵蚀质感的方式。

（1）混凝土肌理表现

混凝土是建筑师常用的建筑材料，通过模拟自然界的肌理，赋予建筑沧桑感，表达建筑的场景感。从19世纪70年代开始，安藤忠雄就采用精致的混凝土打造表述东方美学的光影效果；贝聿铭用剁斧处理混凝土，打造与自然融为一体的美国科罗拉多州国家大气研究中心；柯布西耶用粗犷的混凝土形成原始野性之美。当前由于工业化、程式化的面砖、涂料及幕墙的滥用，使建筑丧失场所感，纯朴、自然的混凝土成为建筑回归自然的一种表达手段。寒地建筑也应该注重利用混凝土的质感打造具有特定情感的建筑形式。

葡萄牙科阿（Coa）河谷艺术与考古博物馆位于河谷地带的平缓山顶处，地景开阔，俯瞰河流。建筑体量非常简洁，以谦逊的方式插入山顶的大地中。建筑外部界面是以当地片岩为配料的混凝土浇筑，并通过机械细凿，模拟时间的印迹。建筑整体态势粗犷又富含细腻的情感，回应西班牙当地壮阔的峡谷与山脉景观（图5-52）。波兰的托伦音乐厅低伏于自然环境中，如同从自然绿地中生长出来的石头。建筑外界面为浅灰色的混凝土，斜向划分，并在凹陷处露出砖红色的内墙。红色墙体由混凝土外拼贴红色石块形成，从外部一直延伸到建筑内部空间，表达对当地托伦古城的追忆。建筑表皮还通过将混凝土与其他材料混合，浇筑后使墙面产生一种特殊的纹理，使表皮具有很好的隔音效果的同时，呈现出一种独特的质感（图5-53）。

（a）建筑体量插入山体

（b）建筑局部混凝土肌理

图5-52　葡萄牙科阿（Coa）河谷艺术与考古博物馆

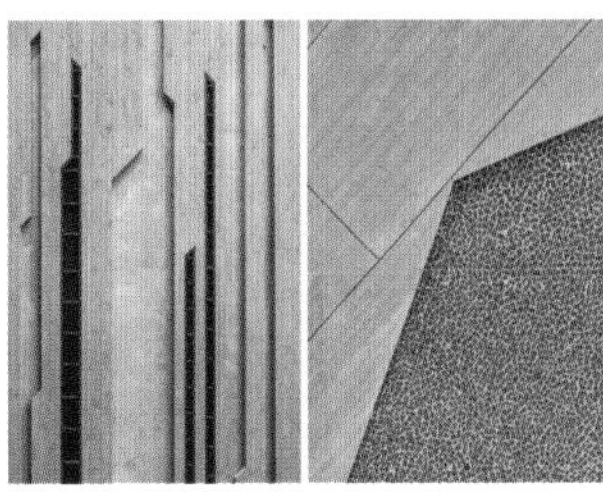

（a）建筑外部　（b）建筑内部　（c）建筑细部

图5-53　波兰的托伦音乐厅

图5-54　美国犹他州自然历史博物馆

图5-55　威海塔山的岩景茶室

（2）金属肌理表现

金属板为建筑最常用的外墙材料之一，寒地建筑可以通过多层次拼贴未处理的金属板形成丰富的建筑表皮肌理，表达自然锈蚀效果，延续自然语境。美国犹他州自然历史博物馆靠近落基山脉，俯瞰盐湖城，周围峡谷、沙漠、山石风景壮丽质朴（图5-54）。建筑外界面采用铜板金属表皮包裹，横向划分，多颜色条带拼接，呈现出经自然时间流逝，风化腐蚀后的触感和生动的色泽，完全融入被气候剥蚀的地景，模糊人工环境与自然肌理的界限。在晚霞的余晖中，建筑与自然景致浑然一体，展现出粗犷的动人气势。

近些年，有不少建筑师热衷于使用耐候板体现建筑的时间质感。在大气环境中，耐候板表面逐渐氧化褪色，呈现出不同痕迹，雨水在其上的流淌也会形成锈蚀的痕迹，展现出时间的印记。同时耐候钢在与大气接触的过程中，表面会形成致密的、黏附性好的非晶态氧化层保护膜，随着时间推移，颜色会逐渐从锈红变为暗红、暗青、暗紫，并稳定下来。我国在19世纪60年代起就在集装箱、运输、机械、海运等工程中使用耐候钢，应用于寒地建筑还比较少，只在少数先锋建筑中使用。耐候钢耐大气腐蚀性能为一般钢结构的3～4倍，使用时间越长，耐腐蚀作用越突出，且不会产生普通钢材因为漆面掉落而产生的腐蚀。但由于腐蚀的发生不平均，寒地雨雪、风沙会对氧化膜表面造成破坏，并且其热工性差，因此只将其用作外表面材而非结构材料。

德国的卡尔卡瑞斯考古博物馆的塔楼及大部分外墙都采用了15mm厚的耐候钢板，建筑呈现出原始质朴的深红色，表现出时间的流逝感，与朴实的自然环境相映衬。TAO·迹建筑事务所设计的威海塔山岩景茶室处于采石场遗址，在一片依靠岩壁的茂密刺槐林中，具有独特的自然景观意境。建筑采取锈蚀钢板以及当地的石材建造，钢板锈蚀的棕色表达出岁月的沧桑感，很好地呼应了场地中经过多年风雪侵蚀的棕红色岩壁；筑造墙体的毛石则取自当地的采石场，与自然场地形成对话。建筑用折线形的形体呼应自然环境，并利用场地高差搭建起联系屋面和场地的坡道。建筑生长于自然之中，与自然一同表达一种原始的时间感，尤其在冬天的雪后，整个场景像一幅水墨画卷，极富意境（图5-55）。

5.3 场景意境的诗化营造方法

中国古典美学将“意象”“意境”看作艺术的本体，从中国传统诗歌到绘画，都强调对自然意境的表达。强调以意入境，虚实相生。从古代山水画中最能看出古典美学的自然哲学（图5-56）。南朝绘画讲求对自然万物的“传神”；宋代提出“写意”；元朝出现了“留白”“水墨”，突出自然的虚空意境；明末清初出现了大写意画，将绘画的意境推向了新的高度。传统建筑的形式表达也注重融入自然，强调意境之美。这点在中国传统园林中体现得最为明显，自然与建筑相融合，由“园”入“画”。后来的梁思成、林徽因、宗白华、侯幼彬等很多现代建筑师都表达了对自然意境美的诉求。在现代建筑实践中，北欧的很多寒地建筑已经开始表现出对自然轮廓的尊重，建筑师也开始考虑体现自然之美，回归人的体验，不再追求浮夸的外表形式来彰显建筑的内涵。挪威建筑环境意识和生态思想的先驱之一克努特·克努森（Knut Knutsen）早在1949年设计的波尔多夏屋就将建筑与环境有机地融合在一起，让人感受到自然的气息（图5-57）。

（a）赵伯驹的《江山秋色图》

（b）丁云鹏《秋景山水图》

图5-56 古典山水画

反观我国寒地建筑存在不少问题，比如用流于装饰的浮夸外表来呼应地域特色，用厚重的防御形式来隔离环境，盲目引入高新技术却缺乏本土回应，建筑缺乏美、缺乏精神层面的共鸣等。要使寒地建筑摆脱桎梏，就应从根本上改变以建筑为中心的观念，追溯古典自然美学的哲学内涵，建筑应与自然之美融合起来，在形式生成的基础上融入“意”的表达。创作方法应注重：形式上融入自然，并用构图、间隔、空间等手法突出自然之美；突出形式之外的自然意境的表达，融情于景；如自然生命一般引发人的共鸣，让人为的建筑具有山水的灵魂（图5-58）。

5.3.1 场域特质的形体凝练

伊利尔·沙里宁曾说，真诚的建筑形式不是沉默无言的，因为形式能以其深刻的表情，比语言更加有效、

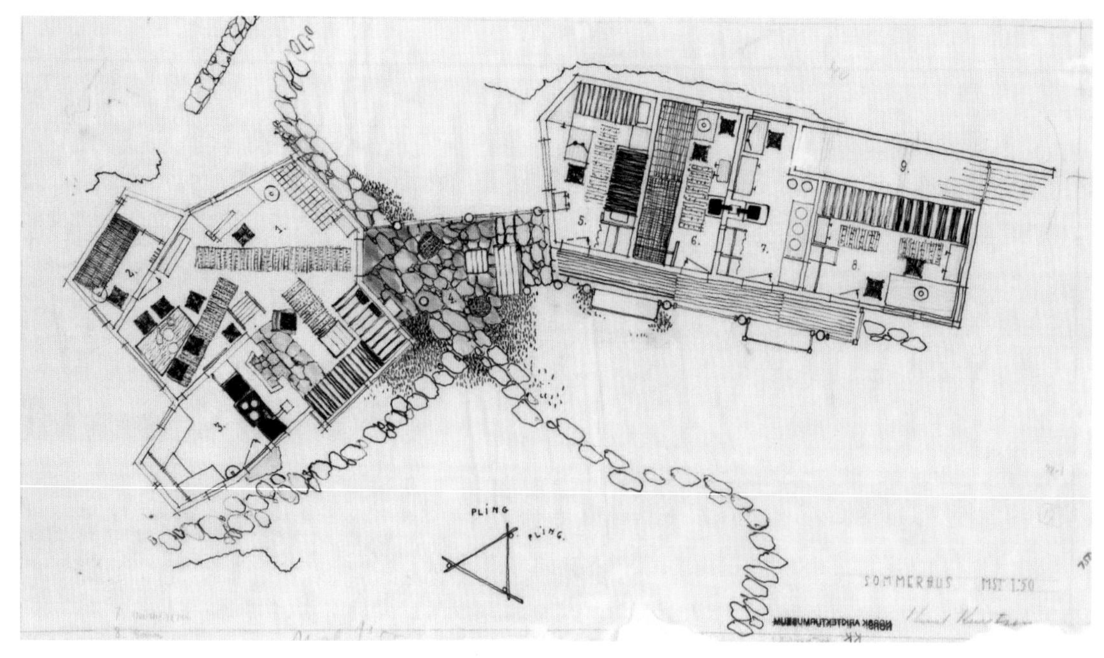

图5-57　波尔多夏屋首层平面

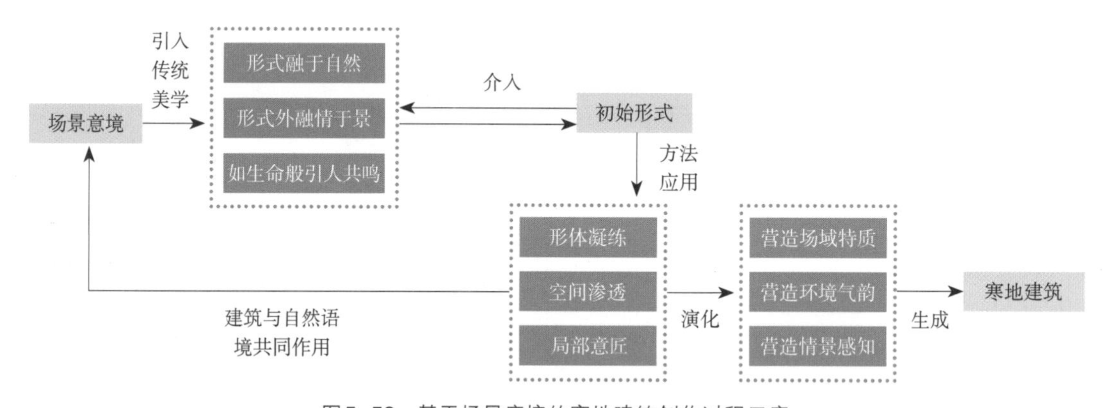

图5-58　基于场景意境的寒地建筑创作过程示意

更加微妙地传递内在的意义[68]。自然呈现给人们斑驳的肌理和历史印记，自然之力是无形而博大的，它用缓慢而隐含的方式不断影响万物的演化，给人们无限的意境和感受空间。寒地建筑形体应该用有效的、凝练的语言来传递出这种内在意义，注重对寒地独有自然风貌意境的关照，表达寒地自然环境包容、坚实、粗犷、质朴、天然无饰的性格特征。

5.3.1.1　凝神背景的形体轮廓勾勒

不同地域风貌影响下的建筑形体具有不同的模式语言，形体轮廓线的勾勒也表达出不同的自然意境特征，就如中国传统建筑具有独特的屋檐曲线，传达出天人合一的深层自然观念。寒地建筑的轮廓形体可以提取寒地自然环境粗犷、豪迈的性格特征，采用大胆、自由、具有力量感的线条，突出寒地自然意境的独特魅力。

我国北方地区虽然气候寒冷但地域广袤、四季分明，自然景观中孕育着无限生机。内蒙古鄂尔多斯国画院建筑形体如中国国画一般展开，用具有力量感和张力的线条，勾勒出具有动感的叠合形体，矗立在内蒙古宏伟的自然风光中，与沙丘坡地相呼应，表达出厚重纯朴的内蒙古的自然意境。建筑采用素混凝土和石材包裹，表现出朴素简约的特征。此时建筑不再是混凝土与景观的简单融合，而是植根于场所，与场所相连的塑造，突出体量和光影感，突出北方自然风貌的沧桑感（图5-59）。

在自然环境中简洁明确的几何体量可以使建筑从自然环境中突显出来。但突出建筑体量不是要使建筑独善其身，而是应呼应环境，并塑造原生自然意境之美。位于加拿大纽芬兰福戈岛的艺术工作室处于海边粗犷的巨石之上，建筑采用集约的狭长形体造型和完整的包络界面，引人注目地矗立在岩石之上。建筑通过混凝土地基锚固在岩石上，建筑与岩石之间形成架空的空间，形成对不利自然因素的防御。极简的造型与繁复的自然语境之间的对比，凸显了建筑的精神气质，表达了建筑的气韵。同时，建筑外表材料采用当地出产的云杉木，呼应自然元素，外表皮的黑色与内部的白色形成鲜明的对比，形成反差强烈的视觉冲击效果（图5-60）。

图5-59　内蒙古鄂尔多斯国画院

（a）建筑矗立于海边岩石上

（b）极简的体量与自然形成对比

图5-60　加拿大纽芬兰福戈岛的艺术工作室

5.3.1.2 象征力量的形体抽象

寒地建筑形体还可以采用具有象征力量的抽象形式，与自然语境共同塑造出能够传达精神内涵的意境氛围。很多现代建筑大师都采用这种方式来打造触动人心的建筑。勒·柯布西耶的朗香教堂用抽象的形式美学语言统领周围的自然环境，通过雕塑化的形体表意出精神的寄托，传达震撼人心的空间意境；马里奥·博塔设计的圣玛利亚·德利·安杰利教堂以几何抽象形式与自然环境形成对比，用富有雕塑感的体量和线条，结合粗糙的石块贴面，打造出具有震撼感的场域，将整个区域统领起来。寒地建筑也应该从西方符号的窠臼中走出来，用具有现代感的造型手段，塑造能够传达精神的建筑形式，为人们提供能够打动内心的空间感知。

挪威纳维克（Knarvik）的新社区教堂位于风景秀丽的挪威西海岸于卑尔根市北部的一处山顶上，位置独特。建筑用折叠的几何形态呼应自然环境中起伏的远山和地貌，表达出现代教堂的精神内涵，在自然环境中形成社区的地标。建筑屋顶形成具有力量感的线条，连接抽象的教堂尖塔线条，形成宁静而具有识别性的空间感。同时，建筑外覆层采用当地的浅色松木，与自然环境呼应，使原本严肃的教堂具有一种亲切感。此时建筑不仅是形式的表达，更多的是用宁静的氛围传达一种高于形式的精神，人与自然通过当代的建筑形式联系起来（图5–61）。鄂尔多斯规划展示馆位于中国内蒙古鄂尔多斯市的团结湖公园内部，以北方寒冷地区的豪迈草原为背景。为了避免地上建筑过于庞大，在创作过程中将大部分空间融入地景化的景观平台之下，绿坡与周边绿地环境相连。地上部分自南向北匍匐升起，整体造型由充满力度的切削倒角与拓扑变形组合而成，顶部轮廓遒劲有力，以简洁的界面提供多维的视觉感受。建筑表皮回应了自然意境和民族意蕴，将蒙古族纹饰镌刻其上。“大音希声、大美无形”，粗犷的建筑与整个环境一起描绘了一幅壮阔苍茫的自然画卷（图5–62）。

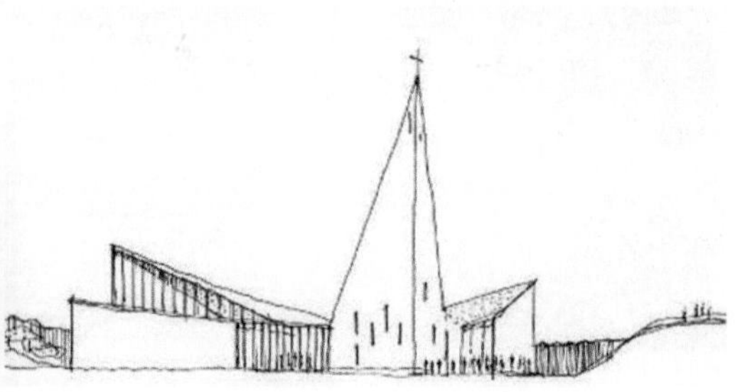

图5–61　挪威纳维克（Knarvik）的新社区教堂

（a）建筑鸟瞰

（b）局部空间

图5-62　从草原中升起的鄂尔多斯规划展示馆

5.3.2　环境气韵的空间渗透

今天的寒地建筑空间不仅要满足遮风避雨、御寒保暖的基本要求，还要摆脱空间元素间的彼此孤立、自我封闭，应使各个空间气场相互连续，并打造一种平和宁静、具有场所感的空间感知。此时，寒地建筑空间不再是盒子一样的功能载体，而是能够表达情感，能够让人感知自然的韵律和气息。

5.3.2.1　藏筑于景的空间渗透

当展开中国古典山水画卷时，诗意的自然画意便弥漫开来，深远山水虚实相生，宁静空灵，建筑注重弱化自身，在自然环境中忽隐忽现。多年以来中国寒地建筑创作的主导思想还大多停留在注重建筑的表象价值，追求崇高的权威或表征财富。近年来，人们逐渐意识到回归自然环境的建筑之美。寒地建筑可以通过低调的形体、与自然相互渗透的空间而“藏”于景中，并结合现代技术手段和建筑材料表达至简、至朴、至微的气韵。同时结合土、石、木、竹等多种传统材料的创新应用，尊重原生的动植物环境，形成一种美丽和愉悦的氛围。建筑的“藏”更是还原了其所处的景致，用原真质朴的方式来还原建筑与环境的诗意之美，赋予建筑丰富的质感，使其具有意境之美。

寒地建筑“藏筑于景”，从自然环境的“此景”出发，强调建筑自身的自然环境归属感。寒地建筑创作可以通过体量的消解给自然语境留下足够的展示空间，可以通过空间的渗透营造出吸引人的场所语境。瑞士阿罗萨（Arosa）健康中心处于群山环抱的优美自然环境中，创作将大部分建筑形体隐藏于山体，形成多层级的平台打造融入自然环境的建筑屋顶，露出地面的部分模拟“树”的形象，形成机械的采光装置，为埋入地下的建筑空间提供所需的采光。这些树状的玻璃屋顶映衬周围成片的原始松林，与瑞士滑雪胜地的自然画卷建立联系。建筑北侧逐渐升高，埋入山体，利用山体土壤的热稳定性增加室内空间的舒适度，树状采光天窗表现了寒地建筑驱寒向阳的特性。建筑北侧封闭，抵御冬季的寒风，东西南侧为玻璃幕墙，迎接太阳光，使人们在室内就能感受到洒进来的冬日阳光（图5-63）。

寒地建筑还可以通过多个体量的组合，使空间避免过于封闭，增加空间与自然的对话，减弱对原生环境的强度干预，建筑空间渗透进自然，带来亦内亦外的空间形式。位于挪威斯图尔峡湾的夏

屋是建造在山林中的一座别墅，建筑没有采用侵入自然的完整体量，而是以后面的山崖为依托进行多处转折以顺应树木与岩石的趋势，将建筑空间融入环境，让树木从建筑形体的庭院中穿过，不破坏植被和树木。建筑一层主要以公共空间为主，二层则为穿插在树木之间的多个居室。多个挑台与自然相互渗透，相互穿插，为人们提供了亲近自然的休闲空间。藏于自然的空间能够使人们充分领略到自然的气息，人们身居建筑之中或走到室外，感受到的是亦内亦外的多重景致（图5-64）。日本Koji Tsutsui事务所（Koji Tsutsui Architect & Associates）设计的“之间宅”处于原生自然环境中，建筑根据功能和场地坡度打破体量，形成与自然相互渗透的建筑空间，点缀在落叶松山林中。建筑由5个主要的体量构成，每个体量和体量之间都形成了类似街道的公共空间，自然的绿色环境通过体量之间的公共空间渗透进来，再结合玻璃幕构成的取景框，形成丰富的空间形式。建筑采用5个起伏的单坡屋顶，每个屋顶的坡度不相同，丰富的起伏感与山体相呼应，形成山屋共融的态势。同时建筑还采用了日本落叶松复合墙板，使建筑完全地融入自然环境，形成具有现代性又消隐于自然的建筑空间形式（图5-65）。

（a）藏于环境的建筑形体　　（b）回应气候环境

图5-63　藏于冰雪山林中的瑞士阿罗萨（Arosa）健康中心

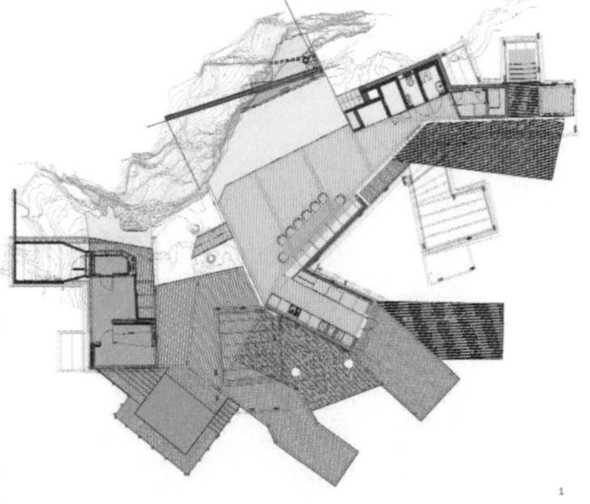

图5-64　挪威斯图尔峡湾的夏屋

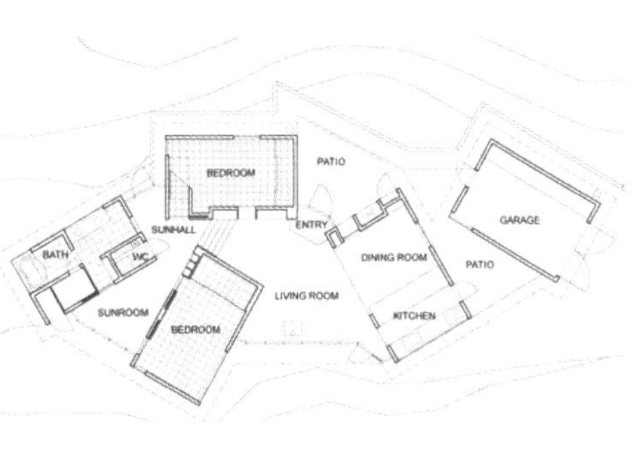

图5-65 之间宅

5.3.2.2 围空纳虚的空间气韵营造

在传统自然观中，空间不只是功能的附属，而是与自然沟通的容器，空间与空间之间形成心理能量上的联系，形成无形有质的“气场”[69]，具有一种“虚静”之感。“虚静”最开始由老子提出，南朝宗炳运用于绘画创作，他在《山水画序》中提出从佛学角度以“澄怀味象”“闲居理气”言山水画的自然意境，是一种悠闲平和的虚静情怀。寒地建筑空间不能对外部自然环境完全开放，但也不能延续传统方式对自然环境完全隔离封闭，应通过恰当的围合和遮蔽使外界的自然气场和能量流通到建筑内部空间，内部与外部景致互相渗透。寒地建筑空间的“纳虚”不是指物质意义上的开放，而是通过部分空间的适度放开，纳“自然之气”，使空间处于“遮而不蔽、围而不合”的状态。

日本当代建筑师用细腻的白色表达出丰富的建筑空间感，如同雾里看景，表达一种虚空和物质之间的暧昧状态。妹岛和世设计的卢米埃公园咖啡厅位于一个面对人工湖的公园中，建筑用环状的空间围合出一个虚空的内部环境，具有轻盈感和透明性，成为自然环境的点缀。建筑空间中似乎弥漫着烟气和雾气，让人们感知到虚空的存在。这就如同东方水墨画，空间在山峦和雨雾之间辗转，气息在留白中渐次展开（图5-66）。人们在环状空间内部可以透过半透明的玻璃最大化地欣赏外面的优美景色，由于环状空间弧度的变化，外部景色也会随着人的移动产生视觉距离的变化，形成微妙的空间深度变化。

（a）融入环境的建筑空间

（b）环境渗入

图5-66 如水墨画中的卢米埃公园咖啡厅

云南丽江徐宅的空间设计体现了围空纳虚的空间气韵营造，建筑处于起伏的山峦之间，盛夏山景郁郁葱葱，秋来漫山层林红遍，远处有雪山，近处有水体。建筑将整体环境、水体与空间联系起来，以水烘托环境，用院落拥抱环境。围合的院落宁静安详，极具意境之美，营造了一种细腻、微妙、静谧、内省的隐居氛围。建筑内部空间与自然相互流通，人们身居建筑之中，感受到的是亦内亦外的空间之美，这既是对自然的顺应，也是对自然意境的提升（图5-67）。

（a）庭院水体空间

（b）局部空间

图5-67　云南丽江徐宅

5.3.3　情景感知的局部意匠

表达诗意的自然意境的寒地建筑创作应该从宏观形体到局部小环境都给人以美的感受，建筑师可以充分利用传统寒地建筑创作往往忽略的自然元素，如光、绿植、水体等，将它们应用于建筑空间，打造回应自然的局部意匠，减弱空间的呆板和空旷感，增加空间的自然情景感知，营造宜人的场所氛围。

5.3.3.1　诗意光影

勒·柯布西耶说："建筑是光线之下立体几何的游戏。"在四季更迭、日出日落的循环变化中，自然光与建筑内外空间体量的互动能形成丰富的视觉效果。寒地地域一般四季分明，漫长的冬季使人们对阳光的渴望更加强烈，因此寒地建筑应该"长于阳光"，不仅是前文所述的功能上应尽量多地获得冬季光照，场所营造上也应该通过外部形体及内部空间的光影塑造，形成诗意的空间感，使人们感知到自然的氛围。

（1）光与外部空间

自然光在空间中随着时间流动，寒地建筑应该利用光影的变化塑造形体，光影角度的变化可以形成流动的空间韵律，使建筑的形体从固有不变转化为随时间流动，使建筑有了时间的意义。古代时期人们就开始将光影的变化运用于建筑，如雅典卫城的帕提农神庙，外部列柱环绕，形成有深度的外廊，在阳光的照耀下形成具有立体感的空间层次，表现出庙宇的进深感和雕刻感，建筑在自然山地的背景下呈现出美的韵律。在现代建筑中，白色派建筑师也注重通过自然光照的运用使以白色为主的建筑形体呈现出立体的效果和丰富的光影变化，让人们能在空间中感知时间的轨迹。寒地建筑创作也应该利用四季分明的自然光照变化，将光影运用于建筑形体的生成，使人们体会到自然的场景美感。如玉树嘉那嘛呢游客到访中心以玉树绵亘的群山为背景，如同一个巨大的雕塑矗立于阳光之下。建筑整体呈回字形，周边围绕着11个观景台，让人想起“曼陀罗”形态。从远处看，建筑厚重的体量与大尺度的观景塔在阳光下形成深邃的光影；走近之后，丰富的嘛呢石墙面肌理仿佛在向人们诉说六字真言“唵嘛呢叭咪吽”的内涵，传达藏族人民佛教信仰的精神世界（图5-68）。

（2）光与内部空间

建筑室内空间给人的心理感受不仅受到自然采光和人工采光的直接影响，还和光、空间两者相互作用后形成的场所氛围有着密切的关系，不同的光影营造能够传达出不同的情景感知。如中世纪的教堂在顶部留出的采光口，引入一束天光，用玻璃窗投射出五彩斑斓的光影，都是通过光影渲染宗教神圣的氛围。利用自然光语境，可以塑造出表达不同情感的光空间，或崇高神圣、或幽深宁静、或轻松活泼、或自然亲切，寒地建筑也应根据不同的空间属性需求，传达出不同的空间表情和场所情感。内蒙古工大建筑设计有限责任公司设计楼内部空间为了避免过于封闭，在中庭及多个区域设置了能引入自然光照的过渡空间，营造了沉稳平实的寒地办公空间，并增加室内空间在冬季的舒适度（图5-69）。位于莫斯科的帕帕洛特儿童博物馆的混凝土墙面模拟森林的意象，形式上注重光线的运用。外立面和屋顶组成V形形体，阳光在立面形成具有雕塑感的光影，并通过错落的屋顶撒入室内，形成丰富的光影（图5-70）。

（a）光影深邃的建筑形体

（b）材质与光影

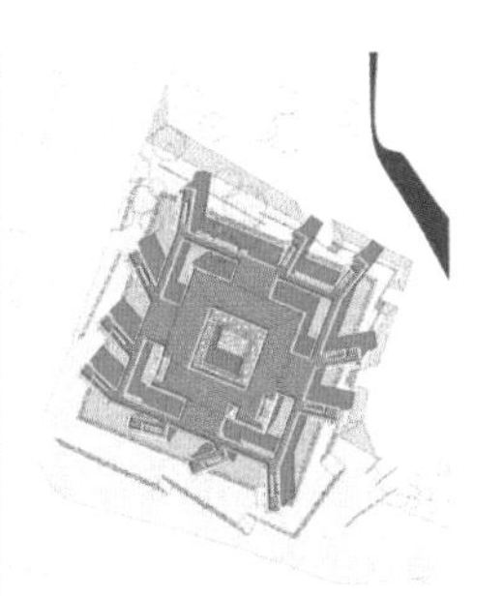
（c）总平面图

图5-68　玉树嘉那嘛呢游客到访中心

图5-69　内蒙古工大建筑设计有限责任公司设计楼内部空间

（a）建筑形体注重光线运用

（b）剖面形式

图5-70　莫斯科的帕帕洛特儿童博物馆

5.3.3.2　绿色融入

中国北方寒地四季植物种类较少，植物景观资源比南方缺乏，再加上地区植物景观营建技术不成熟，在被冰雪覆盖的4～6个月中，自然大地呈现出凋零衰败的景象。人们的大部分活动都倾向于在室内或维护起来的微气候小空间进行，将绿色植物引入寒地建筑空间环境中，将补充自然绿色景观，改善生态环境，并营造更为舒适的心理环境。

绿植引入寒地建筑空间，可以从生态效应和心理效应两方面改善室内环境。生态效应主要包括：调控空气中的二氧化碳含量，保证碳氧平衡；改善空气温湿度，提供冬季保温和夏季降暑，调节微气候；吸收化学物质，净化环境。心理效应包括：形成隔而不断的空间分割，界定空间；结合光照形成丰富的光影，柔化空间；将自然引入建筑空间，提升文化品质。将绿色景致引入寒地建筑内部可以采用多种布置方式，包括点式、线式、曲线式、平面式等，并可以结合中式传统园林和西式造园风格进行设计，布置场所包括室内的一般空间、中庭空间、室外微气候空间及温室空间，灵活应用将会给寒地建筑空间带来别样的趣味。

另外，寒地建筑内部空间的绿植配置应注意以下三点。第一，注重绿化的季相配置。利用植物的不同生长规律，合理搭配春夏秋冬的时令植物，并配合种植一些四季常青并且耐寒性能强的观叶植物。第二，注重绿化的复层配置。高低不同的植物能够形成具有层次感和丰富性的视觉效果，应有层次地布置不同体量高度的植栽，避免遮挡。第三，绿植结合无生命的景观。可以吸取日本枯山水的造园手法，利用山石、白砂等配合绿植，象征自然界的各种景观，营造宁静纯粹的美学感受。

哈尔滨工业大学设计院科研楼内部空间设计利用绿色植物营造微环境。第一，室内中庭的南向没有设置功能房间，只设计一部开敞楼梯，楼梯与外墙之间留出2m的自然空间，引入阳光与人造植物，使内部空间在冬季也能获得自然的绿意。第二，建筑内部小庭院，以及1号楼和2号楼之间的室外露天庭院都引入绿植，打造舒适的小环境。绿植与防腐木饰面材料相互映衬，营造出自然的质感。在小庭院内部还设置了人性化的吸烟室，创造一个无烟的环境（图5-71）。第三，在2号楼和3号楼之间的露天屋顶平台上，通过引入绿植和休闲景观形成屋顶花园，铺设不同厚度的土层，种植适应寒冷气候的植物，在0.5m厚的土层上种植低矮灌木，如石竹、马蔺等，在1m厚的土层上种植乔木，如水曲柳、青扦云杉等，改善寒地冬季萧条的景象，为办公人员提供怡人的休息空间（图5-72）。

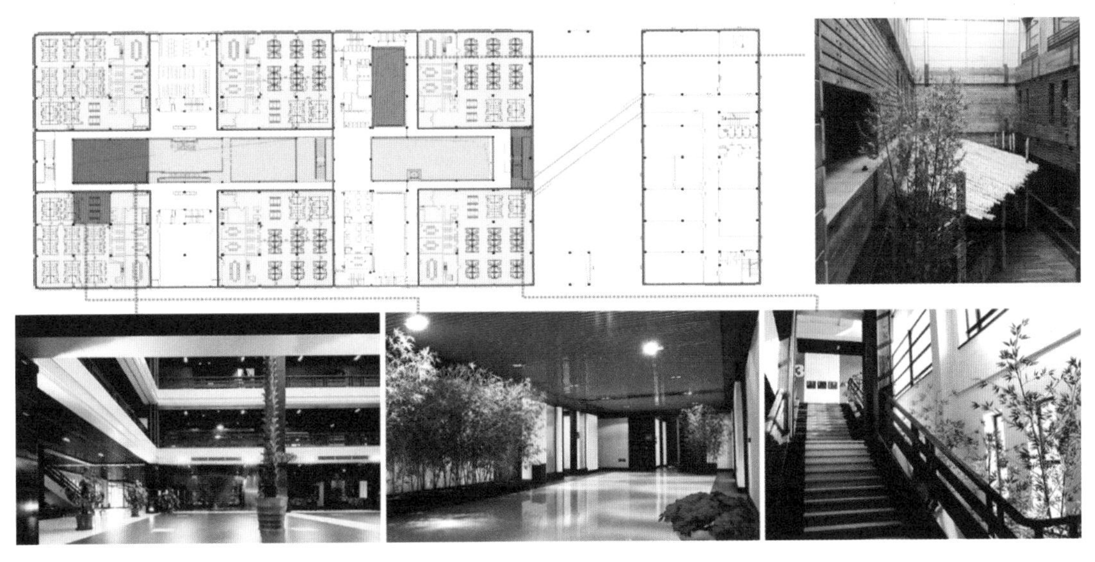

图5-71　哈尔滨工业大学设计院科研楼内部空间的绿色融入

图5-72　哈尔滨工业大学设计院科研楼的露天庭院

5.3.3.3 水体引入

智者乐水，自然界的水体有着无穷的变化，融入建筑能为空间增添不同的性格气质，或宁静神秘或活泼灵动。安藤忠雄从斯卡帕将水应用于建筑空间获得启示："斯卡帕的水能听到，能触及，能唤起一种感觉，并暗喻一种精神的宁静。"寒地建筑往往以封闭聚集、厚重敦厚的形式来抵御寒冷的气候环境，为了避免热量损耗，很少引入水体。结合自然语境的寒地建筑创作可以在外部环境，也可以在内部局部空间引入水体，调节空间气韵，融入自然语境。

寒地建筑外部空间引入水体，可以起到以下调节环境的作用。第一，打造四季相宜的季节景观。夏季配合绿色植物形成水体景观，冬季结合低温环境形成冰雪景观，四季相宜。第二，利用倒影增加景观层次性。水体形成的倒影与建筑相映成趣，增加景观的层次性，并且虚景托起建筑，柔化建筑与环境之间的过渡。第三，塑造丰富的空间光影。水体与建筑局部灰空间相互配合，在空间交汇和形体错落处巧妙运用，能够形成丰富的光影，塑造富有诗意的空间氛围。第四，成为情感表达的载体。宁静的水面可以发人深思，活跃的水面则可以给人以生命的气息，活跃气氛，提升活力，形成不同的空间意境。需要强调的是，寒地外部空间的水体设置应面积适度，并注意避免由于打理不善形成干涸，变为空旷的消极环境，反而增加心理的寒冷感。如安藤忠雄的水之教堂，平静的人工水池为建筑衬托出唯美的风景，给人一种心旷神怡的神圣感和纯净感，似乎能让人倾听到自然的声音。银川融创阁第湖展示中心位于湖畔公园的入口区域，用环形体块与柔和利落的曲线元素融入场域设计，将水体引入建筑半围合的外部空间。建筑如一缕丝绸漂浮于湖面，半月形屋顶倾斜向湖面延伸，自然优雅地环抱阁第湖，使人感受到宁静的氛围。夜晚时分，建筑穿孔细柱和穿孔板表皮在内置灯带的映衬下晶莹剔透，将屋面轻盈托起悬浮于夜空。人们可以在不同时间段漫步于围合水面的弧形桥上，感受湖光微潋的多种色彩（图5-73）。

寒地建筑内部空间设计结合水体，可以起到以下调节环境的作用。第一，提高室内空间的丰富性。通过水平水面和垂直水体，静水水体和活水水体等不同形态水体的设置，分割空间，柔化边界，

图5-73 银川融创阁第湖展示中心

使空间围透有致、开合相宜，形成丰富的空间景观。第二，调节局部空间的微气候。通过水的蒸发，可以调节室内局部空间空气的湿度和温度，形成低能耗的生态效应。第三，表达精神层面的隐喻。宁静的水体给人以静思的感受，活跃的水体则给人活跃蓬勃的气氛。

5.4 本章小结

寒地建筑的创造应从消极呼应寒地场景转向诗意再现寒地场景，通过多层次的形式语言，提升整个环境的内在气质，营造具有诗意的氛围，让人们体会到纯粹的自然之美，也能让建筑表达对寒地自然地貌、气候、景观、纹理、意境的回应与尊重。本章从以下三个方面论述了基于场景语境的寒地建筑创作方法。

（1）场景要素的多元转译方法。寒地建筑应在多方面主动再现自然界的生动态势，用抽象写意的方式拟态山、水、冰、雪，与自然产生互动。多元转译场景形制的寒地建筑创作具体方法包括：山川原野的态势摹写、冰雪景观的物化再现、植被草木的提取模拟。

（2）场景肌理的原真表达方法。寒地建筑应回应自然肌理形成丰富的质感和全方位的环境感，并将自然特征融入作品的个性语汇中。原真表达场景肌理的寒地建筑创作具体方法包括：自然绿植的多层次延伸、原生材料的本土呈现、环境质感的人工还原。

（3）场景意境的诗化营造方法。寒地建筑创作可以通过“借景写意”营造赋形于意、有感于中的场所环境，引人思考和共鸣。诗化营造场景意境的寒地建筑创作具体方法包括：场域特质的形体凝练、环境气韵的空间渗透、情景感知的局部意匠。

后　记

又是一年春寒料峭，万物复苏，回望多年漫漫求学及工作之路，感慨颇多。本书是在本人的博士学位论文的基础上撰写而成，合上书页，心中满是感谢。

首先，由衷地感谢我的导师梅洪元院士，在本书的写作过程中得到他的多次悉心指导。在硕士和博士期间，还有幸跟随导师参加多个建筑工程设计项目，获取了很多宝贵的经验，总结形成了相应的创作思路。更重要的是，导师无私奉献的精神一直感染并鞭策我，成为我过去、将来乃至一生的引路人。

也感谢在本书立题及撰写各个阶段给了宝贵意见和建议的其他老师们，包括付本臣教授、陆诗亮教授、魏治平老师等；感谢哈尔滨工业大学建筑设计研究院、华东建筑设计研究总院的同仁和朋友们对我的支持与关心；感谢出版社对本书的建议以及协作支持。

同时，感谢我的先生，在学术上给我很多建议和帮助，并全力支持我的工作。他在给我温暖的家和无尽包容的同时，一直努力付出，支持着我们共同实现生活中的短期目标和长远计划。

最后，感谢我的父母，他们朴实无华，勤勤恳恳，辛劳一生。从我是个懵懂孩童到如今已经工作多年，他们一直悉心养育并关心陪伴。感谢他们给了我敢于迈开脚步追求梦想的信心和可以平静下来面对平凡的勇气，是他们的坚韧、爱护与包容给我无尽的支持。

建筑创作是一条漫长而曲折的道路，未来如何营造舒适的寒地建筑环境、打造更好的生活空间，需要全行业更多的探索和创新，任重而道远。本书不足之处，欢迎同行们批评指正。希望本书以微薄之力给建筑创作的进步贡献点滴力量！

苑雪飞

2022年3月于上海

参考文献

[1] 汪克，艾林. 当代建筑语言 [M]. 北京：机械工业出版社，2007：358.

[2] 代阳. 基于人本价值导向的寒地城市街道设计研究 [D]. 哈尔滨：哈尔滨工业大学，2014：18.

[3] 冷红. 寒地城市环境的宜居性研究 [M]. 北京：中国建筑工业出版社，2009.

[4] 陈望衡. "天地" 与 "自然" ——中国古代关于 "自然" 的概念 [J]. 世界建筑，2014（2）：26-27.

[5] 王向荣，林箐. 风景园林与自然 [J]. 世界建筑，2014（2）：26-27.

[6] 秦红岭. 全球化语境下建筑地域性特征的再解读 [J]. 华中建筑，2007（1）：2-3.

[7] 卢峰，李骏. 当代建筑地域性研究的整体解读 [J]. 城市建筑，2008（6）：7-8.

[8] 陆绍明. 全球地域化视野下的建筑语境塑造 [J]. 建筑学报，2013（8）：27-29.

[9] 陈迎，巢清尘，等. 碳达峰、碳中和100问 [M]. 北京：人民日报出版社，2021.

[10] 朱妍. 中国工程院院士江亿：让建筑成为新能源电力生产者 [J]. 中国能源报，2021（4）：26.

[11] 周顺裕. 王澍建筑作品中传统元素运用研究 [D]. 南京：中南大学，2012：71.

[12] 易平安. 诗意·画意·建筑意——论岳麓书院建筑之美 [D]. 南京：中南大学，2011：13.

[13] 荆其敏，张丽安. 覆土建筑 [M]. 武汉：华中科技大学出版社，2013：35.

[14] 邓庆坦，邓庆尧. 当代建筑思潮与流派 [M]. 武汉：华中科技大学出版社，2010.

[15] 毕冰实，梅洪元. 基于共生理论的寒地建筑创作探索 [J]. 建筑学报学术论文专刊，2014（2）：139.

[16] 米歇尔. 复杂 [M]. 唐璐，译. 长沙：湖南科学技术出版社，2015：14.

[17] David P，Ralf B. Architecture and biogenesis of plus-strand RNA virus replication factories [J]. World Journal of Virology，2013（2）：32-48.

[18] 沃德普罗. 复杂 [M]. 北京：三联书店，1997：157.

[19] 涂靖. 生态建筑学在高层建筑设计中的应用 [J]. 城市建筑，2012（12）：52.

[20] 王澍，陆文宇. 循环建造的诗意——建造一个与自然相似的世界 [J]. 时代建筑，2012（2）：66.

[21] Michael W. 建筑涌现——自然和文明形态之进化 [M]. 杨春景，马加英，译. 北京：电子工业出版社，2012：37.

[22] 卢济威，王海松. 山地建筑设计 [M]. 北京：中国建筑工业出版社，2001：2.

[23] 张骏. 东北地区地域性建筑创作研究 [D]. 哈尔滨：哈尔滨工业大学，2009.

[24] 吴正. 地貌学导论 [M]. 广州：广东高等教育出版社，1999.

[25] Jane M J，Stephen C，Ignaz S. Doing Building Work：Methods at the Interface of Geography and Architecture [J]. Geographical Research，2012，50（2）.

[26] 刘加平. 建筑物理 [M]. 北京：中国建筑工业出版社，2000：42.
[27] 夏伟. 基于被动式设计策略的气候分区研究 [D]. 北京：清华大学，2008：47.
[28] 张利. 山地建成环境的可持续性 [J]. 世界建筑，2015（9）：18.
[29] Pulselli R M，Simoncini E,Marchettini N. Energy and emergy based cost－benefit evaluation ofbuilding envelopes relative to geographical location and climate [J]. Environmental Science Collection，2009，44：920−928.
[30] Dixon J M. Environment + Natural Resources Building II Tucson,Ariz. Richärd+Bauer Architecture [J]. Architect，2015，104（12）.
[31] 彭锋. 完美的自然 [M]. 北京：北京大学出版社，2005.
[32] 卢济威，王海松. 山地建筑设计 [M]. 北京：中国建筑工业出版社，2001：72.
[33] 徐小东，徐宁. 地形对城市环境的影响及其规划设计应对策略 [J]. 建筑学报，2008（01）：26.
[34] Crewe K，Forsyth A. Land SCAPES：A typology of approaches to landscape architecture [J]. Landscape Journal，2003，22（1）.
[35] Hans L，Stefan B. Opening spaces：design as landscape architecture [M]. Basel Berlin Boston: Birkhäuser，2003.
[36] 吴良镛. 广义建筑学 [M]. 北京：清华大学出版社，1989.
[37] 卡尔莫迪，斯特林. 地下建筑设计 [M]. 于润涛，皮声援，译. 北京：地震出版社，1993.
[38] Aaron B. Landscrapers：building with the land [M]. New York：Thames & Hudson，2002.
[39] Raymond J,Mercier S,Nguyen L. Designing coaxial ground heat exchangers with a thermally enhanced outer pipe[J]. Geothermal Energy,2015(12):1−14.
[40] 温斯托克. 建筑涌现：自然和文明形态之进化 [M]. 杨春景，马加英，译. 北京：电子工业出版社，2010:5.
[41] 林奇. 集群城市主义 [J]. 叶扬，译. 世界建筑，2009（8）:20−22.
[42] Simon H A. The architecture of complexity [J]. Proceedings of the American Philosophical Society,1962,106(96).
[43] ZHANG Chihao，CHEN Yijia. Counting Problems in Parameterized Complexity [J]. Beijing:Tsinghua Science and Technology，2014（4）：410−420.
[44] 徐丰. 参数化城市主义——一个理解城市的新的角度 [J]. 城市建筑，2010（6）：48.
[45] Loretta L,Richard B. A ‘building event’ of fear:thinking through the geography of architecture[J]. Social & Cultural Geography,2011,12(2):107−122.
[46] 刘杨. 基于德勒兹哲学的当地建筑创作思想研究 [D]. 哈尔滨：哈尔滨工业大学，2013：128.
[47] 达纳麦肯齐. 无言的宇宙 [M]. 李永学，译. 北京：北京联合出版公司，2015：198.
[48] 徐卫国. 褶子思想，游牧空间——关于非线性建筑参数化设计的访谈 [J]. 世界建筑，2009（8）：16.
[49] 翟俊. 从城市化的景观到景观化的城市——景观城市的“城市 = 公园”之路 [J]. 建筑学报，2014（1）：84.
[50] Amose R. House，Form and Culture [M]. Englewood Cliffs，N.J.：Prentice−Hall，1969：83.

[51] Sue R. Adapting Buildings and Citys for Climate Change：A 21 survival guide [M]. Burlington：Architectural Press，2005.

[52] Matus，Vladimir. Design for northern climates：cold-climate planning and environmental design [M]. New York：Van Nostrand Reinhold，1988.

[53] Filippín C,Flores L S. Analysis of energy consumption patterns in multi-family housing in a moderate cold climate[J]. Environmental Science Collection. 2009,37:3489-3501.

[54] Peter F. Architecture in a climate of Change:A guide to sustainable design [M]. Burlington：Architectural Press,2005.

[55] 韩培，梅洪元. 寒地建筑缓冲腔体的生态设计研究 [J]. 建筑师，2015 (5)：56-65.

[56] 李刚，吴耀华，李保峰. 从“表皮”到“腔体器官”——国外3个建筑实例生态策略解读 [J]. 建筑学报，2004 (3)：51.

[57] Watson K J. Understanding the role of building management in the low-energy performance of passive sustainable design:Practices of natural ventilation in a UK office building [J]. Indoor and Built Environment，2015，24 (7)：999-1009.

[58] 史洁. 未来的建筑表皮——2012第七届能源论坛综述 [J]. 建筑学报，2013 (2)：71.

[59] Dino I G. Creative Design Exploration by Parametric Generative Systems in Architecture [J]. Metu Journal of the Faculty of Architecture，2012，29 (1)：207-224.

[60] 莫华美. 典型屋面积雪分布的数值模拟与实测研究 [D]. 哈尔滨：哈尔滨工业大学，2011：60.

[61] Hugo A,Zmeureanu R. Residential Solar-Based Seasonal Thermal Storage Systems in Cold Climates:Building Envelope and Thermal Storage [J]. Environmental Science Collection，2012，5 (10)：3972-3985.

[62] 徐松月，元琳，晁军，等. 基于风环境的参数化建筑表皮设计方法——以哈尔滨E -14地块项目概念设计方案为例 [J]. 建筑技艺，2015 (2)：126-127.

[63] 杨豪中，王赢，温亚斌. 挪威北部极地寒冷地区建筑设计经验探讨 [J]. 建筑科学，2009 (11)：114.

[64] 马里瓦顿. 在场所中迷失：雅蒙德/维斯奈斯建筑事务所 [J]. 世界建筑，2010 (11)：18-19.

[65] 穆钧. 土生营建传统的发掘、更新与传承 [J]. 建筑学报，2016 (4)：1-7.

[66] 蒋蔚，李强强. 关乎感情及生活本身——马岔村村民活动中心设计 [J]. 建筑学报，2016 (4)：23-25.

[67] 柯林罗. 透明性 [M]. 金秋野，王又佳，译. 北京：中国建筑工业出版社，2008.

[68] 萧默. 建筑意 [M]. 北京：清华大学出版社，2006：147.

[69] 周榕. 从中国空间到文化结界——李晓东建筑思想与实践探微 [J]. 世界建筑，2014 (9)：33-35.